SketchUp 草图大师

主　编　龙思宇　向敏洁
副主编　赵　婷　易　泱　罗　杰

北京理工大学出版社
BEIJING INSTITUTE OF TECHNOLOGY PRESS

内 容 提 要

本书以家具与室内方向为主线，以建筑与景观方向为拓展，通过 SketchUp 基础单体建模、SketchUp 高级拓展建模、室内设计实例（一）——新古典客餐厅建模、室内设计实例（二）——新中式客房渲染、室内设计实例（三）——现代风格一室两厅综合制作、建筑景观实例——法院建筑景观漫游动画六个实训项目，培养学生严谨的作图习惯和建模思路，以及对软件的独立运用能力。本书配套有各项目案例与课外训练素材等多媒体资源。

本书可作为高等学校室内、环艺、景观等专业教材，也可作为对环境设计有兴趣的 SketchUp 初、中级读者自学参考用书或相关专业培训班的学习和上机实训教材。

图书在版编目（CIP）数据

SketchUp 草图大师 / 龙思宇，向敏洁主编．-- 北京：北京理工大学出版社，2022.8

ISBN 978-7-5763-1583-7

Ⅰ．① S…　Ⅱ．①龙… ②向…　Ⅲ．①建筑设计－计算机辅助设计－应用软件－高等学校－教材　Ⅳ．① TU201.4

中国版本图书馆 CIP 数据核字（2022）第 142098 号

出版发行 / 北京理工大学出版社有限责任公司
社　　址 / 北京市海淀区中关村南大街 5 号
邮　　编 / 100081
电　　话 / （010）68914775（总编室）
（010）82562903（教材售后服务热线）
（010）68944723（其他图书服务热线）
网　　址 / http：//www.bitpress.com.cn
经　　销 / 全国各地新华书店
印　　刷 / 河北鑫彩博图印刷有限公司
开　　本 / 889 毫米 ×1194 毫米　1/16
印　　张 / 11.5
字　　数 / 320 千字
版　　次 / 2022 年 8 月第 1 版　2022 年 8 月第 1 次印刷
定　　价 / 98.00 元

责任编辑 / 钟　博
文案编辑 / 钟　博
责任校对 / 周瑞红
责任印制 / 王美丽

前言 PREFACE

本书基于设计职业岗位，以方案设计制作过程为主线，将“SketchUp草图大师”课程的项目教学任务进行整合与重组，遵循学生认的知规律和职业成长规律，满足职业岗位的能力需求和市场需求。把传统课程中孤立、局部、单项的工具训练转变为用综合项目训练学生的综合能力，形成课程与课程、项目与项目之间的衔接优化，并将思政元素与课程内容有机融合。按照知识学习、能力培养、价值塑造“三位一体”的课程目标，充分发挥课程的思政教育功能，提炼各课程中蕴含的思政、文化和价值元素，构建课程知识点与社会主义核心价值观的映射关系，教育引导学生形成正确的世界观、人生观、价值观。

本书以SketchUp 2020为例，通过六个项目案例，将SketchUp各工具进行组织设计，根据岗位需求与课程衔接，循序渐进地介绍了SketchUp软件的基本操作方法和家具、室内、建筑、景观等不同专业方向的应用技巧。本书结构完整、内容丰富、图文并茂、技术实用、讲解清晰、案例典型且充分，兼具技术手册和应用技巧参考手册的特点，能使学生迅速积累实战经验，提高技术水平，适应岗位需求。

本书凝结了一线教师及行业专家的多年心血，案例和结构设计都是在教学和设计实践中总结得出。其中，湖南软件职业技术大学龙思宇负责统稿，项目三的编写及项目一、项目二、项目三、项目四案例设计；湖南软件职业技术大学向敏洁负责项目二、项目六的编写与网络资源的配套；湖南软件职业技术大学赵婷负责项目五的编写及项目五、项目六的案例设计；湖南软件职业技术大学易泱负责项目一的编写及网络资源整理；湖南软件职业技术大学罗杰负责项目四的编写及网络资源配套关联。另外，很多教师和企业专家也参与了本书的案例整理和视频的录制等工作，在此一并感谢！

由于编写时间仓促，编者水平有限，书中不足之处在所难免，敬请广大读者批评指正。

编　者

目录 CONTENTS

PROJECT ONE

SketchUp基础单体建模

项目概述

本项目通过实战工作任务与3个单元的基础知识的导入，使学生掌握SketchUp软件的诞生与发展、特征及应用领域等相关理论知识。以案例为依据激活SketchUp的基本知识与基础工具，有助于学生快速掌握SketchUp软件的基本操作，掌握简单的几何单体设计技巧与流程，为后续递进项目的学习奠定基础。

通过本项目的实践任务了解设计师在真实项目制作中应具备的基本职业素养，岗位责任心和质量意识、协作意识，分析解决问题的能力；强化单体设计思维训练和创造性解决问题的能力。

实战引导

1. 实战项目：几何元素单体家具设计制作

某家具厂为参加家具博览会准备设计推出系列几何元素单体家具，家具将以简单几何造型为主线，请以设计师角度利用SketchUp基础工具，设计出一款易于组合搭配的几何家具。

注：家具类型涵盖椅子、桌子、架子、沙发、床、柜子、茶几等，类型不限。

2. 项目要求

（1）根据基本工具建模的特点与技巧，合理使用建模方法设计模型特征，要求工具使用量饱满，建模思路清晰，顺序合理。

（2）针对教学要求专项训练，通过创建指定的模型掌握对应建模方法，要求严谨、认真完成任务。

问题发布

1. 什么是SketchUp软件？为什么选用本款软件，怎么选择软件版本？本款软件可以应用在哪些领域？

2. 如何安装与卸载软件？有哪些基础操作需要掌握？使用要点分别是什么？

3. 如何利用基本工具构思单体模型设计与制作？

知识导入

1.1 SketchUp 概述

1.1.1 SketchUp 的发展历史

SketchUp 是一个以简单易用著称的 3D 绘图软件，官方网站将它比喻作电子设计中的“铅笔”。它是一套直接面向设计方案创作过程中的设计工具，其创作过程不仅能够充分表达设计师的思想，而且完全满足与客户即时交流的需要，它使得设计师可以直接在计算机上进行十分直观的构思，是三维建筑设计方案创作的优秀工具。其开发公司 Last Software 成立于 2000 年，规模较小，但却以 SketchUp 而闻名。

为了增强 Google Earth 的功能，Google 公司于 2006 年 3 月 14 日宣布收购 Last Software 公司。它的主要卖点就是使用简便，人人都可以快速上手。让使用者可以利用 SketchUp 建造 3D 模型并直接输出至 Google Earth 中，使得 Google Earth 所呈现的地图更具有立体感且更接近真实世界；使用者还可以透过一个名叫 Google 3D Warehouse 的网站寻找与分享各式各样利用 SketchUp 软件建造的 3D 模型（图 1-1）。本书使用的软件版本为 SketchUp 2020。

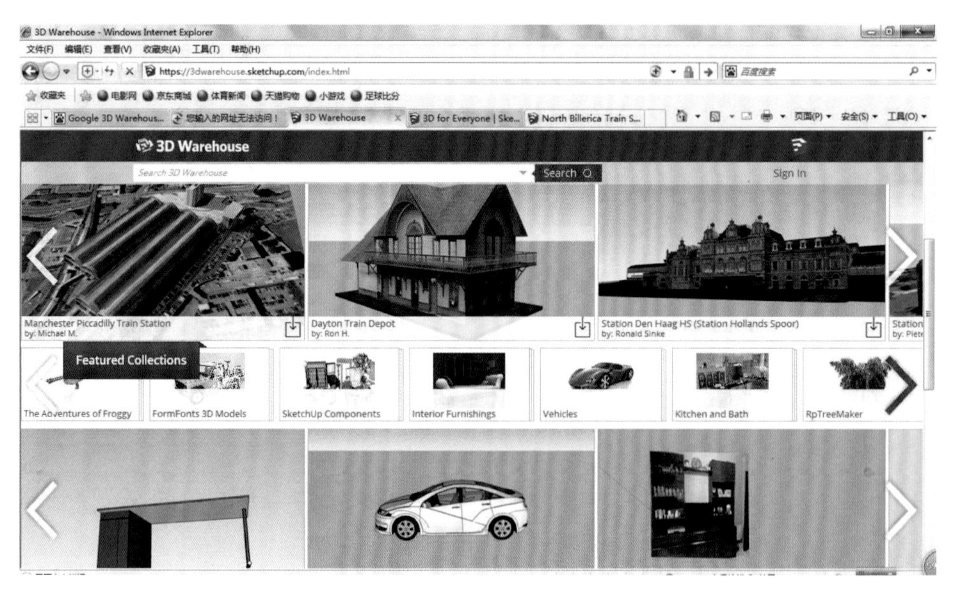

图 1-1

知识点 01-SketchUp 2020 版软件亮点

知识点 02-SketchUp 2020 版新增功能

1.1.2 SketchUp 2020 特点

SketchUp 是相当简便易学的强大工具，即使不熟悉计算机的设计师也可以很快地掌握。它融合了铅笔画的优美与自然笔触，可以迅速地建构、显示、编辑三维建筑模型，同时，可以导出透视图、DWG 或 DXF 格式的 2D 向量文件等尺寸正确的平面图形。

（1）界面简洁、直观，易学易用。SketchUp 界面简洁，易学易用。它集成了简洁紧凑却功能强大的命令系统，只需要反复使用为数不多的命令，即可实现强大的辅助构思与表现功能，整个过程轻松流畅。初学者通过简单学习就能够快速、动态而实时地在三维造型、材质、光影等多方面进行设计构思、调整和研究。

（2）直接面向设计构思过程。SketchUp 直接面向设计构思过程，可以在任何阶段生成各种三维表现成果。SketchUp 提供了高效而低成本的设计表现技术。针对方案设计各阶段的表现需要，提供了不同表现形式，可以模拟与表现方案设计初期、中期和后期的草图效果。SketchUp 又称“草图大师”，从产品研发之初已定位为“为了探索意念以及合成信息所专门设计的一种媒介”，由于 SketchUp 直接面向设计过程而不是渲染成品，与设计师用手工绘制构思草图的过程很相似，因此 SketchUp 的目标是让设计师做设计而不是让绘图员作图。

1）直观快捷。SketchUp 提供了强大的实时显现工具，如照相机工具能够从不同角度以不同显示比例浏览建筑形体和空间效果，并且这种实时处理完毕后的画面与最后渲染输出的图片完全一致，不需要花费大量的时间等待渲染。

2）表现形式多样化。SketchUp 有多种模型显示模式，如线框模式、隐藏线模式、草稿线模式等，这些模式是根据辅助设计侧重点不同而设置的，表现风格也多种多样，如油画、马克笔、钢笔、水彩风格（图 1-2）等。

图 1-2

3）不同场景切换。SketchUp 能在同一视窗口中进行多个场景比较，方便对设计对象进行多角度的分析，场景可以显示或隐藏特定的位置。如果以特定的属性设置存储场景，当此场景被激活时，SketchUp 会应用此设置。场景部分属性如果未存储，则会使用既有的设置。这样能让设计师快速地指定视点、渲染效果等多种设置组合。这个特点不但有利于设计过程，更有利于向客户展示成果，加强沟通。

（3）建模方法独特。SketchUp 建模操作简单直接，易于修改，完全迎合设计师推敲方案的工作思路，尊重他们的工作习惯。

SketchUp 配备了视点实时变换功能，可从多角度观察对象，重要的场景可存贮为“页面”，方便以后比较抉择，还可以根据各种比例放大、缩小建筑设计的细部形体来推敲细节，这是传统工作模型无法比拟的。

（4）材质和贴图使用方便。SketchUp 的材质纹理和颜色的变换功能与其他 CAD 系统差别较大，主要体现在它能够将形体与材质的关系调整可视化、实时化，犹如设计者在现场直接更换材质，效果非常直观。

（5）剖面功能强大。剖透视不但可以表现横向上下层或同一平面的空间结构，还可以直观准确地表现纵深空间关系。SketchUp 能按设计师的要求方便快捷地生成各种空间分析剖透视图，便于看到模型的内部空间，并且可以在模型内部设计创作。另外，可以把剖切面导出到矢量图软件中，制作图表、图释、表现图等，或者作为施工图制作的基础素材。

（6）光影分析直观准确。SketchUp 具备强大的光影分析功能，可以模拟建筑在特定时间和地域下的日照阴影效果，实时互动地分析阴影。该投影特性使设计者更准确地把握模型尺度，控制造型和立面的光影效果。另外，还可以用于评估一幢建筑的各项日照技术指标。

（7）组与组件便于编辑管理。SketchUp 抓住设计师的职业需求，提供了方便的“群组” 功能，并辅以“组件”作为补充，用户各自设计的组件可以通过组件相互交流、共享，减少重复劳动，且节约了后续修模时间，就室内设计、景观设计、建筑设计而言，组的分类“所见即所得”的属性，比图层分类更符合设计师的需求。

（8）虚拟漫游。SketchUp 提供了虚拟漫游功能，可以自定义人的视高及在建筑空间中的行走路线，将空间未来的建成状况以身临其境的方式体验。

（9）与其他软件数据高度兼容。使用 SketchUp 全程表现设计对象并非否定当前常用的计算机表现形式（如 AutoCAD 绘制的工程图，3ds Max 和 Photoshop 绘制的表现图），而是在一定程度上与之兼容互补。

（10）缺点及解决方法。SketchUp 偏重设计过程表现，对于仿真效果图表现较弱，如需要效果表现强烈的效果图，须导出图片格式，利用 Photoshop 等软件进行处理。SketchUp 的曲线建模稍显逊色。当遇到特殊形状物体，尤其是曲线时，宜先在 AutoCAD 中绘制好轮廓线或剖面图，再导入 SketchUp 进一步处理。SketchUp 的渲染功能较弱，最好结合其他软件一起使用。

1.1.3 SketchUp 应用领域

SketchUp 是一套直接面向设计方案创作过程，而不只是面向渲染成品或施工图纸的设计工具，其创作过程不仅能够充分表达设计师的思想，而且完全满足与客户即时交流的需要，与设计师用手工绘制构思草图的过程很相似，同时，其成品导入其他着色、后期、渲染软件可以继续形成照片级的商业效果图。它是目前市面上为数不多的直接面向设计过程的设计工具，使设计师可以直接在计算机上进行十分直观的构思，随着构思的不断清晰，细节不断增加，最终形成的模型可以直接交给其他具备高级渲染能力的软件进行最终渲染。这样，设计师可以最大限度地减少机械重复劳动和控制设计成果的准确性。

1. 在城市规划设计中的应用

SketchUp 软件在规划行业以其直观、便捷的优点深受规划师喜爱，无论是宏观的城市空间形态，还是较小、较详细的规划设计，SketchUp 辅助建模及分析功能都大大解放设计师的思维，提高规划设计的科学性和合理性。目前，SketchUp 被广泛应用于控制性、详细规划、城市设计、修建性详细设计及概念性规划等不同规划类型项目中，如图 1-3～图 1-5 所示。

图 1-3

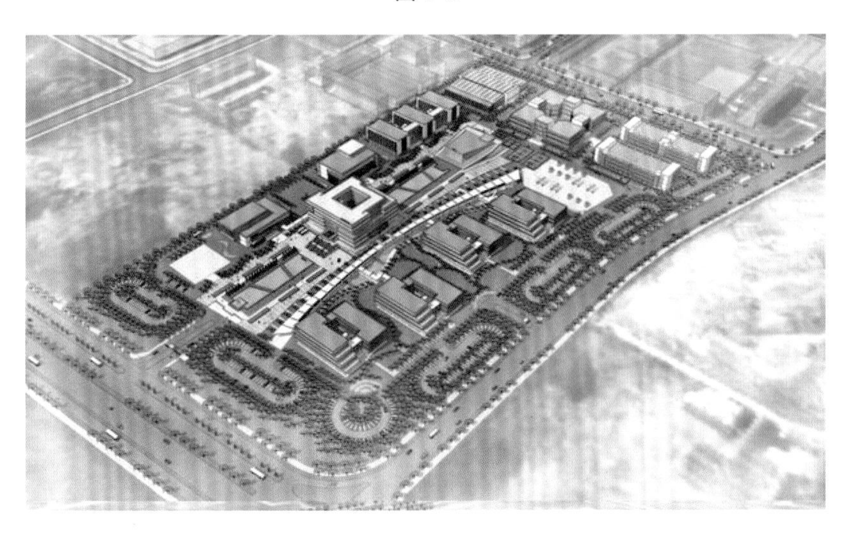

图 1-4

图 1-5

2. 在建筑方案设计中的应用

SketchUp 软件在建筑设计中应用广泛，主要运用在建筑设计方案阶段，在这个阶段需要建立一个大致的模型，然后通过该模型来推敲建筑的体量、尺度、空间划分、色彩和材质及某些细部构造。SketchUp 以其直观、快捷的优点渐渐取代其他三维建模软件，成为建筑师在方案设计阶段的首选软件。

另外，在建筑内部空间的推敲、光影及日照间距分析、建筑色彩及质感分析、方案的动态分析及对比分析等方面，SketchUp 都能直观显示。如图 1-6～图 1-8 所示为 SketchUp 构建的建筑方案。

图 1-6

图 1-7

图 1-8

3. 在园林景观设计中的应用

园林景观设计在方案阶段往往需要反复修改、调整，由于 SketchUp 有操作灵巧的特点，在构建地形高差等方面可以生成直观的效果，而且拥有丰富的景观素材库和强大的贴图材质功能，并且

SketchUp 图样的风格非常适合景观设计表现，所以，在园林景观设计中得到了广泛应用。如图 1-9～图 1-11 所示为 SketchUp 创建的几个园林景观模型场景。

图 1-9

图 1-10

图 1-11

4. 在室内设计中的应用

室内设计的整体风格和细节装饰在很大程度上受业主的喜好和性格特征影响，但传统的 2D 室内设计表现让业主无法理解设计师的设计意图，3ds Max 等 3D 软件又不能灵活地对设计方案进行修改。SketchUp 却能够在已知的户型图基础上快速地建立 3D 模型，以及添加门窗、家具、电器等组件，并且附上地面、墙面的材质贴图，直观地向业主展示出室内效果，且修改方便。如图 1-12～图 1-14 所示为 SketchUp 构建的几个室内场景效果。

图 1-12

图 1-13

图 1-14

5. 在工业设计中的应用

SketchUp 软件在工业设计中的应用也越来越普遍，如机械产品设计、橱窗或展馆的展示设计等，如图 1-15～图 1-17 所示。

6. 在游戏动漫中的应用

随着国内动漫产业的迅速发展，动画制作的方式日趋多元化。由于 SketchUp 操作的灵活性，越来越多的用户将 SketchUp 运用到游戏动漫中，如图 1-18 所示。

图 1-15

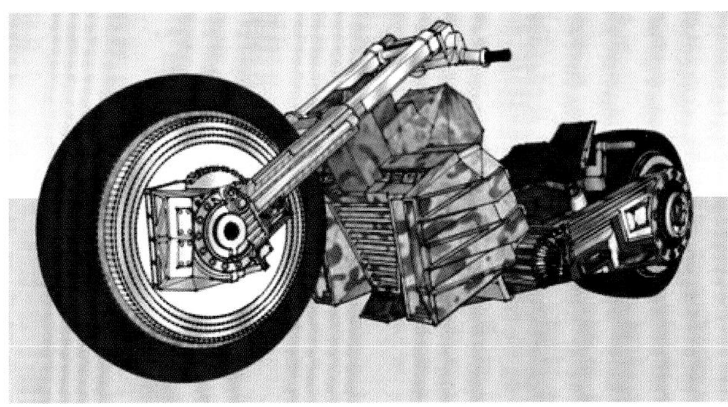

图 1-16

图 1-17

图 1-18

1.2 SketchUp 基本知识

知识点 03–SketchUp 2020 的安装

1.2.1 安装

SketchUp 的安装参见二维码内容。

知识点 04–SketchUp 2020 的卸载

1.2.2 卸载

SketchUp 的卸载参见二维码内容。

1.2.3 向导界面

安装好 SketchUp 2020 后，双击桌面上的图标启动软件，首先出现的是 SketchUp 2020 的向导界面，如图 1–19 所示。

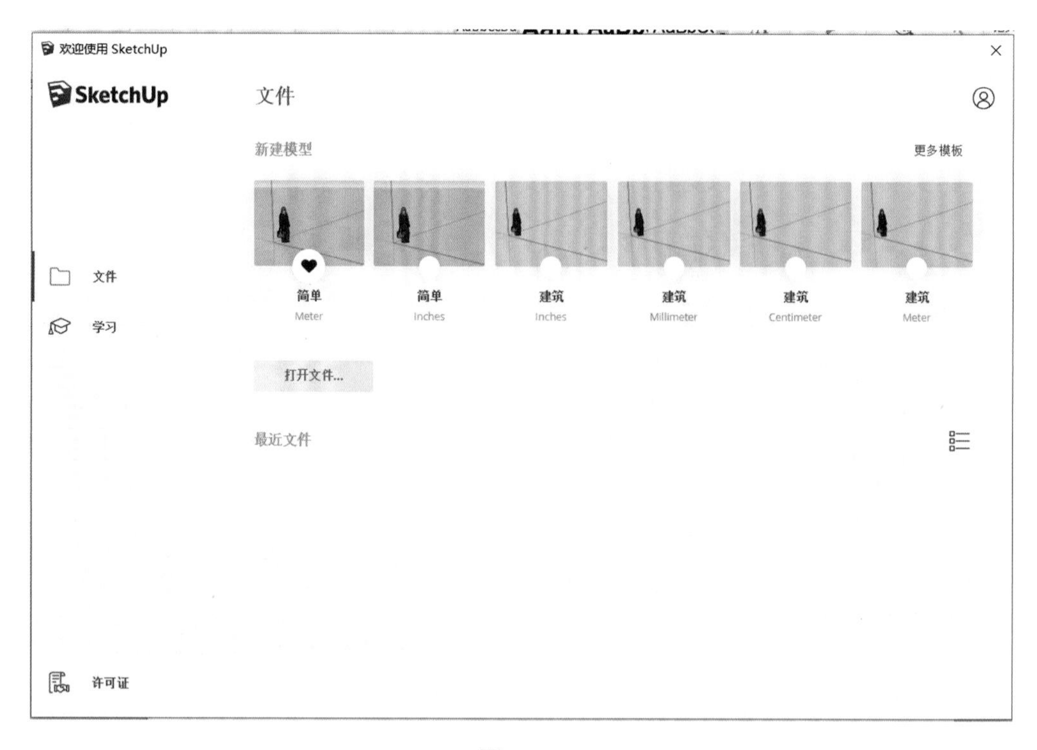

图 1–19

在向导界面中包含了“文件”“学习”“许可证”按钮。这些按钮的功能介绍如下：

（1）“文件”按钮：单击此按钮，可以选择自己喜欢的模板文件及打开新文件。

（2）“学习”按钮：单击此按钮，可以进入 SketchUp 论坛、SketchUp Campus、SketchUp 视频进行学习。

（3）“许可证”按钮：单击此按钮，可以为软件添加许可证。

1.2.4　工作界面

SketchUp 2020 的初始工作界面主要由标题栏、菜单栏、工具栏、绘图区、状态栏、数值输入框构成，如图 1-20 所示。

图 1-20

（1）标题栏。标题栏位于界面的最顶部，最左边是软件的标志，往右依次是当前编辑的文件名称（如果文件暂时没有命名，则显示为“无标题”）、软件版本和窗口控制按钮，如图 1-21 所示。

无标题 - SketchUp Pro 2020

图 1-21

（2）菜单栏。菜单栏位于标题栏下方，包含文件、编辑、视图、相机、绘图、工具、窗口、帮助 8 个主菜单，如图 1-22 所示。如果装有插件，还会出现一个“扩展程序”菜单。

文件(F)　编辑(E)　视图(V)　相机(C)　绘图(R)　工具(T)　窗口(W)　帮助(H)

图 1-22

知识点 05-【文件】下拉菜单命令详解

1）文件。“文件”菜单是用于管理场景中的文件，包括“新建”“打开”“保存”等常用命令，如图 1-23 所示。

知识点 06-【编辑】下拉菜单命令详解

2）编辑。“编辑”菜单是用于对场景中的模型进行编辑操作，包括“剪切”“复制”“粘贴”“隐藏”等命令，如图 1-24 所示。

图 1-23

图 1-24

知识点 07-【视图】下拉菜单命令详解

3）视图。“视图”菜单如图 1-25 所示。

4）相机。“相机”菜单如图 1-26 所示。

知识点 08-【相机】下拉菜单命令详解

图 1-25

图 1-26

知识点 09-【绘图】下拉菜单命令详解

5）绘图。“绘图”菜单包括绘制图形的几个命令，如图 1-27 所示。

6）工具。“工具”菜单主要包括对物体进行操作的常用命令，如图 1-28 所示。

知识点 10-【工具】下拉菜单命令详解

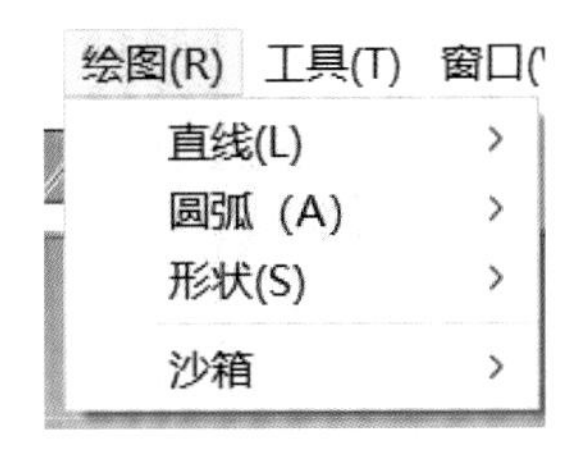

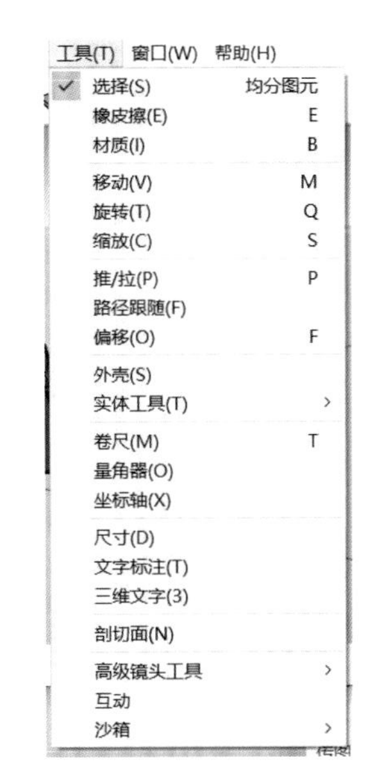

图 1-27　　图 1-28

7）窗口。“窗口”菜单中的命令代表着不同的编辑器和管理器，如图 1-29 所示。

8）帮助。通过“帮助”菜单中的命令可以了解软件各个部分的详细信息和学习教程，如图 1-30 所示。

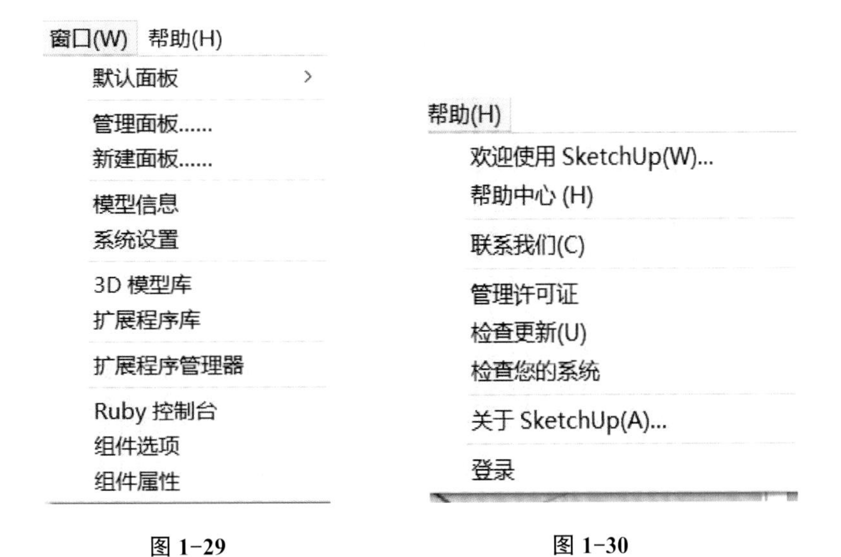

图 1-29　　图 1-30

（3）工具栏。工具栏包含了常用的工具，用户可以自定义这些工具的显隐状态或显示大小等。

1）“标准”工具栏。“标准”工具栏主要是完成对场景文件的打开、保存、复制及打印等命令。其依次包括“新建”“打开”“保存”“剪切”“复制”“粘贴”“擦除”“撤销”“重做”“打印”“模型信息”，如图 1-31 所示。

图 1-31

2）“主要”工具栏。“主要”工具栏是对模型进行选择、制作组件、赋予材质的常用命令。其依次包括“选择”“制作组件”“材质”“擦除”，如图 1-32 所示。

3）“绘图”工具栏。“绘图”工具栏主要是创建一些常用的工具。其依次包括“直线”“手绘线”“矩形”“旋转矩形”“圆”“多边形”“圆弧”“两点圆弧”“3 点圆弧”“扇形”，如图 1-33 所示。

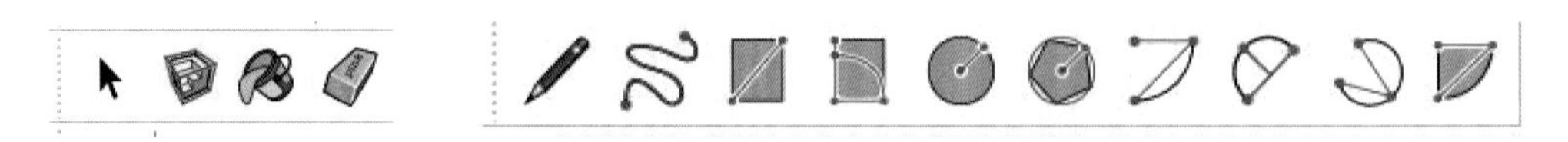

图 1-32　　图 1-33

4）“使用入门”工具栏。“使用入门”工具栏是对模型进行编辑的一些常用工具。其依次包括“选择”“擦除”“直线”“圆弧”“形状”“推拉”“偏移”“移动”“旋转”“缩放”“卷尺工具”“文字”“材质”“环绕观察”“平移”“缩放”“充满视窗”“3D Warehouse”“Extension Warehouse”“Lay out”“扩展程序管理器”，如图 1-34 所示。

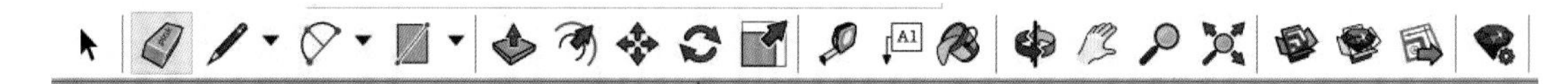

图 1-34

5）“建筑施工”工具栏。“建筑施工” 工具栏主要是对模型进行测量及标注的工具。其依次包括“卷尺”“尺寸标注”“量角器”“文字标注”“轴”“三维文本”，如图 1-35 所示。

6）“样式”工具栏。“样式”工具栏依次包括“X 光透视模式”“后边线”“线框显示”“消隐”“阴影”“材质贴图”“单色显示”， 如图 1-36 所示。

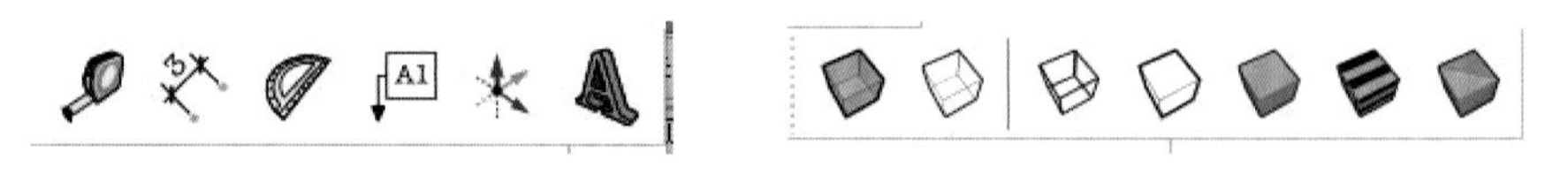

图 1-35　　图 1-36

7）“截面”工具栏。“截面”工具栏中的工具可以控制全局剖面的显示和隐藏。其依次包括“剖切面”“显示剖切面”“显示剖面切割”“显示剖面填充”，如图 1-37 所示。

8）“视图”工具栏。“视图”工具栏主要是对场景中几种常用视图的切换命令。其依次包括“等轴”“俯视图”“前视图”“右视图”“后视图”“左视图”，如图 1-38 所示。

图 1-37　　图 1-38

9）“实体工具”工具栏。“实体工具”工具栏依次包括“实体外壳”“相交”“联合”“减去”“剪辑”“拆分”，如图 1-39 所示。

10）“沙箱”工具栏。“沙箱”工具栏主要创建山地模型的命令。其依次包括“根据等高线创建”“根据网格创建”“曲面起伏”“曲线平整”“曲面投射”“添加细部”“对调角线”，如图 1-40 所示。

图 1-39　　　　图 1-40

11）“相机”工具栏。“相机”工具栏如图 1-41 所示。

12）“图层”工具栏。“图层”工具栏有当前图层的显示与图层管理器。图层管理器可以添加和删除图层，如图 1-42 所示。

图 1-41　　　　图 1-42

13）“编辑”工具栏。“编辑”工具栏依次包括“移动”“推 / 拉”“旋转”“路径跟随”“缩放”“偏移”，如图 1-43 所示。

14）“仓库”工具栏。“仓库”工具栏依次包括“3D Warehouse”“分享模型”“分享组件”“Extension Warehouse”，如图 1-44 所示。

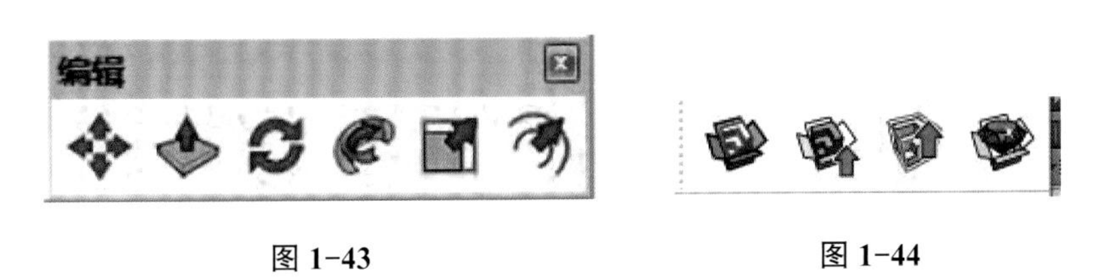

图 1-43　　　　图 1-44

15）“动态组件”工具栏。“动态组件”工具栏依次包括“与动态组件互动”“组件选项”“组件属性”，如图 1-45 所示。

16）“高级相机工具”工具栏。“高级工具”工具栏依次包括“使用真实的相机参数创建物理相机”“仔细查看通过‘创建相机’创建的相机”“锁定 / 解锁当期相机”“显示 / 隐藏使用‘创建相机’创建的所有相机”“显示 / 隐藏所有相机的视锥线”“显示 / 隐藏所有相机的视锥体”“清除纵横比栏并返回默认相机”，如图 1-46 所示。

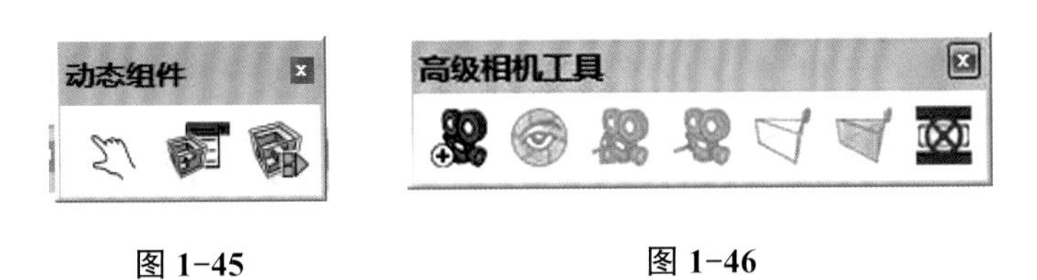

图 1-45　　　　图 1-46

17）“阴影”工具栏。“阴影”该工具栏可以调整阴影的参数，如图 1-47 所示。

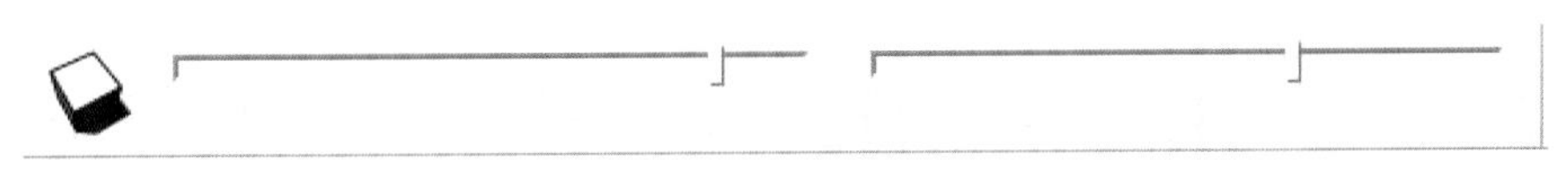

图 1-47

（4）绘图区。绘图区又称窗口，占据界面中最大的区域，这里可以创建模型和编辑模型，也可以对视图进行调整，在绘图窗口中还可以看到绘图坐标轴，分别用红色、绿色、蓝色 3 种颜色显示。

（5）数值控制框。绘图区的右下方数值控制框，可以显示绘图过程中的尺寸信息，也可以接受用户通过键盘输入的数值。数值控制框支持所有的绘制工具。其工作特点如下：

1）有鼠标指定的数值会在数值控制框中动态显示。如果指定的数值不符合系统属性中指定的数值精度，在数值前面会加上“~”符号，这表示该数值不够精确。

2）用户可以在命令完成之前输入数值，也可以在命令完成后，还没有开始其他操作之前输入数值。输入数值后按 Enter 键确定。

3）当前命令仍然生效时，可以持续不断地改变数值。

4）一旦退出命令，数值控制框就不对该命令起作用了。

5）输入数值之前不需要单击数值控制框，可以直接在键盘上输入。

（6）状态栏。状态栏位于界面底部，用于显示命令提示和状态信息，是对命令的描述和操作提示。这些信息会随着对象的改变而改变。

（7）窗口调整柄。窗口调整柄位于界面的右下角，显示为一个条纹组成的倒三角符号，通过拖动窗口调整柄可以调整窗口大小。当界面最大化显示时，窗口调整柄是隐藏的，此时只需双击标题栏将界面缩小即可看到窗口调整柄。

1.2.5 视图的操作

（1）视图的类型。“视图”工具栏包含 6 个工具，分别为“等轴”（图 1-48）、“俯视图”（图 1-49）、“前视图”（图 1-50）、“右视图”（图 1-51）、“后视图”（图 1-52）、“左视图”（图 1-53）。

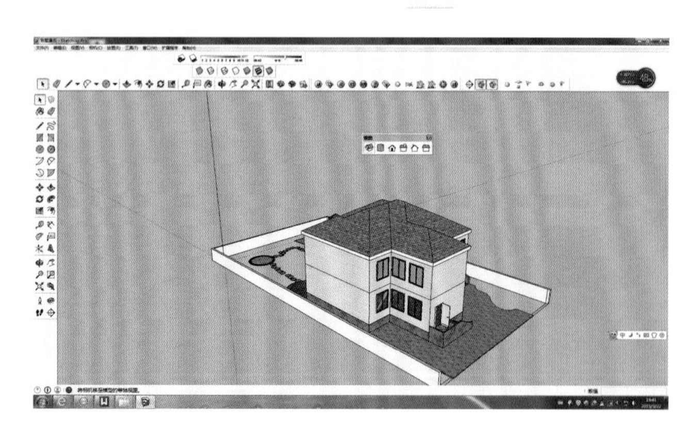

图 1-48

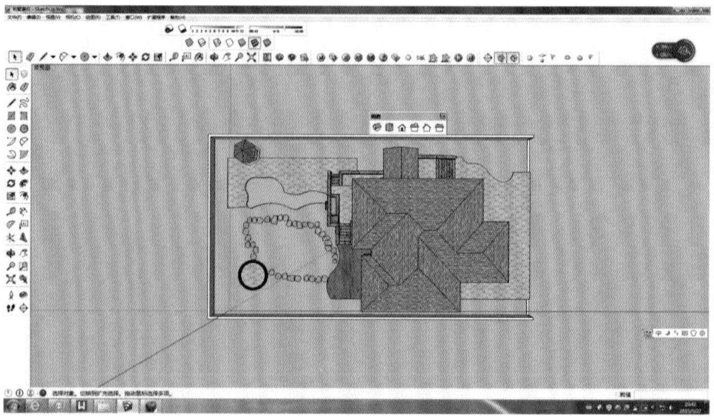

图 1-49

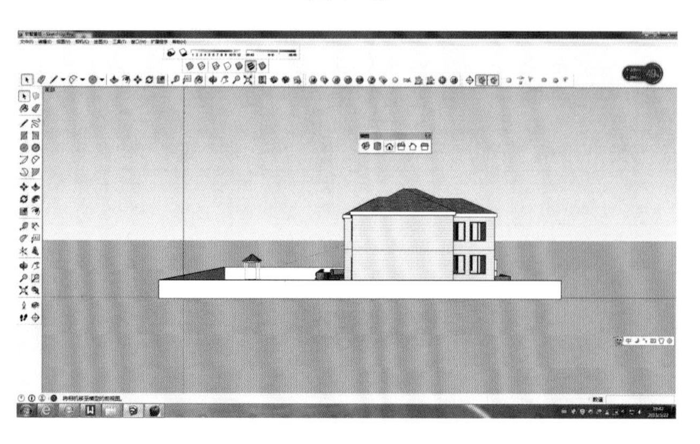

图 1-50

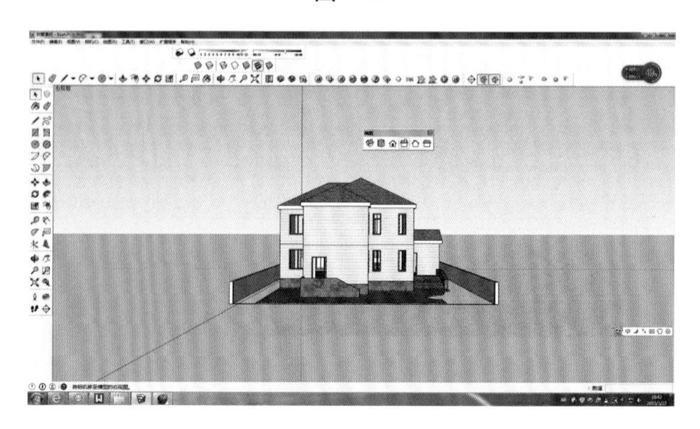

图 1-51

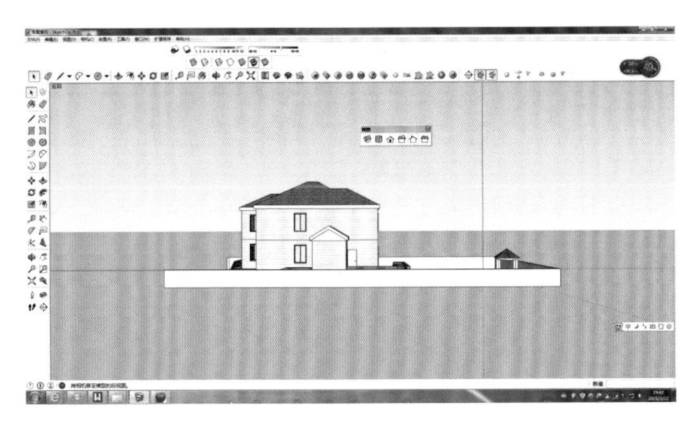

图 1-52

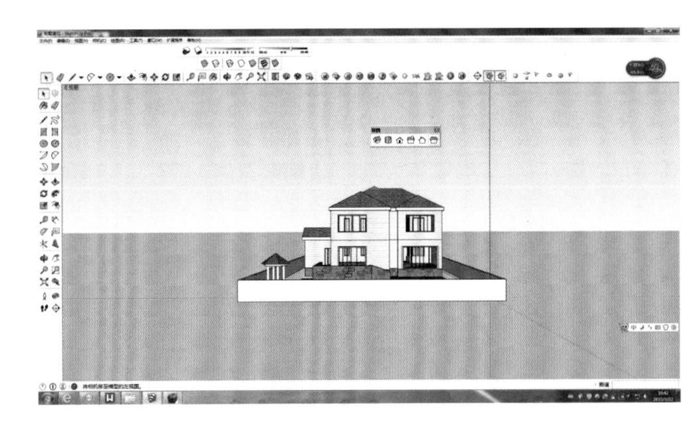

图 1-53

“视图”工具栏中的工具用于将当前视图切换到不同的标准视图。

切换到“等轴”视图后，SketchUp 软件会根据目前视图的状态生成接近于当前视角的等轴透视图。另外，只有在“平行投影”（执行“相机 / 平行投影”菜单命令）模式下显示的等轴透视才是正确的。

如果想在“透视图”模式下打印或导出二维矢量图，传统的透视法则就会起作用，输出的图不能设置缩放比例。虽然视图看起来是主视图或等轴视图，除非进入“平行投影”模式，否则得不到真正的平面图和轴测图。

知识点 12- 视图控制详解

（2）视图控制。“相机”工具栏包含 6 个视图控制工具，分别为“环绕观察”“平移”“缩放”“视角”“缩放窗口”“缩放范围”“背景充满视窗”。

（3）设置视图背景与天空颜色。在 SketchUp 中，背景的效果可以在“管理面板”中的“样式”编辑器中设置，只需勾选“样式”按钮，即可对背景颜色、天空颜色进行设置，如图 1-54 所示。

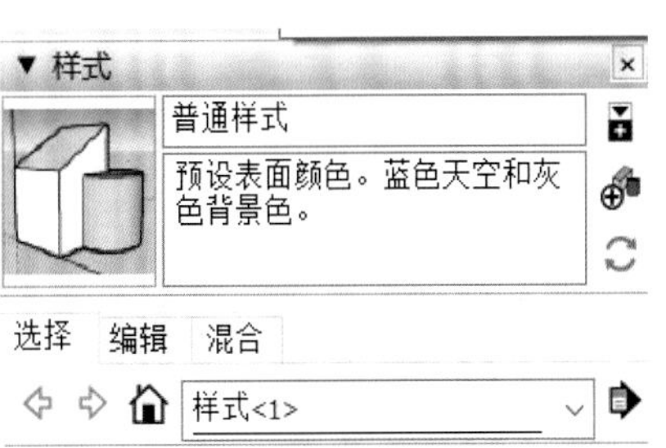

图 1-54

知识点 13- 背景与天空设置参数详解

1.2.6　对象的选择

SketchUp“选择”命令的快捷键是 Space。选择类型有单击选择、双击选择、三击选择、全选、叉选、取消选择。

1.2.7　切换显示样式

SketchUp 包含很多种显示模式，主要通过“样式”编辑器进行设置。“样式”编辑器中包含背景、天空、边线和表面的显示效果。通过选择不同的显示样式，让画面表达更具有艺术感，体现强烈的风格特点，通过“窗口 / 管理面板 / 样式”菜单命令即可调出“样式”编辑器，如图 1-55 所示。

知识点 14-【选择】命令详解

知识点 15：显示样式设定详解

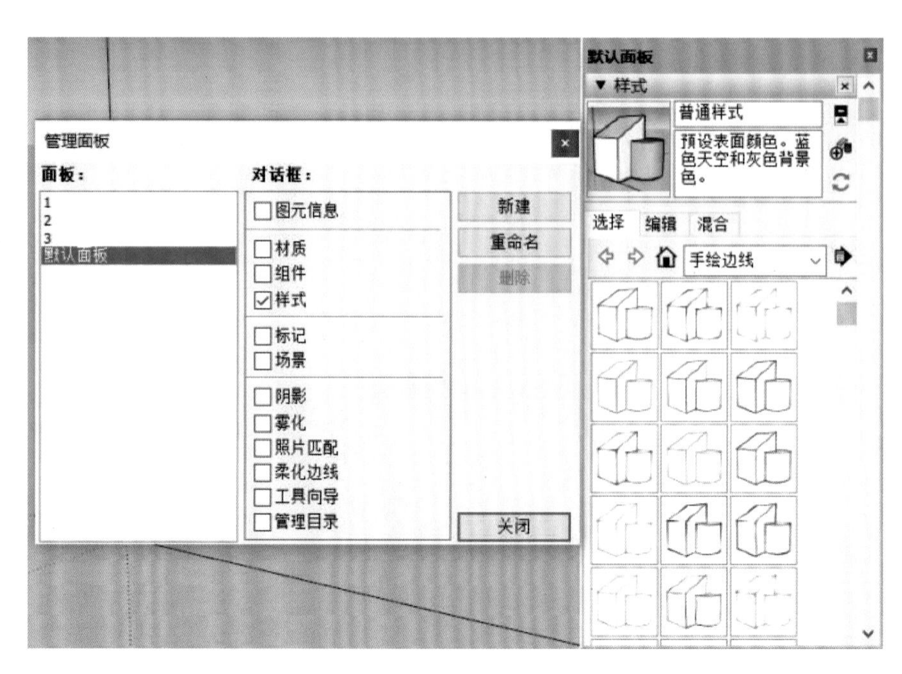

图 1-55

知识点 16- 设置工具栏详解

1.2.8 设置绘图环境

（1）设置绘图单位。执行“窗口 / 模型信息”菜单命令，打开“模型信息”管理器，单击“单位”面板，即可设置绘图单位和角度单位。

（2）设置工具栏。执行“视图 / 工具栏”菜单命令，打开“工具栏”管理器。

1.2.9 文件的导入与导出

AutoCAD 中的 DWG 格式与 DXF 格式均可被 SketchUp 软件导入和导出，本小节将详解 AutoCAD 软件与 SketchUp 软件之间包括二维图像、三维模型文件在衔接应用时导入与导出的操作步骤。

知识点 17-DWG 与 DXF 格式文件的导入

知识点 18-DWG 与 DXF 格式文件的导入操作练习

知识点 19-DWG/DXF 格式二维矢量图文件的导出

知识点 20-DWG/DXF 格式三维模型文件的导出

（1）导入 DWG/DXF 格式的文件。本书采用的 SketchUp 2020 版本延续了之前版本的基本功能。支持 AutoCAD 格式文件的 DWG/DXF 格式文件的导入与导出，为室内设计、建筑设计、家具设计等领域的创作提供了便捷。加强了实体模型与实际图纸间的联系，使得图纸与模型更加精确。

（2）导出 DWG/DXF 格式的二维矢量图文件。SketchUp 软件可导出的二维矢量图格式包括 PDF 文件、EPS 文件、Windows 位图、便携式网格图像、Piranesi EPix、AutoCAD DWG 文件、AutoCAD DXF 文件 7 种，提供于其他软件导入与编辑，其中贴图、影音、透明度除外。

（3）导出 DWG/DXF 格式的三维模型文件。在 SketchUp 软件与 AutoCAD 软件的转换使用中，SketchUp 还支持模型以 DWG/DXF 格式导出为三维的模型，可在 AutoCAD 进行三维编辑。

（4）二维图像的导入与导出。SketchUp 软件中除 AutoCAD 二维矢量图像外，还能兼容其他二维图像的导入与导出。

1）导入图像。除 CAD 二维矢量图外，我们还认识到更多的二维图像为图片形式，SketchUp 软件同样允许其他类图片格式文件导入，包括 JPEG、PNG、TGA、BMP、TIF 格式。

知识点 21–JPEG 格式图片的导入

2）导出图像。SketchUp 在图片导出方面，为大家提供的文件格式选择包括 PDF、EPS、Windows 位图、JPG、PNG、TIF 和 EPX 7 种格式。

①导出 PDF/EPS 格式的图像参见二维码内容。

②导出 JPG 格式的图像参见二维码内容。

③导出 PNG/TIF 格式的图像参见二维码内容。

④导出 EPX 格式的图像参见二维码内容。

知识点 22–PDF/EPS 格式

知识点 23–PDF/EPS 格式图像的导出

知识点 24–JPG 格式

知识点 25–JPG 格式图像的导出

知识点 26–PNG/TIF 格式

知识点 27–PNG/TIF 格式导出参数设置

知识点 28–EPX 格式

知识点 29–EPX 格式导出参数设置

（5）三维模型的导入与导出。

1）导入 3DS 格式的文件参见二维码内容。

知识点 30–3DS 格式文件的导入

2）导出 3DS 格式的文件。SketchUp 软件在 3DS 文件导出时，支持模型材质、贴图和相机的导出，相对于二维图形更为全面、立体，达到各三维软件间的完美转换。

知识点 31–3DS 格式文件的导出

1.3 SketchUp 基础工具

1.3.1 SketchUp 主要工具栏

在 SketchUp 2020 中主要工具栏通过选择“视图”→“工具栏”并勾选“主要”复选框打开，在主要工具栏中有“选择”工具、“制作组件”工具、“材质”工具和“擦除”工具，如图 1–32 所示。其中，“材质”工具将在“2.1 材质与贴图”中进行详细讲解。

知识点 32– 选择工具

知识点 33– 制作组件工具

（1）“选择”工具。在 SketchUp 2020 中使用“选择”工具，主要有四种选择方式，分别是窗选、框选、点选和单击鼠标右键关联选择。

（2）“制作组件”工具。“制作组件”工具是针对场景中的模型进行管理，将场景中的单体制作完成形成组件，可以精简模型个数，还可以进行模型的复制。

知识点 34- 擦除工具

（3）“擦除”工具。在 SketchUp 2020 中使用“擦除”工具，单击要删除的面或按住鼠标左键在所要删除的面上拖动，松开鼠标左键后所要删除的面则会删除。

1.3.2 SketchUp 绘图工具栏

在 SketchUp 2020 中主要工具栏通过选择“视图”→“工具栏”并勾选“绘图”复选框打开，主要工具如图 1-33 所示。

知识点 35- 直线工具

知识点 36- 手绘线工具

（1）“直线”工具。在 SketchUp 2020 中，“直线”工具的选择方式有三种：第一种方式是在“工具栏”中直接单击“直线”图标进行使用；第二种方式是选择“绘图”→“直线”命令进行绘制；第三种方式是直接按快捷键“L”进行绘制。

（2）“手绘线”工具。在 SketchUp 2020 中，“直线”工具的选择方式有两种，第一种方式是在“工具栏”中直接单击“手绘线”图标进行使用；第二种方式是选择“绘图”→“手绘线”命令进行绘制。

知识点 37- 矩形工具

知识点 38- 旋转矩形工具

（3）“矩形”工具。在 SketchUp 2020 中，“矩形”工具的选择方式有三种：第一种方式是在“工具栏”中直接单击“矩形”图标进行使用；第二种方式是选择“绘图”→“形状”→“矩形”命令进行绘制；第三种方式是直接按快捷键“R”进行绘制。

（4）“旋转矩形”工具。在 SketchUp 2020 中，“旋转矩形”工具的选择方式有两种：第一种方式是在“工具栏”中直接单击“旋转矩形”工具图标进行使用；第二种方式是选择“绘图”→“形状”→“旋转矩形”命令进行绘制。

知识点 39- 圆工具

知识点 40- 多边形工具

（5）“圆”工具。在 SketchUp 2020 中，“圆”工具的选择方式有三种：第一种方式是在“工具栏”中直接单击“圆”工具图标进行使用；第二种方式是选择“绘图”→“形状”→“圆”命令进行绘制；第三种方式是直接按快捷键“C”进行绘制。

（6）“多边形”工具。在 SketchUp 2020 中，“多边形”工具的选择方式有两种：第一种方式是在“工具栏”中直接单击“多边形”工具图标进行使用；第二种方式是选择“绘图”→“形状”→“多边形”命令进行绘制。

（7）“圆弧”工具。在 SketchUp 2020 中“圆弧”工具可分为“圆弧”“两点圆弧”和“3 点圆弧”三种形式，在使用快捷键“A”时所绘制的为“两点圆弧”的形式。

知识点 41- 圆弧工具

知识点 42- 扇形工具

在“圆弧”工具中选择“圆弧”的方式有两种：第一种方式是在“工具栏”中直接单击“圆弧”工具图标进行使用；第二种方式是选择“绘图”→“圆弧”→“圆弧”命令进行绘制。

（8）“扇形”工具。在 SketchUp 2020 中，“扇形”工具的选择方式有两种：第一种方式是在“工具栏”中直接单击“扇形”工具图标进行使用；第二种方式是选择“绘图”→“圆弧”→“扇形”命令进行绘制。

1.3.3 SketchUp 编辑工具栏

在 SketchUp 2020 中编辑工具栏主要通过选择“视图”→“工具栏”并勾选“编辑”复选框打开，则显示的编辑工具有“移动”工具、“推 / 拉”工具、“旋转”工具、“路径跟随”工具、“缩放”工具、“偏移”工具，如图 1-56 所示。

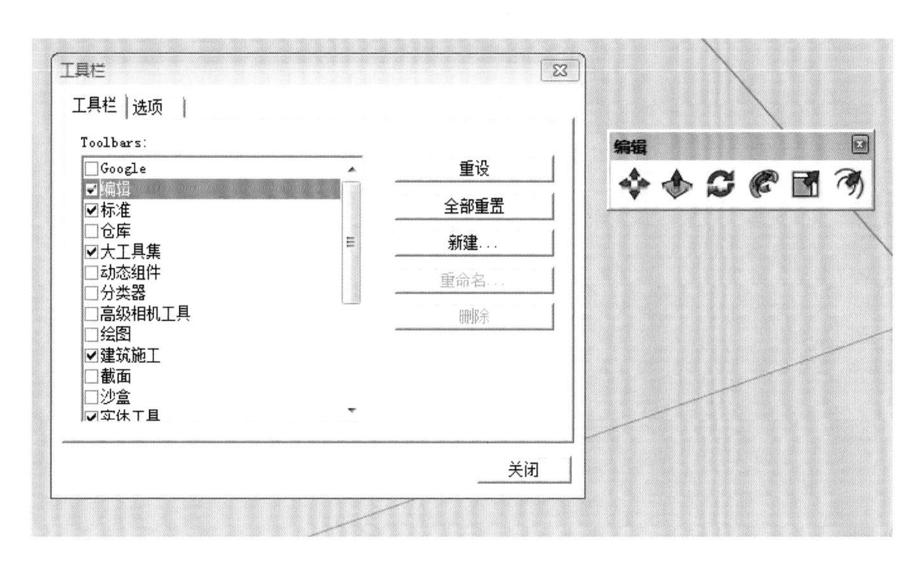

图 1-56

知识点 43- 移动工具

知识点 44- 推 / 拉工具

（1）“移动”工具。在 SketchUp 2020 中，“移动”工具的选择方式有三种：第一种方式是在“工具栏”中直接单击“移动”工具图标进行使用；第二种方式是选择“工具”→“移动”命令进行移动；第三种方式是直接按快捷键“M”进行移动。“移动”工具主要是对图元进行移动、拉伸或复制。

（2）“推 / 拉”工具。在 SketchUp 2020 中，“推 / 拉”工具的选择方式有三种：第一种方式是在“工具栏”中直接单击“推 / 拉”工具图标进行使用；第二种方式是选择“工具”→“推 / 拉”命令进行推 / 拉；第三种方式是直接按快捷键“P”进行面或整体推 / 拉。“推 / 拉”工具主要是对图元进行移动、拉伸或复制。“推 / 拉”工具主要是通过推 / 拉平面图元，从而增加或减少三维模型的体积。

知识点 45- 旋转工具

（3）“旋转”工具。在 SketchUp 2020 中“旋转”工具的选择方式有三种：第一种方式是在“工具栏”中直接单击“旋转”工具图标进行使用；第二种方式是选择“工具”→“旋转”命令进行旋转；第三种方式直接按快捷键“Q”进行旋转。“旋转”工具主要是通过沿圆形的路径进行旋转、拉伸、扭曲或复制图元。

（4）“路径跟随”工具。在 SketchUp 2020 中，“路径跟随”工具的选择方式有两种：第一种方式是在“工具栏”中直接单击“路径跟随”工具图标进行使用；第二种方式是选择“工具”→“路径跟随”命令进行使用。“路径跟随”工具主要是沿路径复制平面。

知识点 46- 路径跟随工具

知识点 47- 缩放工具（调整比例工具）

（5）“缩放”工具（调整比例工具）。在 SketchUp 2020 中“缩放”工具的选择方式有三种：第一种方式是在“工具栏”中直接单击“缩放”工具图标进行使用；第二种方式是选择“工具”→“缩放”命令进行缩放；第三种方式是直接按快捷键“S”进行缩放。“缩放”工具也称为调整比例工具，主要是根据模型中的其他图元对几何图形进行大小调整和拉伸。

（6）“偏移”工具。在 SketchUp 2020 中，“偏移”工具的选择方式有三种：第一种方式是在“工具栏”中直接单击“偏移”工具图标进行使用；第二种方式是执行“工具”→“偏移”命令进行偏移；第三种方式是直接按快捷键“F”进行偏移。“偏移”工具主要是以离原件等距的距离创建直线的副本。

知识点 48- 偏移工具

1.3.4 建筑施工工具栏

在 SketchUp 2020 中，建筑施工工具栏通过选择“视图”→“工具栏”并勾选“建筑施工”复选框打开，建筑施工工具主要工具有“卷尺”工具、“尺寸标注”工具、“量角器”工具、“文字标注”工具、“轴”工具和“三维文本”工具，如图 1-57 所示。

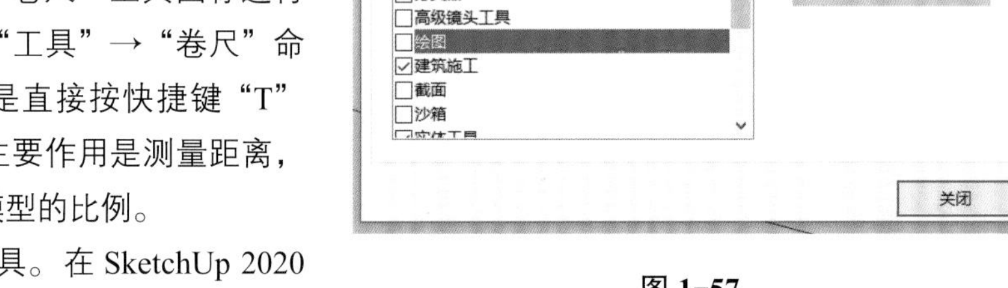

图 1-57

（1）“卷尺”工具。在 SketchUp 2020 中，“卷尺”工具的选择方式有三种：第一种方式是在“工具栏”中直接单击“卷尺”工具图标进行使用；第二种方式是选择“工具”→“卷尺”命令进行测量；第三种方式是直接按快捷键“T”进行测量。“卷尺”工具主要作用是测量距离，并创建引导线、点或调整模型的比例。

知识点 49- 卷尺工具

知识点50-尺寸标注工具

（2）“尺寸标注”工具。在 SketchUp 2020 中，“尺寸标注”工具的选择方式有两种：第一种方式是在“工具栏”中直接单击“尺寸标注”工具图标进行使用；第二种方式是选择“工具”→“尺寸”命令进行标注。“尺寸标注”工具的主要作用是设置尺寸图元位置，对图元的各个面进行尺寸标注。

（3）“量角器”工具。在 SketchUp 2020 中，“量角器”工具的选择方式有两种：第一种方式是在“工具栏”中直接单击“量角器”工具图标进行使用；第二种方式是选择“工具”→“量角器”命令进行测量。“量角器”工具的主要作用是测量角度并创建有角度的构造线图元。

知识点 51- 量角器工具

知识点52-文字标注工具

（4）“文字标注”工具。在 SketchUp 2020 中，“文字标注”工具的选择方式有两种：第一种方式是在“工具栏”中直接单击“文字标注”工具图标进行使用；第二种方式是选择“工具”→“文字标注”命令进行标注。“文字标注”工具的主要作用是设置文字图元位置。

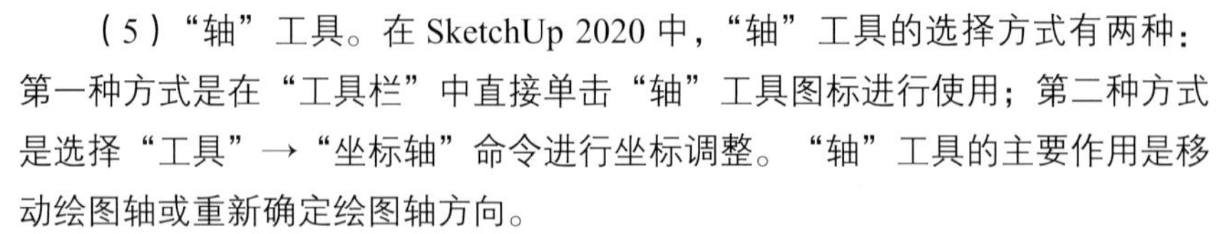

（5）“轴”工具。在 SketchUp 2020 中，“轴”工具的选择方式有两种：第一种方式是在“工具栏”中直接单击“轴”工具图标进行使用；第二种方式是选择“工具”→“坐标轴”命令进行坐标调整。“轴”工具的主要作用是移动绘图轴或重新确定绘图轴方向。

知识点 53- 轴工具

知识点54-三维文字工具

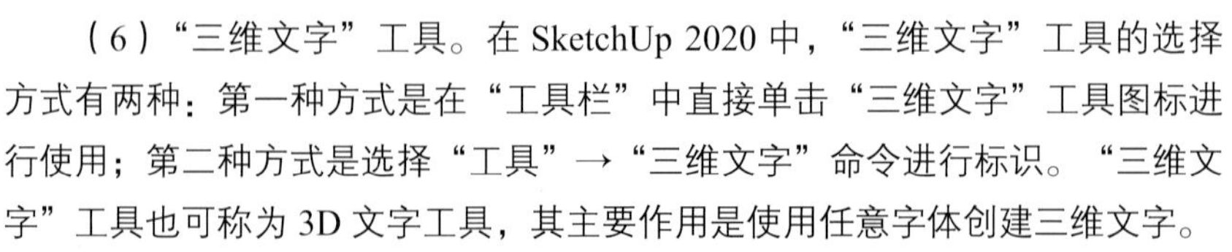

（6）“三维文字”工具。在 SketchUp 2020 中，“三维文字”工具的选择方式有两种：第一种方式是在“工具栏”中直接单击“三维文字”工具图标进行使用；第二种方式是选择“工具”→“三维文字”命令进行标识。“三维文字”工具也可称为 3D 文字工具，其主要作用是使用任意字体创建三维文字。

1.3.5 相机工具

在 SketchUp 2020 中，“相机工具”的选择方式是选择“视图”→“工具栏”→“相机”命令，如图 1-58 所示；或者直接在菜单栏中单击“相机”按钮，对其下拉菜单栏中的工具进行选择，如图 1-59 所示。

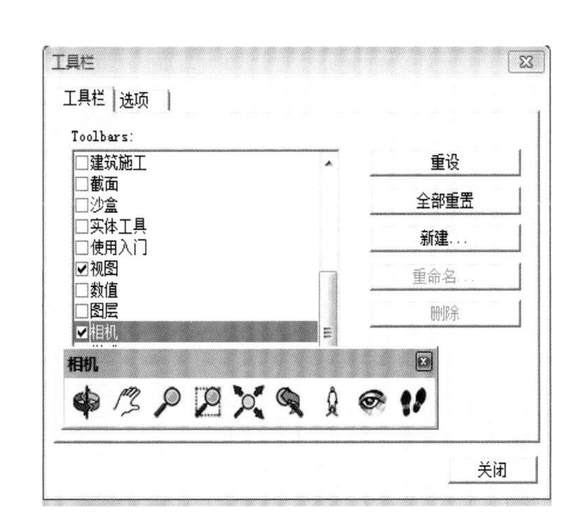

图 1-58

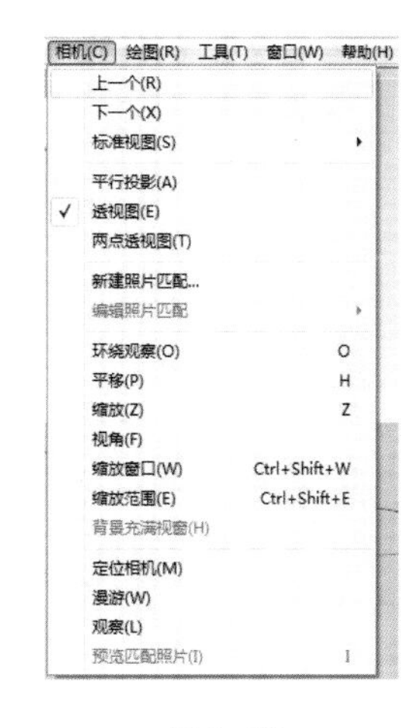

图 1-59

（1）“环绕观察”工具。在 SketchUp 2020 中，“环绕观察”工具的选择方式有三种：第一种方式是直接单击工具栏中“相机”按钮即可；第二种方式是在“相机”下拉菜单栏中直接选择“环绕观察”；第三种选择方式是直接按快捷键“O”。“环绕观察”工具的主要作用是围绕模型移动相机，对模型进行全方位观察。

知识点55-环绕观察工具

知识点 56- 平移工具

（2）“平移”工具。在 SketchUp 2020 中，“平移”工具的选择方式有三种：第一种方式是直接单击工具栏中“平移”工具即可；第二种方式是在“相机”下拉菜单栏中直接选择“平移”命令；第三种方式是直接按快捷键“H”。“平移”工具的主要作用是垂直或水平移动相机即能达到视角要求。

（3）“缩放”工具。在 SketchUp 2020 中，“缩放”工具的选择方式有三种：第一种方式是直接单击工具栏中“缩放”工具即可；第二种方式是在“相机”下拉菜单栏中直接选择“缩放”命令；第三种选择方式是直接按快捷键“Z”。“缩放”工具的主要作用是将相机方向即视角进行推进或拉远。

知识点 57- 缩放工具

知识点 58- 缩放窗口工具

（4）“缩放窗口”工具。在 SketchUp 2020 中，“缩放窗口”工具的选择方式有三种：第一种方式是直接单击工具栏中“缩放窗口”工具即可；第二种方式是在“相机”下拉菜单栏中直接选择“缩放窗口”命令；第三种选择方式是直接按快捷键“Ctrl+Shift+W”。“缩放窗口”工具的主要作用是能放大屏幕到特定区域。

（5）“充满视窗”工具。在 SketchUp 2020 中“充满视窗”工具的选择方式是直接在工具栏中单击“充满视窗”，“充满视窗”工具表示在缩放相机视野达到显示整个模型的作用。

知识点 59- 充满视窗

知识点 60- 上一个视图

（6）“上一个”工具。在 SketchUp 2020 中，“上一个”工具的选择方式是直接在工具栏中单击“上一个”即可。“上一个”表示撤回上一个的相机视野。

（7）“定位相机”工具。在 SketchUp 2020 中“定位相机”工具的选择方式有两种：第一种方式是直接单击工具栏中“定位相机”工具即可；第二种方式是在“相机”下拉菜单栏中直接选择“定位相机”命令。“定位相机”工具的主要作用是将相机的位置即当前视角，置于特定的视点高度以查看视线或在模型中漫游。

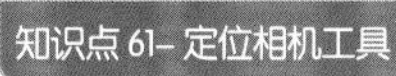

知识点 61- 定位相机工具

知识点62-绕轴旋转工具

（8）绕轴旋转工具。在 SketchUp 2020 中，“绕轴旋转”工具的选择方式有两种：第一种方式是直接单击工具栏中的“绕轴旋转”工具即可；第二种方

知识点 63- 漫游工具

式是在“相机”下拉菜单栏中直接选择“观察”命令。“绕轴旋转”工具的主要作用是围绕固定点移动相机即当前视角。

（9）“漫游”工具。在 SketchUp 2020 中，“漫游”工具的选择方式有两种：第一种方式直接单击工具栏中的“漫游”工具即可；第二种方式是在“相机”下拉菜单栏中直接选择“漫游”命令。“漫游”工具的主要作用是在模型中行走即漫游。

实战案例解析——椭圆茶几

本案例将主要使用到“单位”“常规”“直线”“圆弧”“路径跟随”“旋转”等工具和参数设置，在模型制作过程中，注意学习模型组合与创建工具的搭配创建技巧。

通过本案例的实践任务了解设计师在真实项目制作中应该具备的基本职业素养，岗位责任心和质量意识、协作意识，分析解决问题的能力；强化单体设计思维训练和培养创造性解决问题的能力。

任务一 绘图环境设置

微课：绘图环境设置

在进行模型制作前，需要设定好场景单位和文件自动备份，确保绘图的精准且有效防止因断电等突发情况造成的文件丢失。

步骤 1：选择“窗口”→“模型信息”命令，如图 1-60 所示，在弹出的“模型信息”面板中选择“单位”选项，可以发现默认单位为英寸（默认英制）。

步骤 2：分别设置“单位”的“格式”为“十进制”和长度为“毫米”，选择“显示精确度”为“0 mm”，如图 1-61 所示。

图 1-60

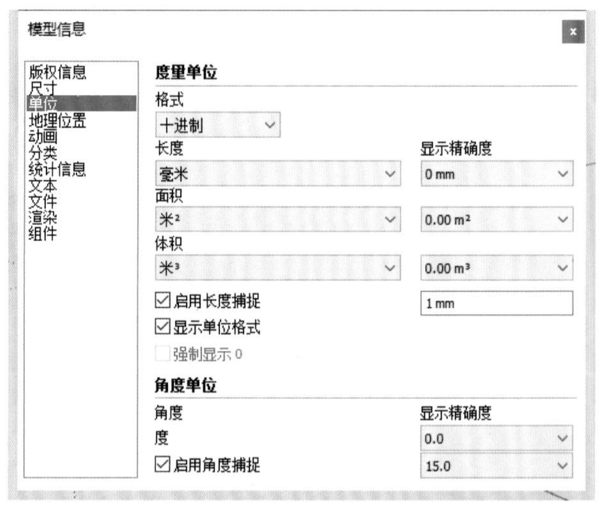

图 1-61

技巧提示

在开启 SketchUp 时，会弹出软件启动面板，单击“选择模板”按钮，即可以直接选择毫米制的建筑绘图模板。

步骤 3：执行“窗口”→“系统设置”命令，如图 1-62 所示，在弹出的“系统设置”面板中选择“常规”选项。

步骤 4：在“常规”选项卡右侧的“正在保存”参数组中，勾选“创建备份”与“自动保存”复选框，并设置保存备份及间隔时间为 20 分钟，如图 1-63 所示。

图 1-62

图 1-63

步骤 5：选择“文件”选项卡，如图 1-64 所示，单击“模型”参数后的“设置路径”按钮，在弹出的“选择文件夹”对话框中设置自动备份的文件路径，如图 1-65 所示。

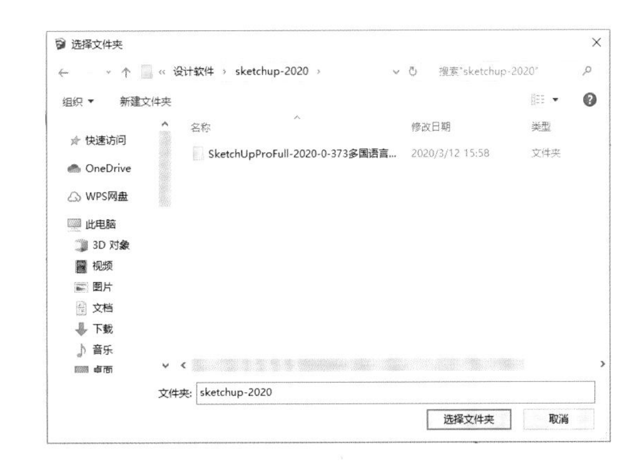

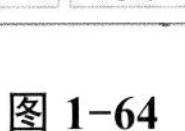

图 1-64

图 1-65

技巧提示

要理解创建备份与自动保存两个概念的区别，如果只勾选“自动保存”复选框，则数据将直接保存在打开的文件上；只有同时勾选“自动保存”和“创建备份”，才能将数据另存在一个新的文件上，这样即使打开的文件出现损坏，还可以调用备份文件。

任务二　椭圆桌面制作

步骤 1：启用“圆”工具，绘制一个半径为 600 mm 的圆形，如图 1-66 所示。启用“缩放”工具，在宽度方向上以 0.50 的比例进行缩放，形成椭圆，如图 1-67 所示。

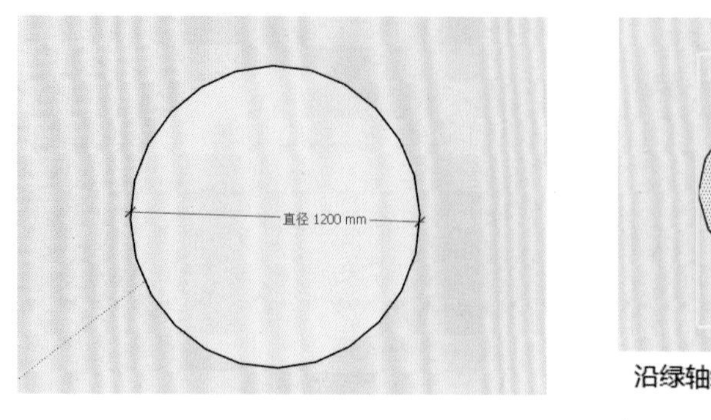

图 1-66 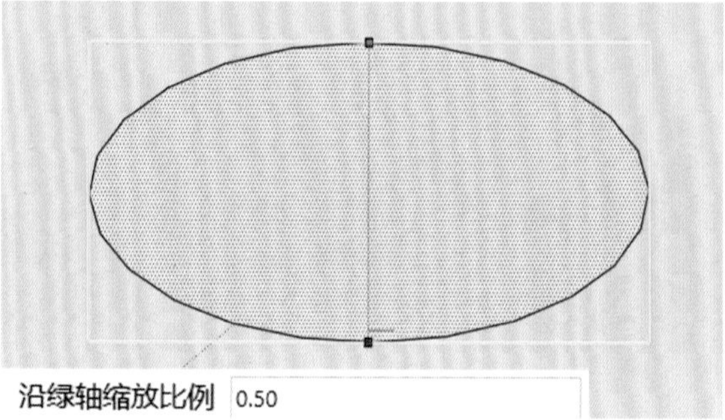　　图 1-67

步骤 2：在前视图中，结合“圆弧”与“直线”工具，绘制圆台装饰线截面，如图 1-68 所示，然后使用“路径跟随”工具制作好装饰线，如图 1-69、图 1-70 所示。

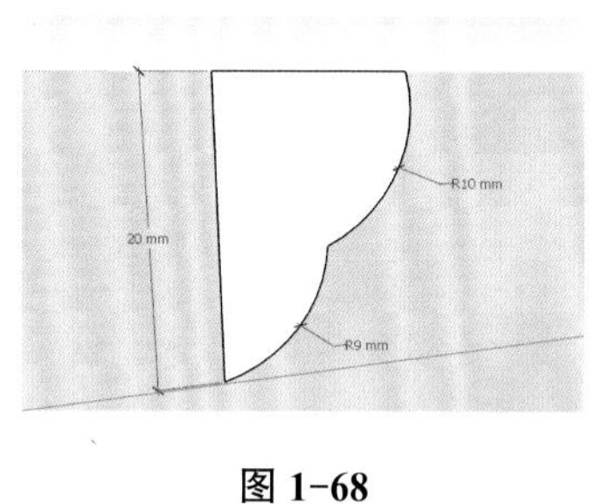

图 1-68

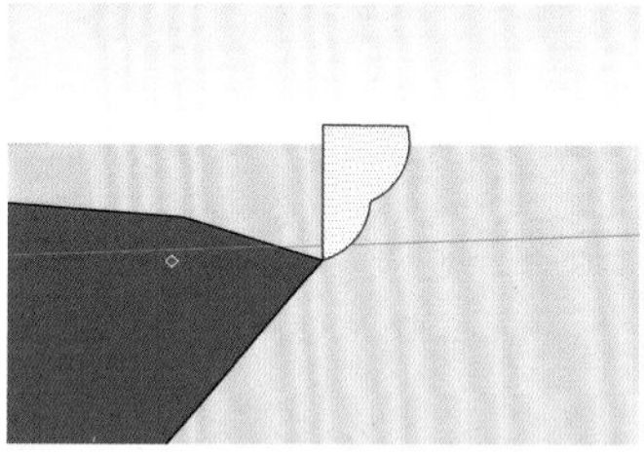

图 1-69

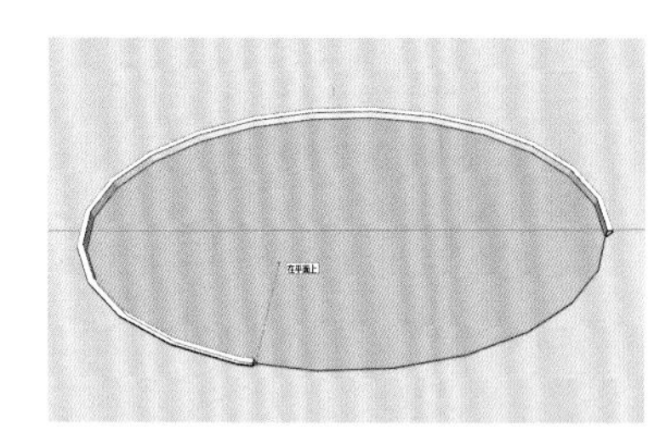

图 1-70

步骤 3：选择顶部椭圆形面，先启用“偏移”工具向内偏移 10 mm，如图 1-71 所示，再启用“推拉”工具，选择内部圆向下推拉出 35 mm 的厚度，制作顶部与底部细节，如图 1-72、图 1-73 所示。

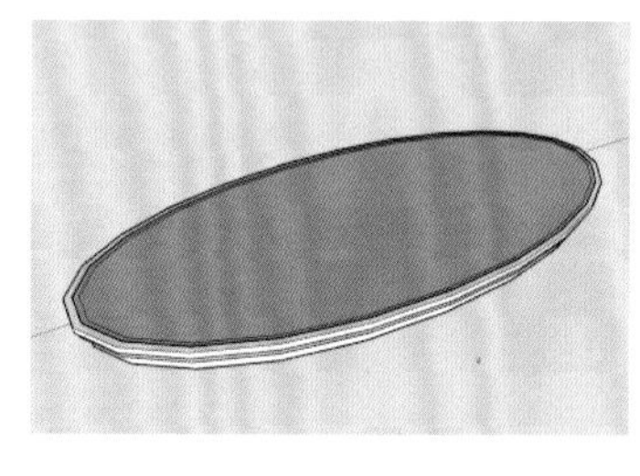

图 1-71

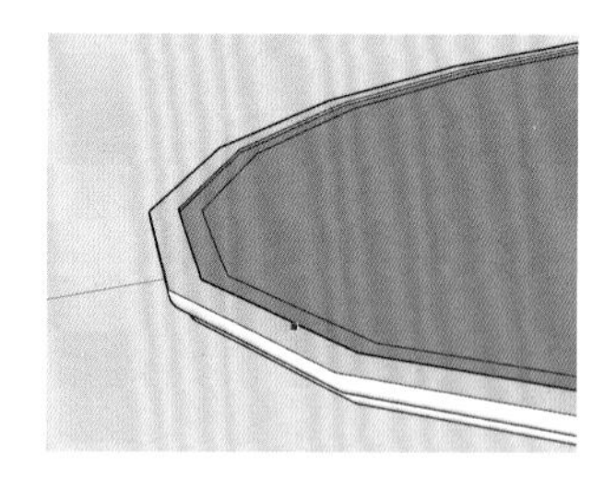

图 1-72

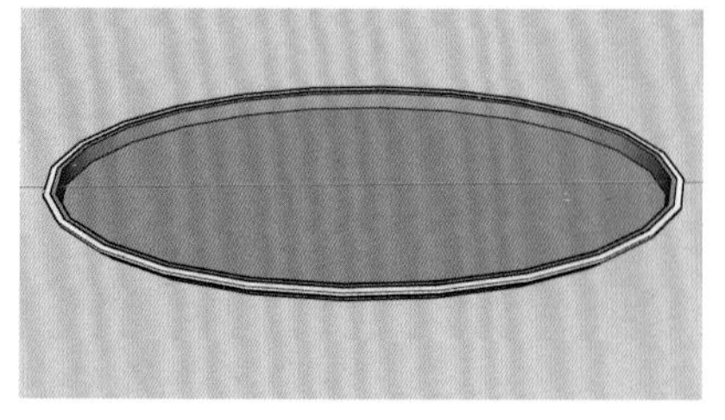

图 1-73

步骤 4：将推拉出的底面选择复制移动到顶面，然后选择制作好的台面创建为组，如图 1-74 所示。

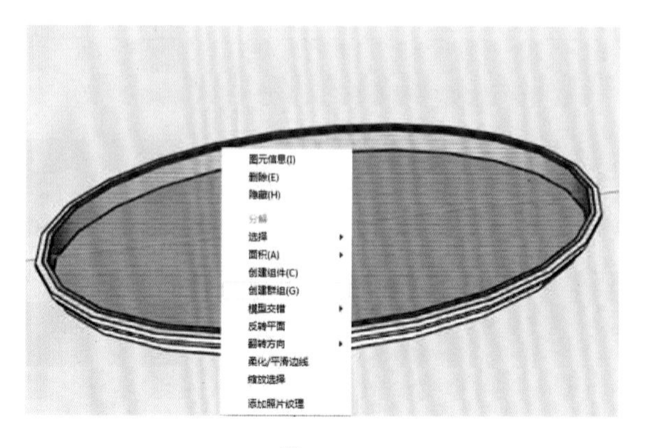

图 1-74

任务三　茶几支架制作

微课：茶几支架的制作

步骤 1：制作底部支架，先绘制出定位辅助线，如图 1-75 所示。再启用“圆弧”工具绘制上端支架的弧形外轮廓，如图 1-76 所示。

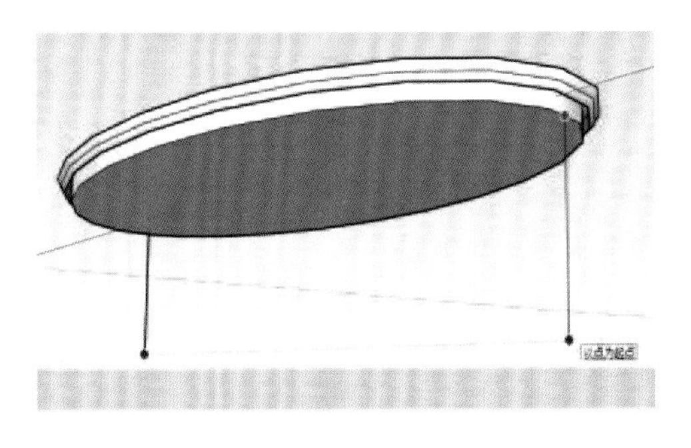

图 1-75

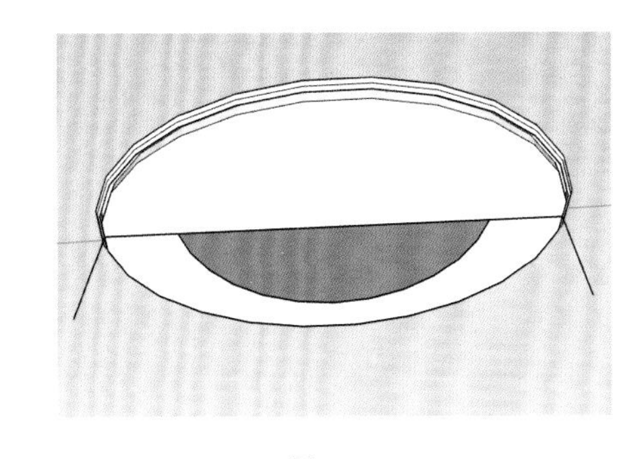

图 1-76

步骤 2：用“橡皮”擦除多余的面和辅助线，如图 1-77 所示。启用“偏移”工具，向外制作 30 mm 的户型宽度，再用“直线”命令连接两端端口进行封闭处理，并创建成组，如图 1-78 所示。进入组，使用“推 / 拉”工具制作 20 mm 厚度，并将其向上移动到合适的位置，如图 1-79 所示。

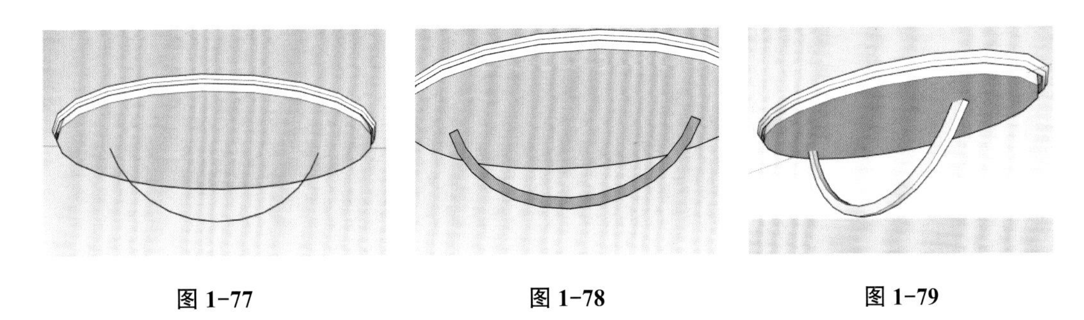

图 1-77　　图 1-78　　图 1-79

步骤 3：利用已制作好的上端支架，结合 Ctrl 键与“缩放”工具进行旋转复制，完成下端支架的变形制作，如图 1-80 所示。

步骤 4：先将下端支架复制成组，如图 1-81 所示，再通过“缩放”命令将其适当放大，如图 1-82 所示。

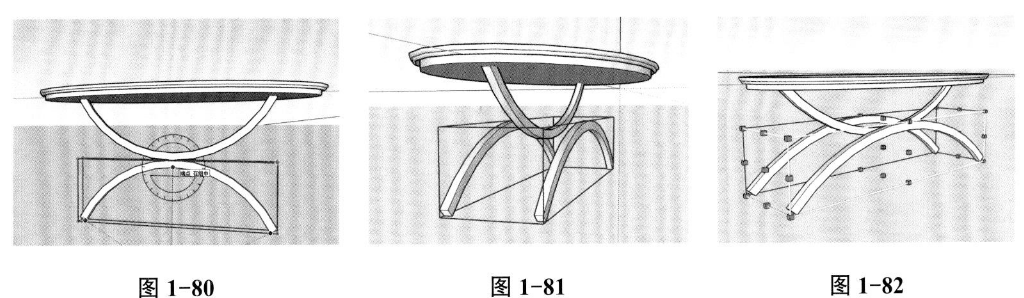

图 1-80　　图 1-81　　图 1-82

步骤 5：切换至“X 光透视模式”显示模式，如图 1-83 所示。结合使用“矩形”与“路径跟随”工具，制作好支架连接部件造型，如图 1-84 所示。

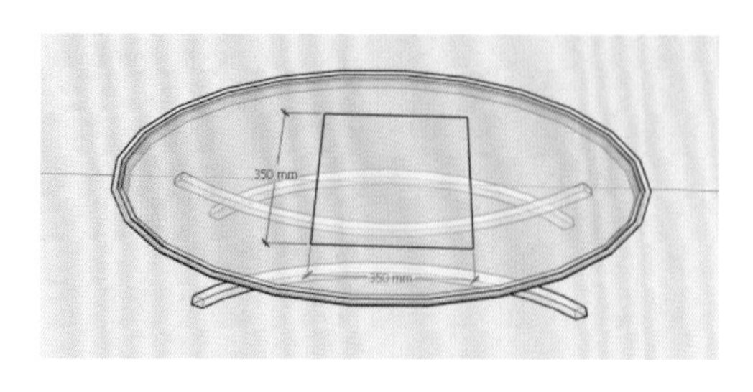

图 1-83

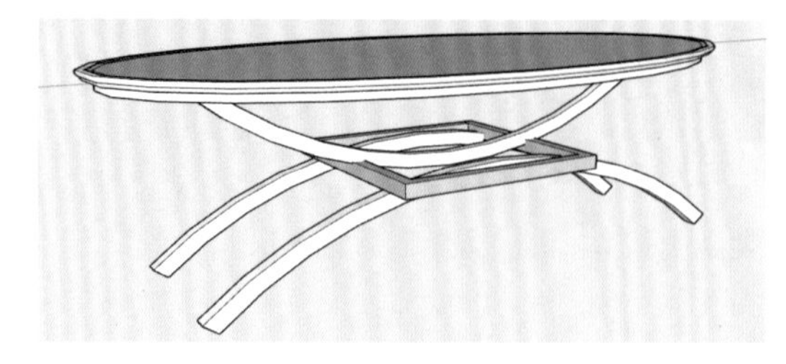

图 1-84

任务四 模型显示与视图调整

步骤 1：选择“视图”→“显示模式”命令，或单击“样式”工具栏上的对应按钮，切换模型至“X 光透视模式”显示模式，让家具在透明模式下显示出各个部件的结构关系。

步骤 2：选择“相机”→“标准视图”命令，显示视图工具栏，分别选择俯视图、主视图、左视图对家具模型进行效果图的导出，如图 1-85～图 1-87 所示。

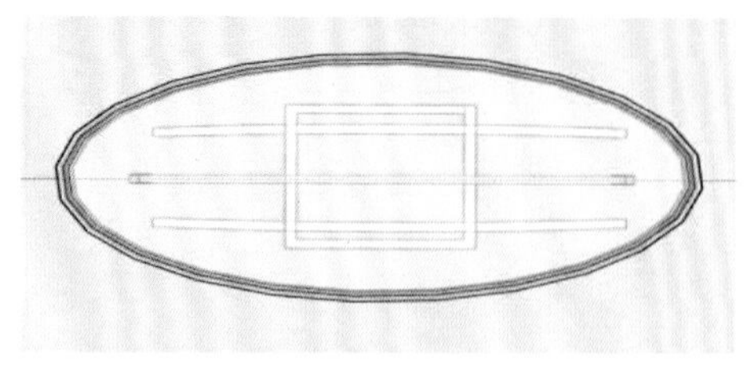

图 1-85

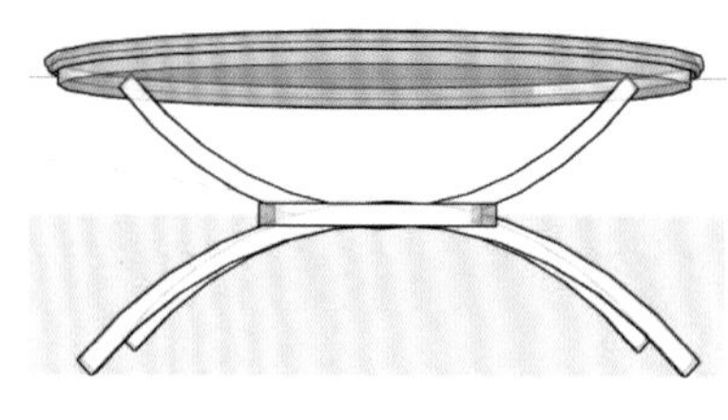

图 1-86

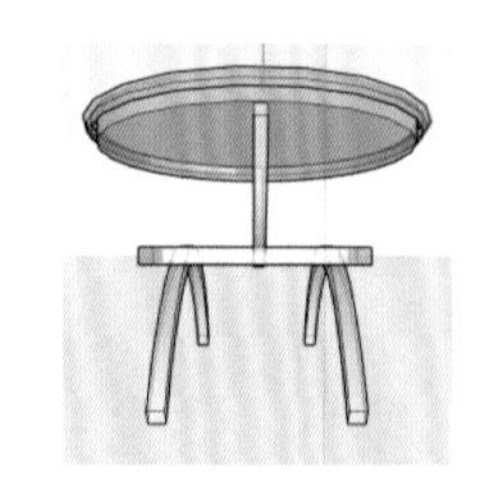

图 1-87

任务五 文件导出

步骤 1：在透视图中调整好场景的角度，尽量选择能够全面展示家具外观特点的透视角度，如图 1-88 所示。

步骤 2：选择“文件”→“导出”→“二维图形”命令，在弹出的“输出二维图形”面板中选择“文件类型”为 JPG，如图 1-89 所示。

步骤 3：单击“选项”按钮，在弹出的“导出 JPG 选项”面板中查看或设置好图像大小，然后返回“输出二维图形”面板，单击“导出”按钮，如图 1-90 所示。最后对家具进行尺寸标注，并在等轴视图导出效果图，如图 1-91 所示。

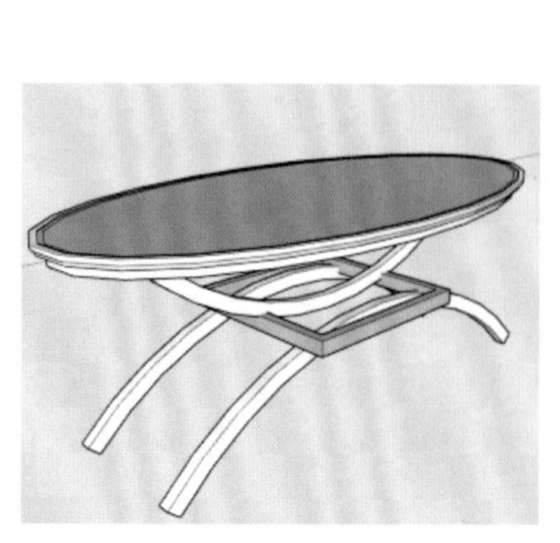

图 1-88

图 1-89

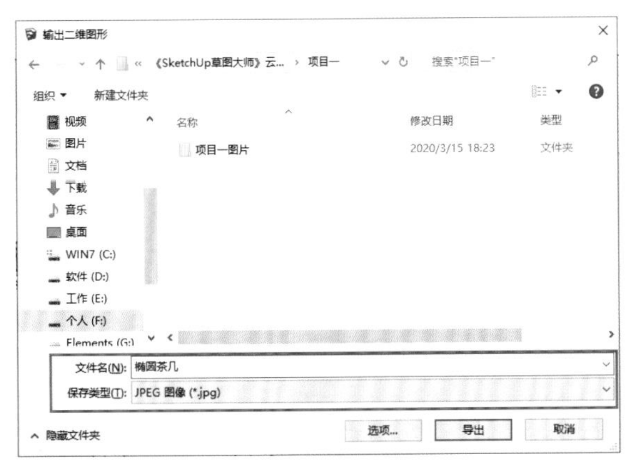

图 1-90

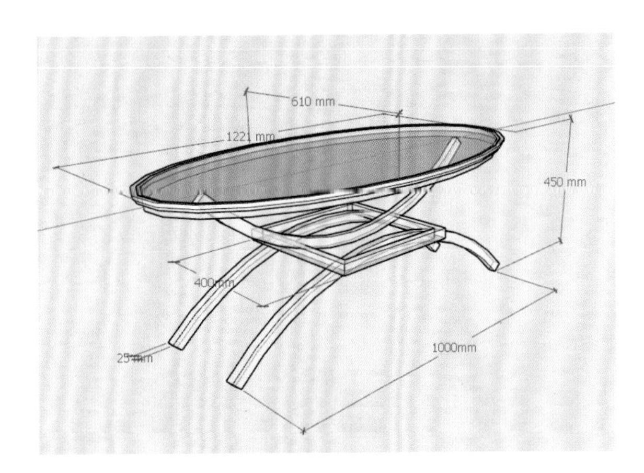

图 1-91

评分标准

评分标准见表 1-1。

表 1-1　评分标准

序号	考核项目	考核内容及要求	配分	评分标准	得分
1	模型的制作流程	制作顺序	20	顺序错乱不得分	
2		空间的概念	10	无空间感酌情扣分	
3	模型的制作方法	视图角度的使用	5	使用不熟练酌情扣分	
4		造型与工具的综合运用	30	搭配不精准酌情扣分	
5		边做边存的良好习惯	5	不知存盘酌情扣分	
6	模型显示与导出	模型显示设置正确	10	显示不正确不得分	
7		导出内容完成	5	内容不完整酌情扣分	
8	作业存档与上交	作业格式完整	10	错误格式酌情扣分	
9		按时上交作业	5	不按时上交不得分	

课外强化训练

1．请思考并总结 SketchUp 软件基本操作的要点。

2．简单家具设计的流程和工具衔接技巧有哪些？初级模型制作应该养成哪些良好的习惯？

3．尝试完成图 1-92～图 1-94 所示的模型，并勇于创新，以其为例展开单体模型拓展设计与制作。

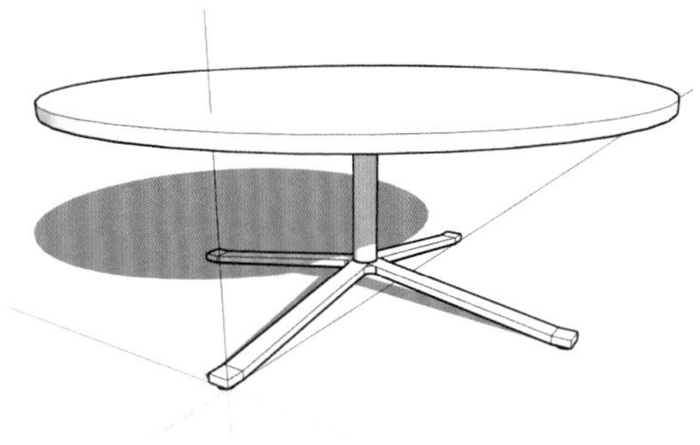

图 1-92

图 1-93

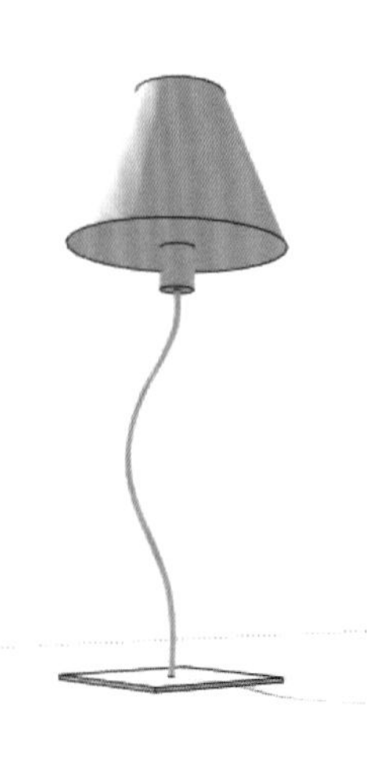

图 1-94

项目小结

本项目是本课程学习和 SketchUp 建模的基础。首先学习了 SketchUp 软件的发展与功能，然后认识了 SketchUp 的工作界面、常用操作的基本知识，最后重点学习了 SketchUp 软件的基础工具，并以椭圆茶几案例初步实践理解草图大师基本工具的设计方法与流程。本项目用到的工具快捷键见表 1-2。

表 1-2 本项目用到的工具快捷键

序号	命令功能	快捷键	备注	序号	命令功能	快捷键	备注
1	新建	Ctrl+N	默认	19	系统设置	D	默认
2	打开	Ctrl+O	默认	20	卷尺工具	T	默认
3	保存	Ctrl+S	默认	21	平行偏移	F	默认
4	另存为	Ctrl+Shift+S	自设定	22	视图旋转	O	默认
5	导入	Ctrl+I	自设定	23	视图缩放	Z	默认
6	导出二维图形	Ctrl+E	自设定	24	视图平移	（H）Shift+ 中键	默认
7	撤销	Ctrl+Z	默认	25	充满视图	Shift+Z	默认
8	直线	L	默认	26	重做	Ctrl+Y	默认
9	矩形	R	默认	27	两点透视	F2	自设定
10	圆弧	A	默认	28	平行投影	F3	自设定
11	圆	C	默认	29	俯视图	F4	自设定
12	选择	空格键	默认	30	前视图	F5	自设定
13	橡皮擦	E	默认	31	后视图	F6	自设定
14	移动	M	默认	32	左视图	F7	自设定
15	旋转	Q	默认	33	右视图	F8	自设定
16	缩放	S	默认	34	X 光模式	F9	自设定
17	推拉	P	默认	35	路径跟随	J	自设定
18	删除	Delete	默认	36	全选	Ctrl+A	默认

PROJECT TWO

SketchUp高级拓展建模

项目概述

本项目通过5个单元（材质与贴图、组工具SketchUp的组件操作、动态组件、截面与图层）基础知识与实战工作任务的导入，使学生能够全面掌握SketchUp模型的创建、场景的管理，熟练模型拓展建模的技巧，提升单体综合运用能力。

通过真实开放式项目与职业化案例，启发式、发现式、讨论式、研究式教学，应指导学生从中不断地总结步骤与方法，培养沟通和团队协作的能力，具备一定分析和解决设计项目实际问题的能力。

实战引导

1．实战项目：新中式家具设计制作

某家具设计品牌为抢占地方市场，计划设计推出当前市场大受欢迎的新中式家具系列，家具以新中式风格特色为主调，请以设计师角度利用SketchUp基础工具，设计出功能性和观赏性兼具的新中式家具。

注：家具类型涵盖椅子、桌子、架子、沙发、床、柜子、茶几等，类型不限。

2．项目要求

（1）熟练掌握三维物体高级建模的特点与技巧，合理使用建模方法设计模型特征，要求工具使用量饱满，建模思路清晰，顺序合理。

（2）针对案例完成专项训练，通过创建指定模型，掌握对应建模方法，要求严谨、认真完成任务。

问题发布

1．如何给模型赋予材质，SketchUp材质设置的特点是什么？

2．“组和截面”工具对拓展型家具设计与实际家具结合有哪些帮助？

3．SketchUp软件可以与哪些软件快速转换完成项目的设计？常用转换方法有哪些？

知识导入

2.1 材质与贴图

SketchUp 的材质管理器可以选取各种材质对剖面、组和组件进行材质赋予，在赋予材质后还可以对其进行编辑，改变其材质的名称、颜色、透明度、尺寸大小和位置等主要属性特征，如图 2-1 所示。

图 2-1

选择打开 SketchUp 的材质管理器的方式有以下三种：

（1）在下拉菜单栏中选择“窗口”→“材料”命令，即可出现材质管理器，如图 2-2 所示。

（2）在下拉菜单栏中选择“工具”→“材质”命令，即可出现材质管理器，如图 2-3 所示。

（3）直接在 SketchUp 界面中按快捷键“B”，即可出现材质管理器。

图 2-2

图 2-3

特别注意：在操作过程中按 Shift 键则表示用匹配的材质喷漆所有面；在操作过程中如按 Ctrl 键则表示用匹配的材质喷漆所有相连的面；在操作过程中按 Shift+Ctrl 键则表示用匹配的材质喷漆同一物体上的所有面；在操作过程中按 Alt 键则表示对要涂刷的材质进行采样。

2.1.1 默认材质

在 SketchUp 中所创建的几何体都有其默认材质。默认材质可分为正面颜色和背面颜色两种形式。默认材质可以通过选择“窗口”→“样式”命令进行材质编辑，如图 2-4 所示。正面颜色与背面颜色可以通过“选择颜色”进行颜色修改，在拾取器中选择合适的颜色，如图 2-5 所示。

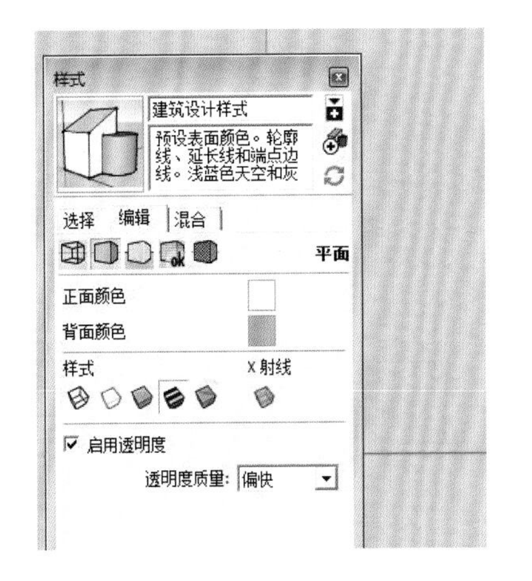

图 2-4

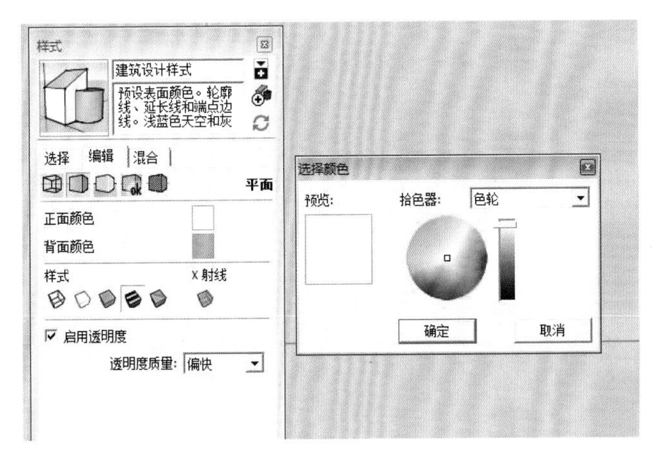

图 2-5

2.1.2 “选择”选项卡

在 SketchUp“材质管理器”中的“选择”选项主要针对材质类型分为“在模型中的材质”和“材料”两种形式。另外，在材质编辑器中的“编辑”选项卡中的详细内容在项目四进行详细说明，此处就不再详细讲解，如图 2-6、图 2-7 所示。

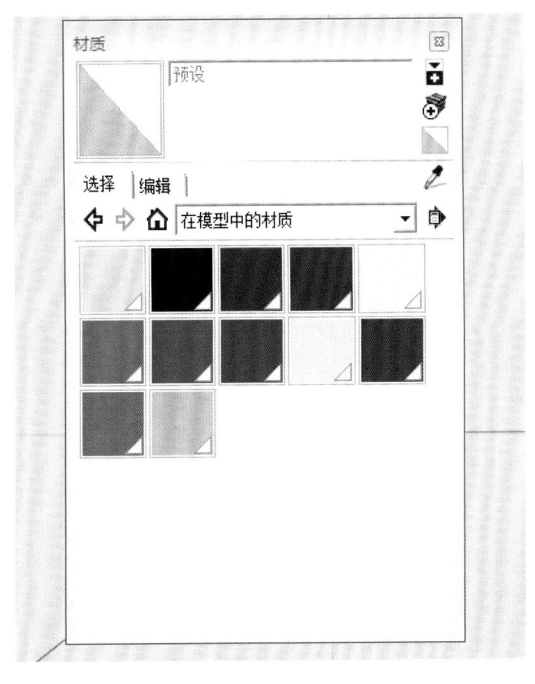

图 2-6

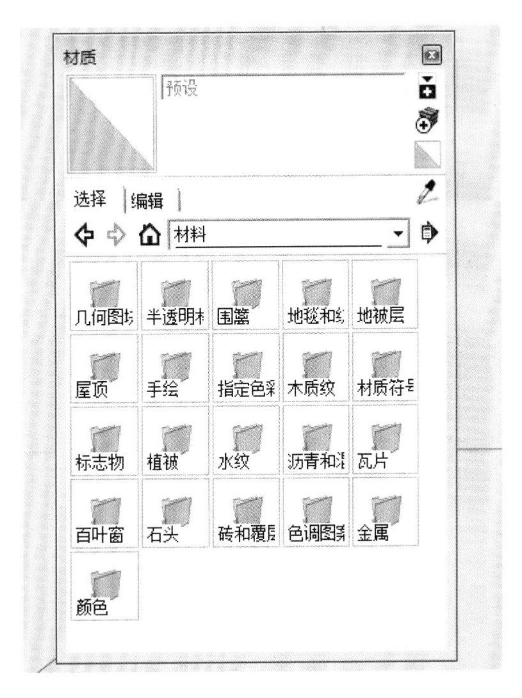

图 2-7

（1）“在模型中的材质”中显示的是场景中曾经所使用过但目前并没有使用的材质。在“材料”中所显示的材料是可以赋予的材质贴图，对所建模型进行直接赋予材质。根据不同的场所及不同的使用环境选用不同的材质，对整体设计进行搭配。

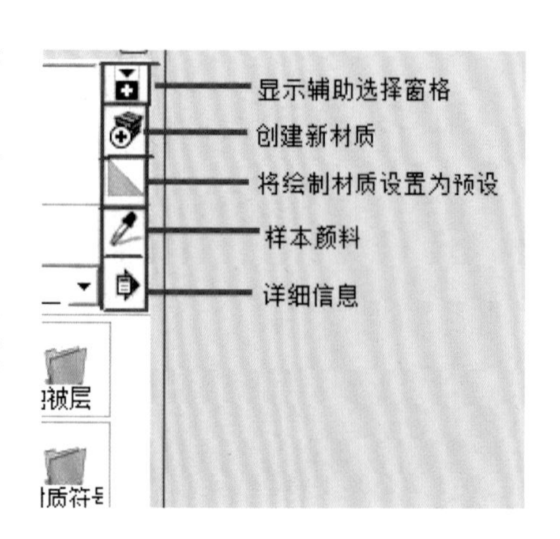

图 2-8

在“材质编辑器”中还有其他选择工具，分别是“显示辅助选择窗格”“创建新材质”“将绘制材质设置为预设”“样本颜料”和“详细信息”，如图 2-8 所示。“显示辅助选择窗格”是指在窗口下方再一次显示“材料”选择窗口；“创建新材质”是指新建 SketchUp“材质管理器”中没有的材质，如图 2-9 所示；“详细信息”的主要作用是针对材质库的管理及添加新的材质库，如图 2-10 所示。

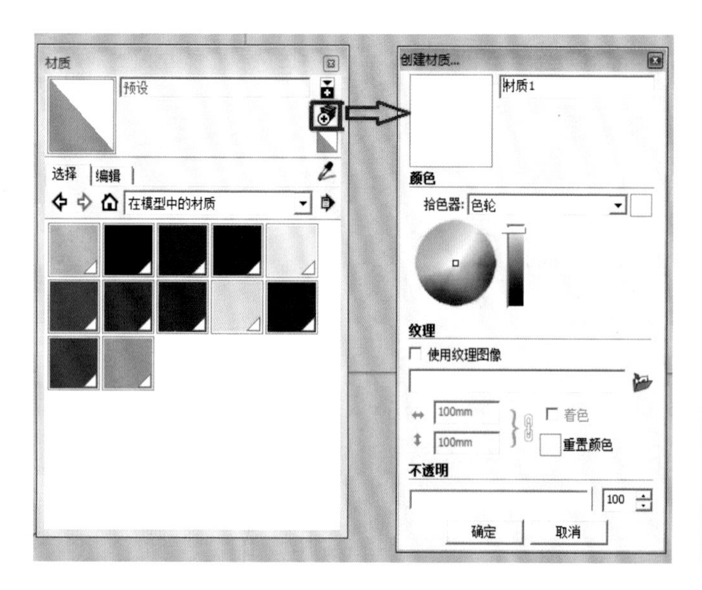

图 2-9

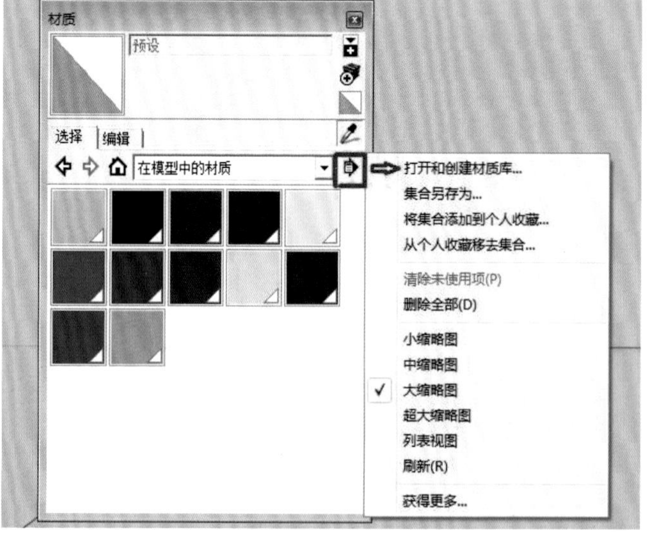

图 2-10

（2）在“材料”中包含几何图块、半透明材质、围篱、地毯和纺织品、地被层、屋顶、手绘、指定色彩、木质纹、材质符号、标志物、植被、水纹、沥青和混凝土、瓦片、百叶窗、石头、砖和覆层、色调图案、金属、颜色各种材料的贴图，以方便材质填充使用，如图 2-11 所示。

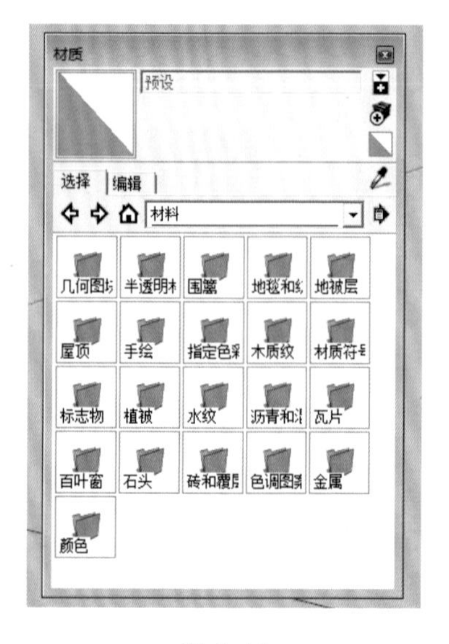

图 2-11

1）在“几何图块”中的材质依次为人字纹 2×1、人字纹 4×1、圆、棋盘黑、矩形堆叠 1×1、矩形堆叠 2×1、矩形堆叠 3×1、矩形堆叠 4×1、矩形连续 1×1、矩形连续 2×1、矩形连续 3×1、矩形连续 4×1、篮子编织纹、蜂巢、风车、黑色实心圆，如图 2-12 所示。

2）在“半透明材质”中的材质依次为半透明安全玻璃、压碎纹的灰色半透明树脂玻璃、天空影像半透明反光玻璃、彩色半透明玻璃、暗绿色半透明玻璃、暗色片状玻璃半透明效果、波浪纹半透明玻璃、灰色半透明玻璃、蓝色半透明玻璃、金色半透明玻璃，如图 2-13 所示。

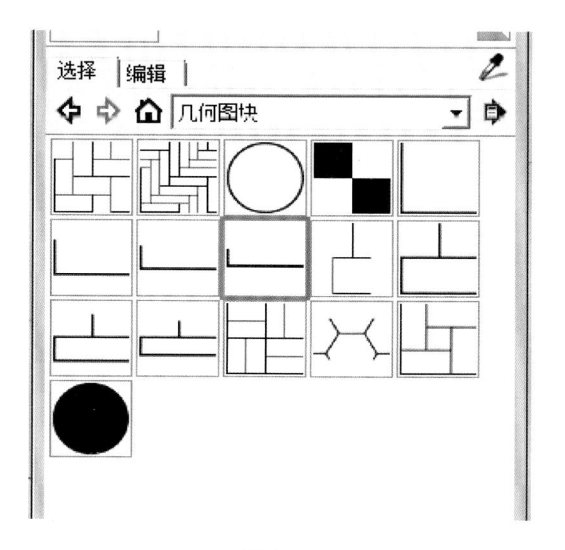

图 2-12

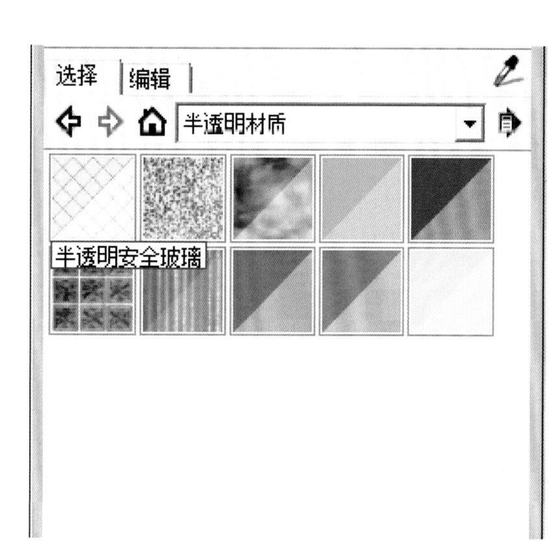

图 2-13

3）在“围篱”中的材质依次为仿旧效果围篱、天然色格子围篱、弯曲的尖桩围篱、施工围篱、笔直金属围篱、老式木制围篱、菱形网状围篱、蓝色网状围篱、金属围篱、链环围篱，如图 2-14 所示。

4）在“地毯和纺织品”中的材质依次为条纹粗绒纺织品、棕褐色方格叶子图案地毯、橄榄绿菱形地毯、灰色伯伯尔式地毯、环形图案地毯、组合伯伯尔地毯、组合式正方形图案地毯、绿色叶子花纹纺织品、绿色长毛绒地毯、黑色长毛绒地毯，如图 2-15 所示。

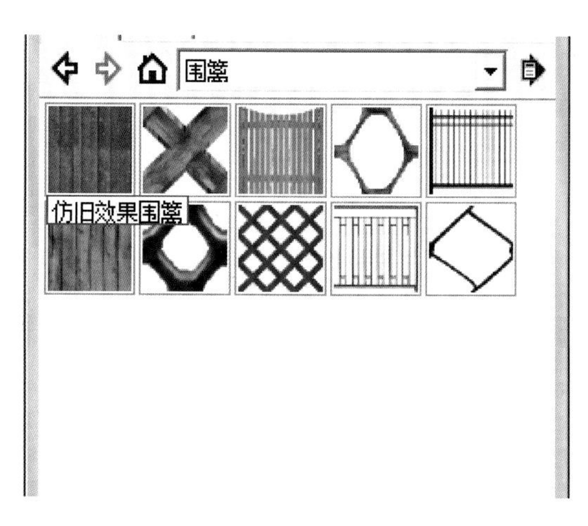

图 2-14

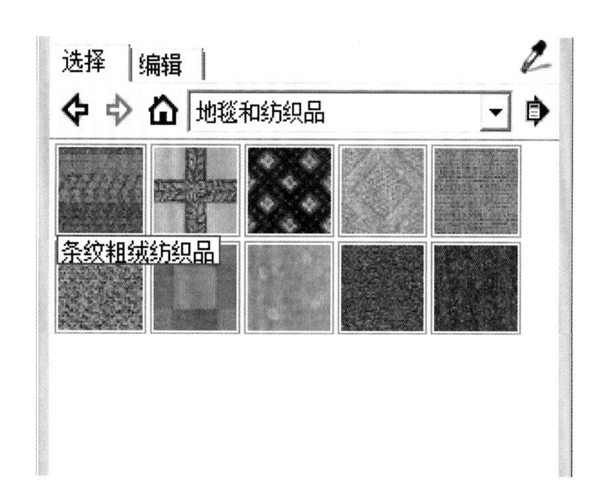

图 2-15

5）在“地被层”中的材质依次为英寸碎石地被层、英寸碎石岩石地被层、英寸卵石地被层、印度碎石地被层、大小不等的碎岩石地被层、木头混合物地被层、树皮碎片地被层、沙耙地被层、碎砖块地被层、细沙地被层，如图 2-16 所示。

6）在“屋顶”中的材质依次为住宅木瓦屋顶、变化风格木瓦屋顶、圆形石板屋顶、木制木瓦屋顶、棕褐色石板屋顶、沥青木瓦屋顶、深色石板屋顶、红色金属立接缝屋顶、组合木瓦屋顶、西班牙式瓦片屋顶，如图 2-17 所示。

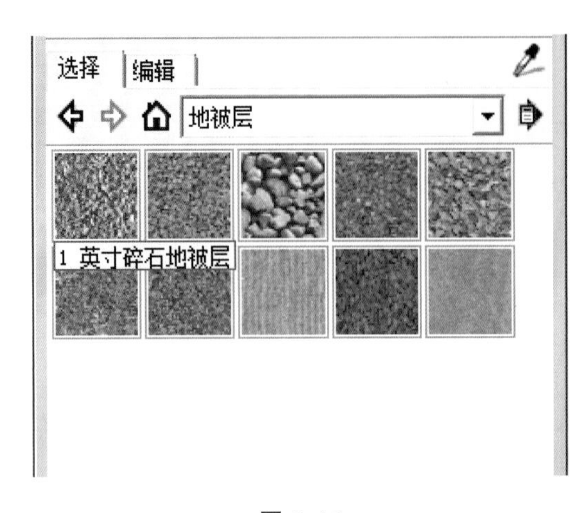

图 2-16

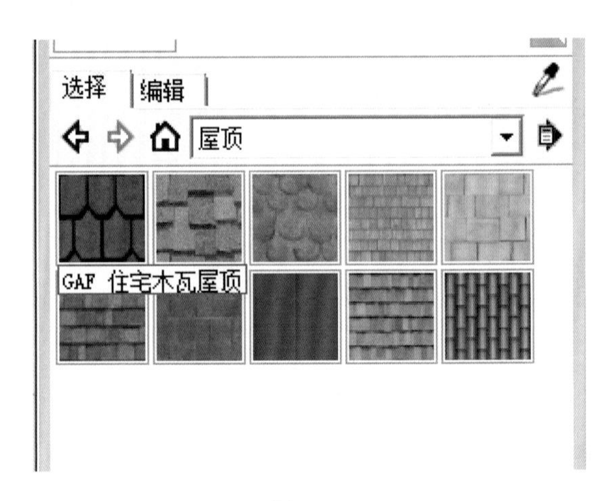

图 2-17

7）在“手绘”中的材质依次为手绘 45 度线条波纹、手绘交叉波纹、手绘垂直线条波纹、手绘抖动瓦片、手绘琢合纹、手绘瓦片鳞状纹、手绘直线壁板、手绘石墙、手绘砖层、手绘粗制瓦片、手绘鳞状纹、浅色手绘石墙、深色手绘石墙，如图 2-18 所示。

8）在“指定色彩”中一共有 137 种指定色彩可以进行选择运用，如图 2-19 所示。

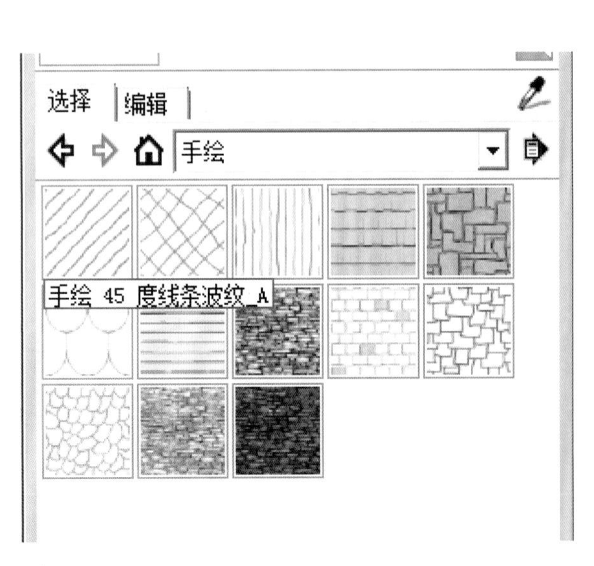

图 2-18

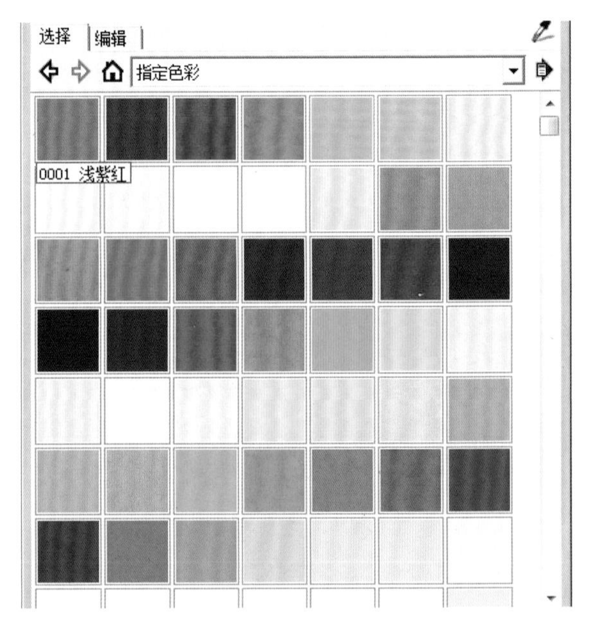

图 2-19

9）在“木质纹”中的材质依次为木质纹、中等色竹、原色樱桃木质纹、对接木质纹、木地板、浅色地板木质纹、深色地板木质纹、结节胶合板、软木板、镶木地板木质纹，如图 2-20 所示。

10）在“材质符号”中的材质依次为乱砌料石、乱砌毛石、压实填土、夯实黏土、普通砖、柏油、格栅、水磨石、沙滩、法式砖砌、混凝土块、混凝土浇筑、瓷砖、石膏、硬质隔热层、碎石、网状板、胶合板、英式砖砌、钢铁、钣金、铝、青铜或黄铜、顺砖砌合，如图 2-21 所示。

11）在“标志物”中一共有 54 种标志物可以进行选择运用，如图 2-22 所示。

12）在“植被”中的材质依次为人工草皮植被、刺柏植被、常春藤属植被、枫树皮植被、模糊效果的植被 3、模糊效果的植被 5、模糊效果的植被 7、皂荚树植被、美国黄松树植被、草皮植被 1，如图 2-23 所示。

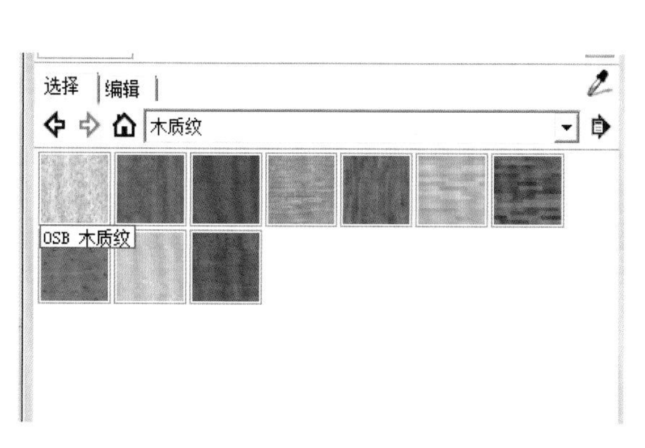

图 2-20

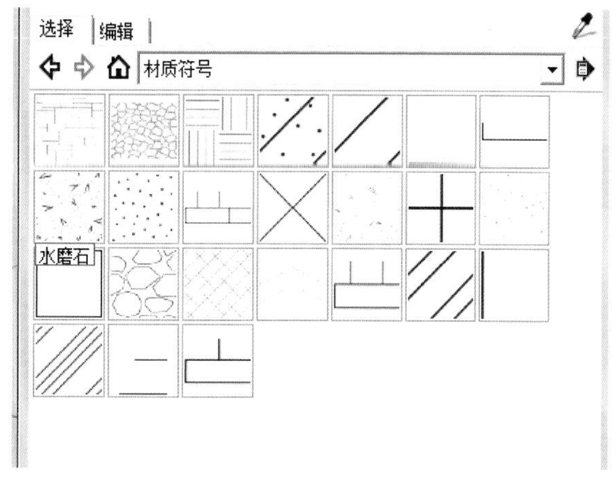

图 2-21

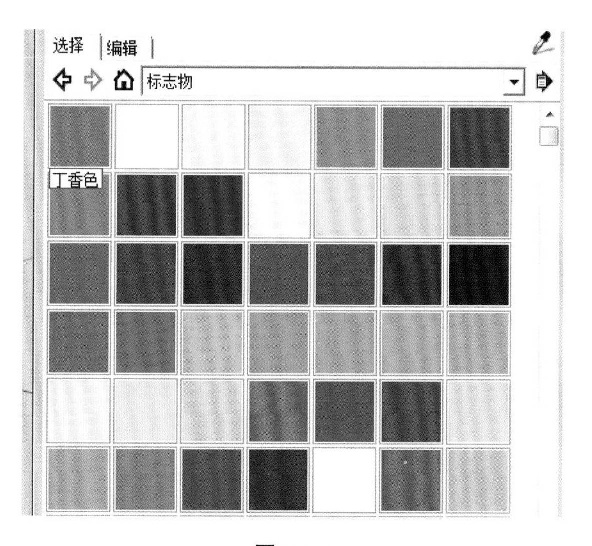

图 2-22

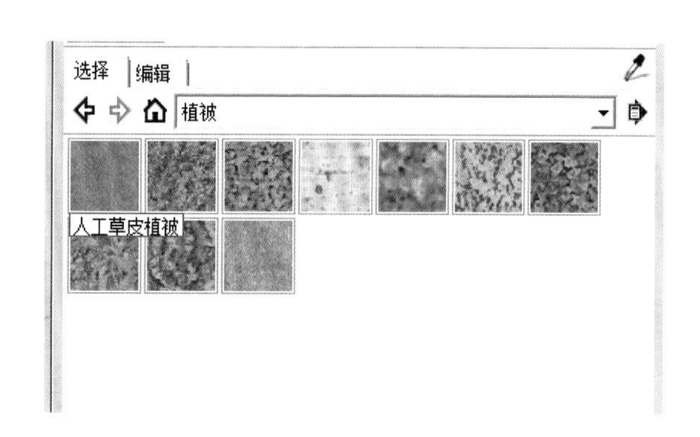

图 2-23

13）在“水纹”中的材质依次为水池水纹、浅水池、浅溪流、深水水纹、溪流、闪光的水域，如图 2-24 所示。

14）在“沥青和混凝土”中的材质依次为灰色石块状混凝土、分层混凝土块、压模方石混凝土、多色混凝土铺路块、新沥青、无缝划痕混凝土、混凝土模板 4×8、灰色混凝土挡土模板、烟雾效果骨料混凝土、砖块状沥青，如图 2-25 所示。

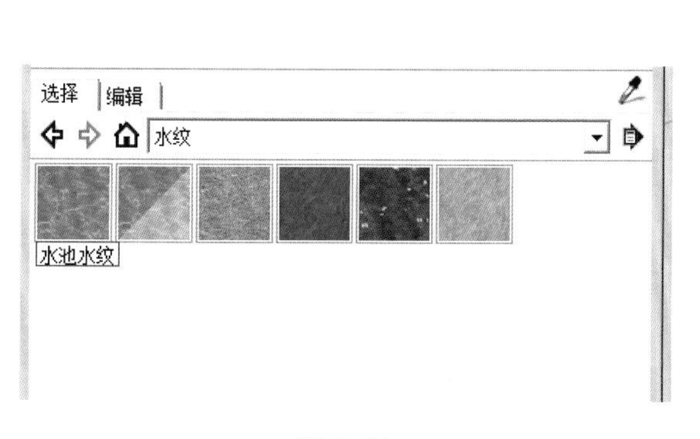

图 2-24

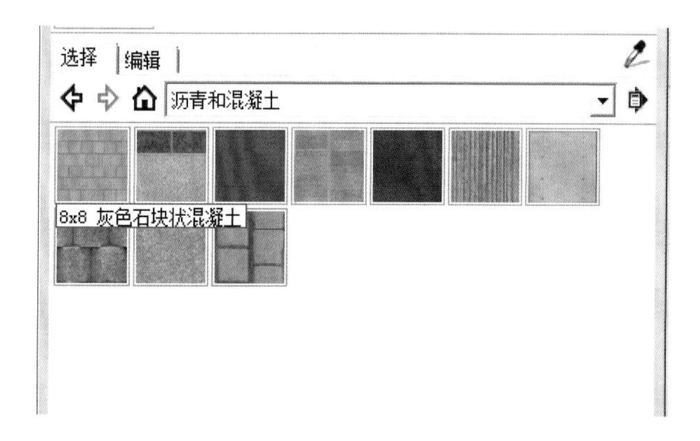

图 2-25

15）在“瓦片”中的材质依次为英寸石灰华瓦片、格子花纹效果瓦片、各种棕褐色瓦片、多块陶瓷瓦片、多块马赛克瓦片、多片石灰石瓦片、带边石灰华瓦片、海蓝色瓦片、白色多边形瓦片、自然色陶瓷瓦片，如图 2-26 所示。

16）在“百叶窗”中的材质依次为垂直式百叶窗、水平布制效果百叶窗、浅色木质效果百叶窗、灰色垂直条纹百叶窗、白色木质效果百叶窗、白色网格状百叶窗、竹木效果百叶窗、编织效果百叶窗、自然色木质效果百叶窗、起伏效果蓝色罗马式百叶窗，如图 2-27 所示。

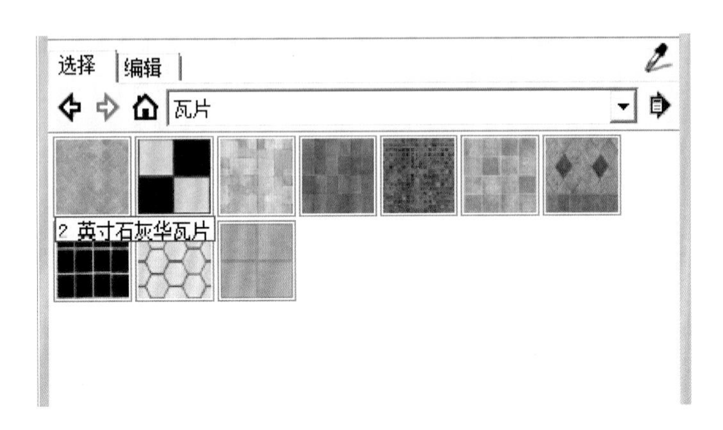

图 2-26

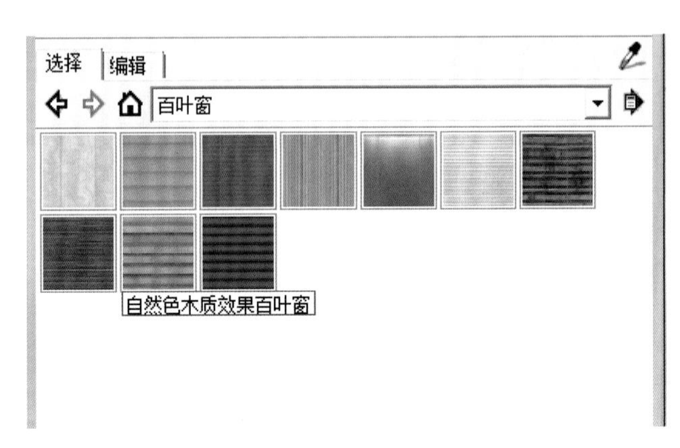

图 2-27

17）在“石头”中的材质依次为人行道铺路石、大理石、层列粗糙石头、方石石板、浅色砂岩方石、灰色石板铺路石、灰色纹理石、砖石建筑、蓝黑色花岗岩石、黄褐色碎石，如图 2-28 所示。

18）在“砖和覆层”中的材质依次为两类交互砖席纹效果、人字形铺路砖、仿古砖、抛光砖、棕褐色粗砖、棕褐色覆层板壁、模块化铺路砖、深色粗砖、白色灰泥覆层、白色覆层板壁、蓝色砖，如图 2-29 所示。

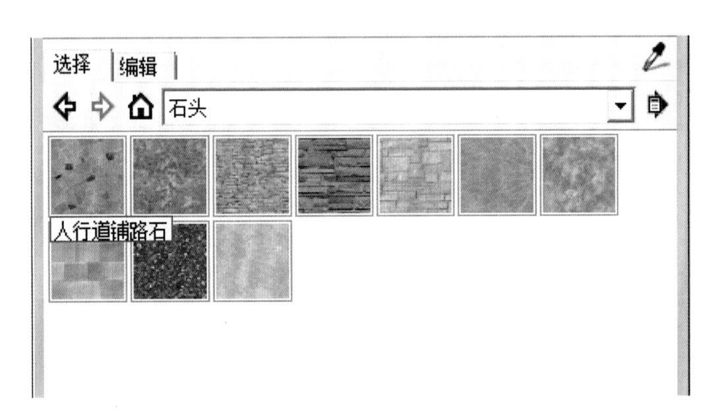

图 2-28

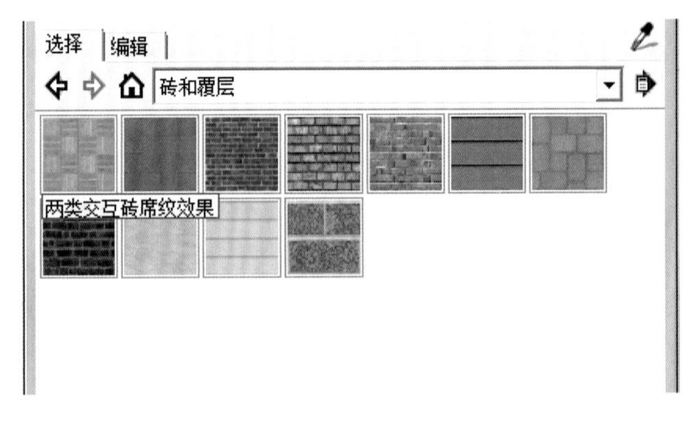

图 2-29

19）在“色调图案”中的材质依次为黑孔 1、黑孔 2、黑孔 3、黑孔 4、黑点 1、黑点 2、黑点 3、黑点 4、黑线 1、黑线 2、黑线 3、黑线 4、黑线 5、黑色钢笔线 1、黑色钢笔线 2、黑色钢笔线 3，如图 2-30 所示。

20）在“金属”中的材质依次为生锈金属、粗糙金属、金属光亮波浪纹、金属接缝、金属板、金属浮雕纹、金属白色钢纹理、金属钢纹理、金属钢天花板、金属铝阳极化处理效果，如图 2-31 所示。

21）在“颜色”中一共有 310 种颜色可以进行选择运用，如图 2-32 所示。

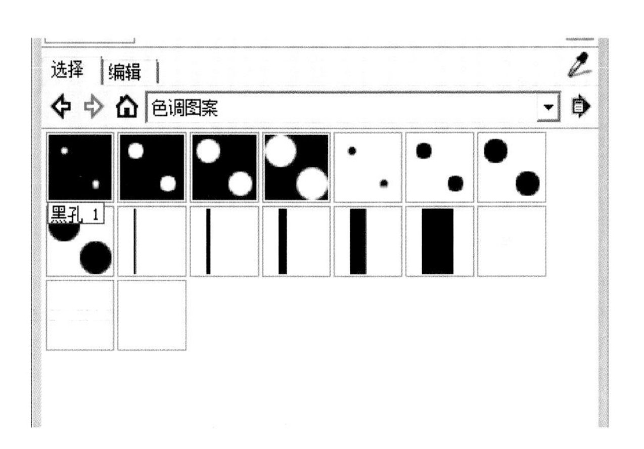

图 2-30

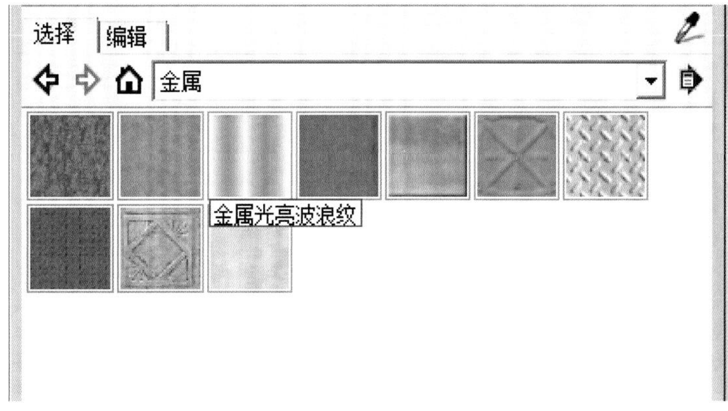

图 2-31

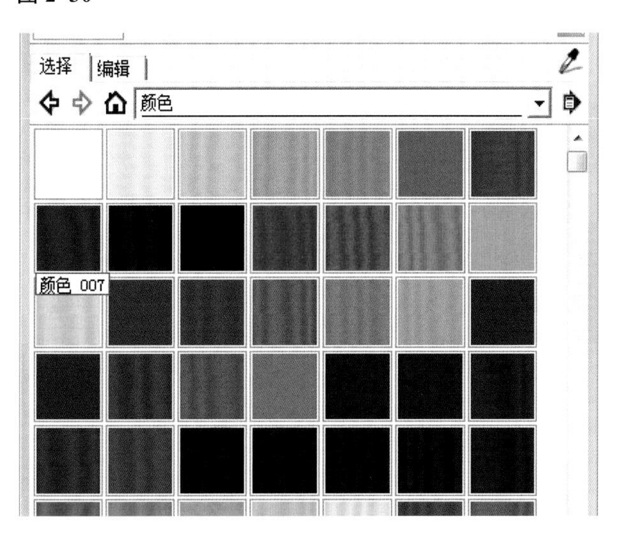

图 2-32

2.1.3 填充材质

在 SketchUp“材质管理器”中对材质的填充，填充的材质包含颜色和贴图，可以对单个面进行填充，也可以对整体进行填充，但在填充时需要注意填充单个面时直接单击所要填充的面即可；在操作过程中如与 Ctrl 键一起使用，则表示可同时填充与所选面相邻接进行填充，其填充的材质一致；在操作过程中如与 Shift 键一起使用，则表示可以替换当前面中所填充的材质；在操作过程中如与 Ctrl 键和 Shift 键一起使用，则表示相邻接的填充材质一起进行改变；在操作过程中如与 Alt 键一起使用，则表示提取当前实体的材质，同时，可以用此实体的材质再次填充于其他材质中。

2.1.4 贴图——“锁定别针”模式

在 SketchUp 中贴图都以平面进行铺贴，主要可分为“锁定别针”模式和“自由别针”模式两种。

在所选贴图上单击鼠标右键，在弹出的菜旱中选择“纹理”→“位置”命令，则在默认情况下出现“锁定别针”模式，“锁定别针”模式可分为“平行四边形变形”别针（其作用是对贴图进行平行四边形变形操作）、“梯形变形”别针（其作用是可以进行梯形变形，达到透视效果）、“移动”别针（其作用是对贴图进行移动）、“缩放旋转”别针（其作用是对贴图进行缩放和旋转）。

在对贴图进行改变的过程中如按 Esc 键则表示取消其操作，如按 Enter 键则表示已完成贴图调整，如图 2-33 所示。

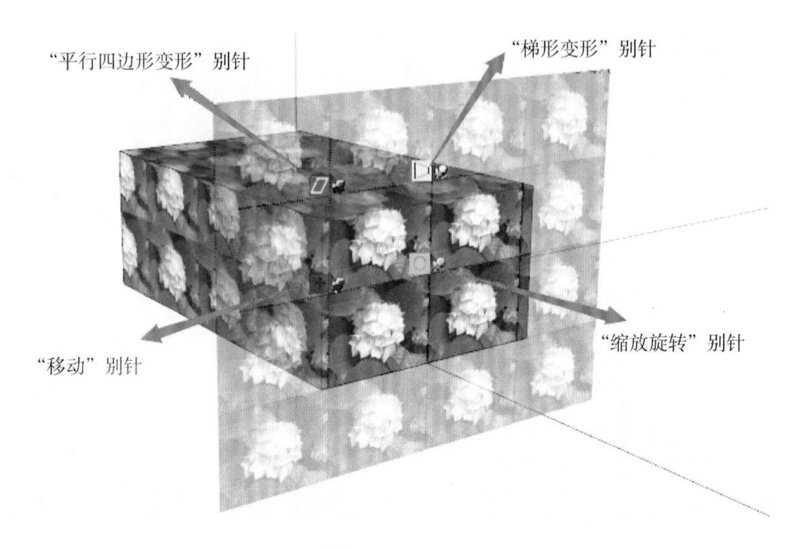

图 2-33

2.1.5 贴图——“自由别针”模式

在 SketchUp 中对于贴图调整模式，在默认情况下为“锁定别针”模式，如切换为“自由别针”模式需要单击鼠标右键，在弹出的菜单中取消勾选“固定图钉”即可。在转化为“自由别针”模式后就可以通过“移动”别针进行调整贴图，如图 2-34 所示。

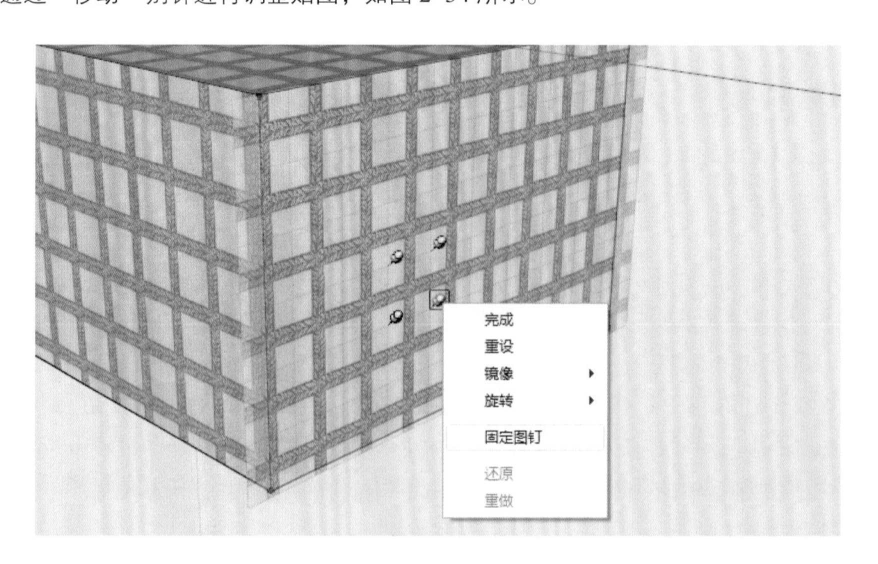

图 2-34

2.1.6 SketchUp 的贴图技巧——转角贴图

在 SketchUp 中贴图的方式分别是转角贴图、圆柱体的无缝贴图、投影贴图、球面贴图、PNG 镂空贴图几种。

针对转角贴图可通过以下举例进行说明讲解。

（1）新建一个有转角的几何体，选择一面赋予材质贴图，利用自由别针，调整贴图整体尺寸，如图 2-35 所示。

（2）选择颜料桶工具并按 Alt 键，单击贴图材质面，提取材质，将其赋予相邻的面中，材质将会自动相连接，如图 2-36 所示。

图 2-35

图 2-36

2.1.7　SketchUp 的贴图技巧——圆柱体的无缝贴图

针对圆柱体的无缝贴图可通过以下举例进行说明讲解。

（1）新建一个圆柱体，并给予材质贴图，利用自由别针，调整贴图整体尺寸，但仍然有图片错位情况，如图 2-37 所示。

（2）选择“视图”→“隐藏物体”命令，则物体的网格线就能显示，如图 2-38 所示。在物体上单击鼠标右键在弹出的菜单中选择“纹理”→“位置”命令，给贴图进行重新调整，在调整过程中只能一个网格一个网格地进行调整，具体调整步骤与最终效果如图 2-39～图 2-41 所示。

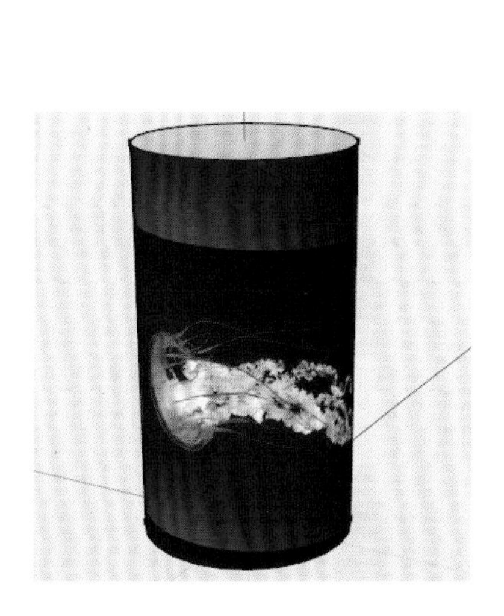

图 2-37

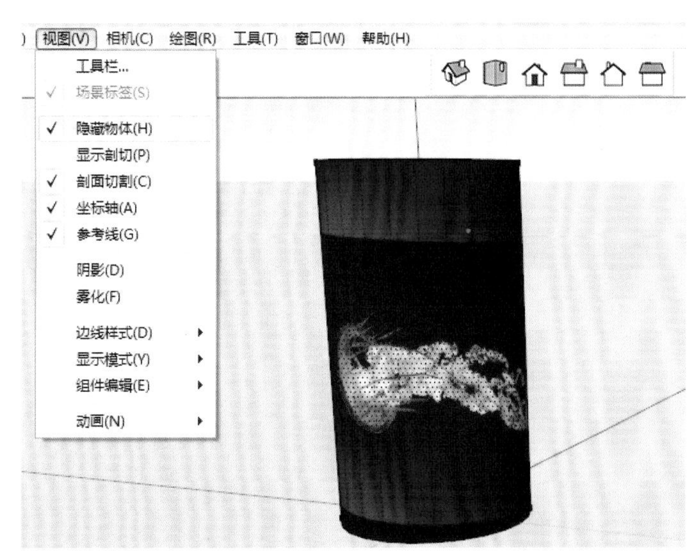

图 2-38

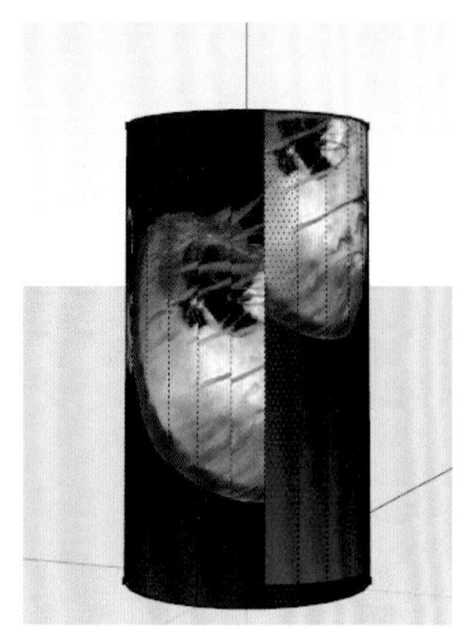
图 2-39

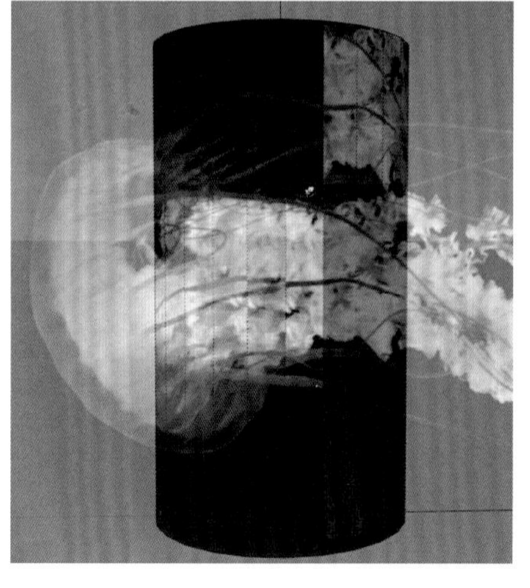
图 2-40

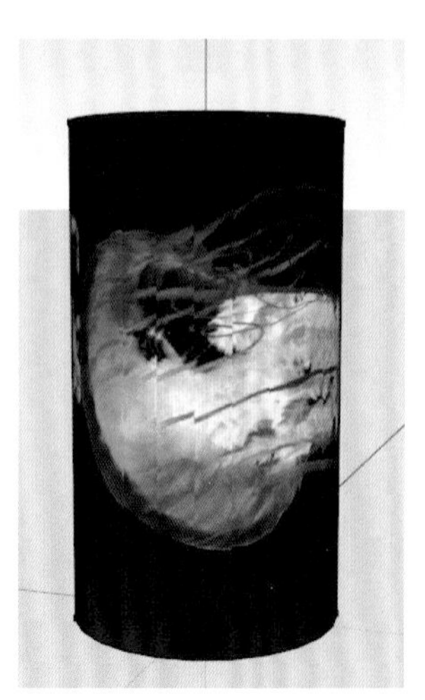
图 2-41

2.1.8 SketchUp 的贴图技巧——投影贴图

针对投影贴图可通过以下举例进行说明讲解。

首先，创建合适的矩形平面，制作成地形模样，并赋予材质贴图。然后，在贴图上单击鼠标右键，在弹出的菜单选择“纹理”→“投影”命令，赋予地形模型中。其最终效果如图 2-42、图 2-43 所示。

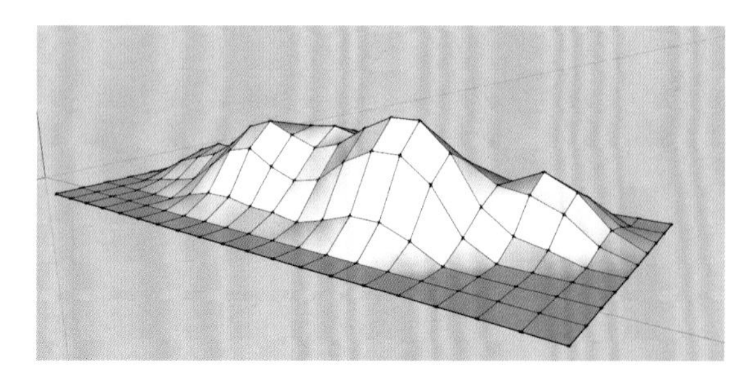
图 2-42

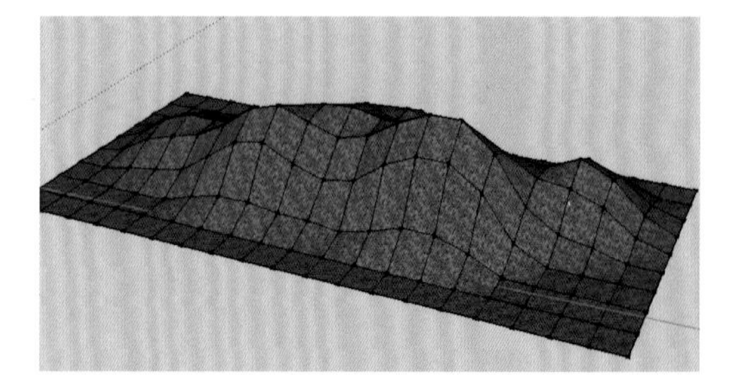
图 2-43

2.1.9 SketchUp 的贴图技巧——球面贴图

针对球面贴图可通过以下举例进行说明讲解。

（1）制作两个相同大小的圆形，并将一个圆的面进行删除；再利用“跟随路径”工具单击圆的面，形成球体，如图 2-44 所示。

（2）创建一个与球体半径一致的矩形平面，利用合适的贴图，将其赋予矩形平面中，再单击鼠标右键，在弹出的菜单中选择“纹理”→“投影”命令。其效果如图 2-45 所示。

（3）选择球体，利用“样本颜料”，单击平面中的贴图，将其赋予球体。其最终效果如图 2-46 所示。

图 2-44　　　　图 2-45

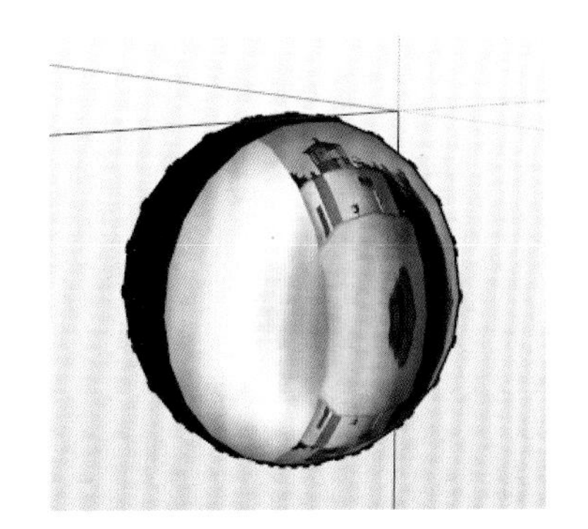

图 2-46

2.1.10 SketchUp 的贴图技巧——PNG 镂空贴图

针对 PNG 镂空贴图可通过以下举例进行说明讲解。

（1）导入 PNG 格式的图片，单击鼠标右键，在弹出的菜单中选择“分解”并利用“手绘线”工具进行描绘轮廓，如图 2-47 所示。

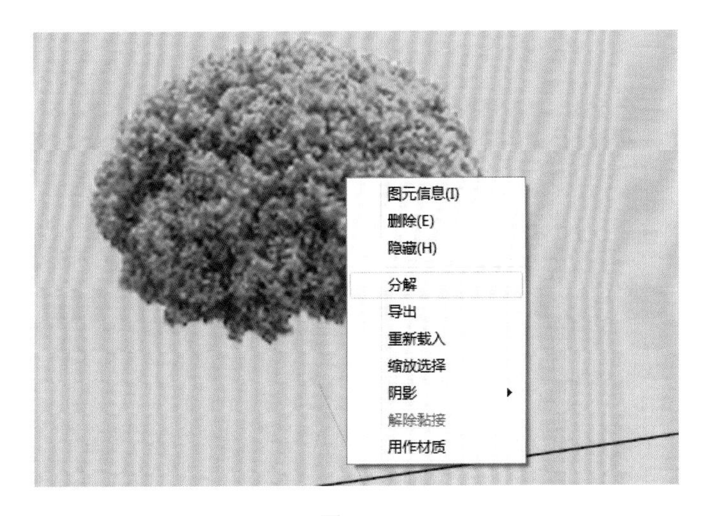

图 2-47

（2）选择所描绘的图形，选择“视图”→“边线样式”→“边线”命令，对边线进行取消勾选，如图 2-48、图 2-49 所示。

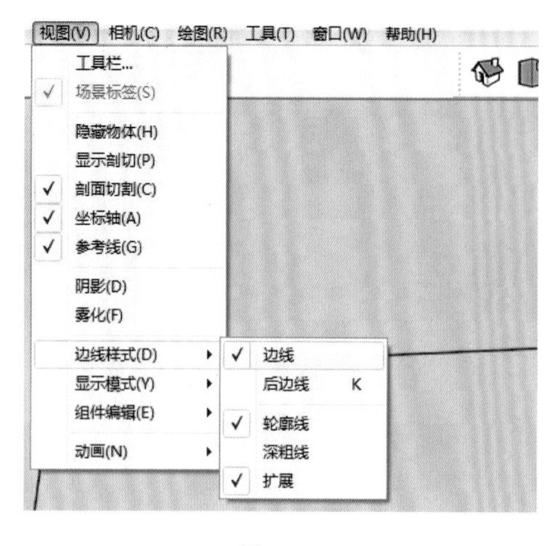

图 2-48

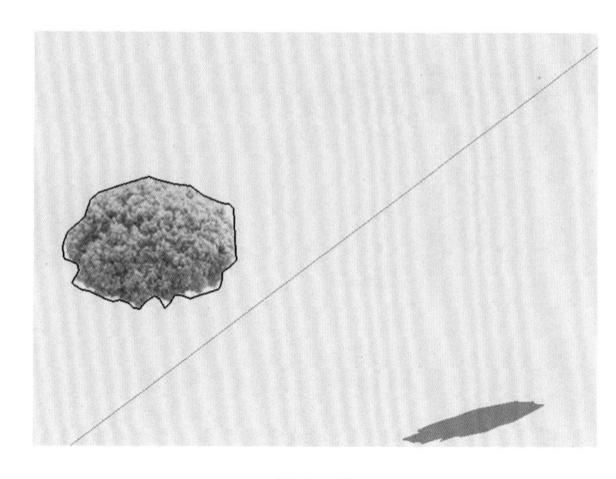

图 2-49

（3）双击选择取消边线后的图形，单击鼠标右键，在弹出的菜单中选择“创建组件”命令，在弹出的“创建组件”对话框中勾选“总是朝向相机”，单击“创建”按钮即可，如图 2-50 所示。

图 2-50

（4）激活“显示 / 隐藏阴影”，即可看见图形随着相机的方向进行改变。其效果如图 2-51 所示。

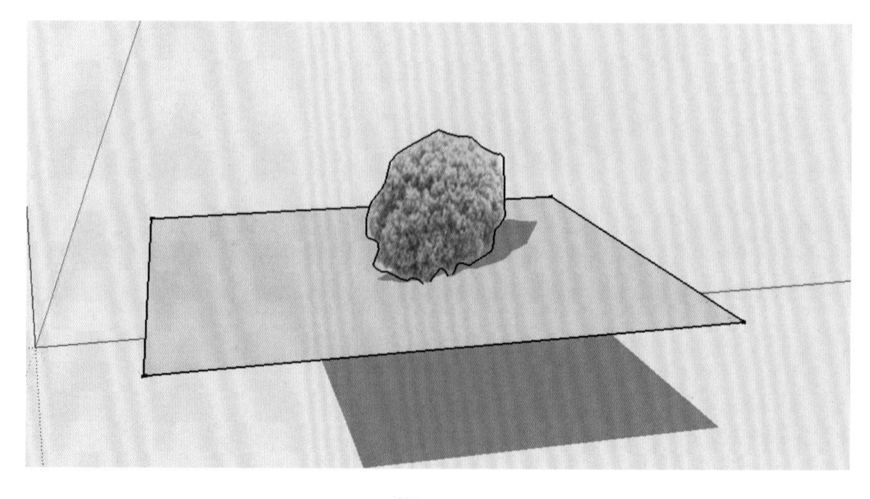

图 2-51

2.2 组工具

SketchUp 具有黏接性，当两个面连接在一起时会连为一体很难分开，不利于绘图制作，这时就需要用到组工具。组是创建对象的集合，通俗来说就是将创建的点、线、面等对象放在一起打包，使之成为一个整体。组的作用是方便编辑和管理。成组的条件是选中两个或以上的对象才能构成组。组可分为群组、组件、动态组件。群组是一些点、线、面或实体的集合，它与组件的区别在于没有组件库和关联复制特性。

2.2.1 创建与分解群组

（1）创建群组。选中要创建为群组的物体，然后在选择的物体上单击鼠标右键，在弹出的菜单中选择“创建群组”命令（图 2-52），或者选择“编辑”→“创建群组”命令（图 2-53）。

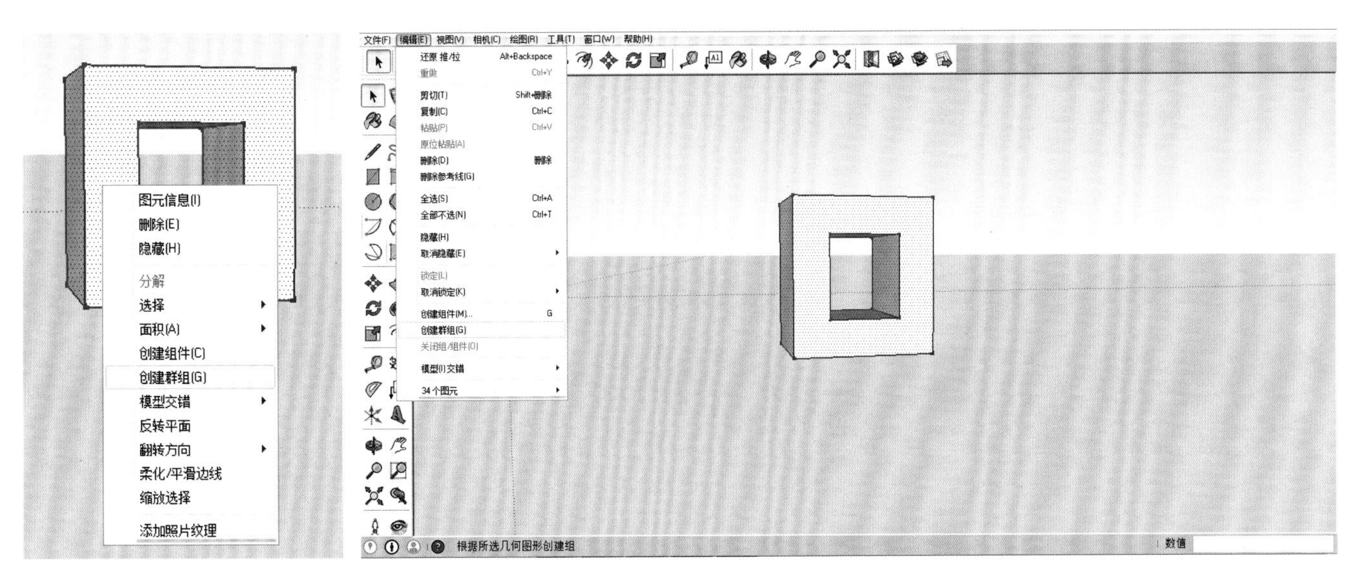

图 2-52　　图 2-53

（2）分解群组。选择要分解的组，单击鼠标右键，在弹出的菜单中选择“分解”命令即可（图 2-54）；分解后的组就将恢复到建组前的状态，嵌套在组内的组将会变成独立的组。

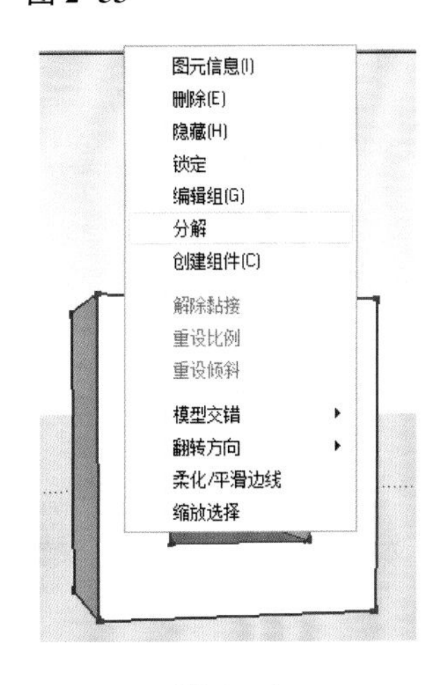

图 2-54

2.2.2 编辑群组

在群组上双击（或单击鼠标右键，在弹出的菜单中选择“编辑组”命令）将会进入群组内部，对其进行修改编辑，如图 2-55、图 2-56 所示。

编辑完成后，在虚线框外部单击鼠标左键，或按 Esc 键即可退出群组的编辑状态。也可以选择“编辑”→“关闭组 / 组件”命令退出，如图 2-57 所示。

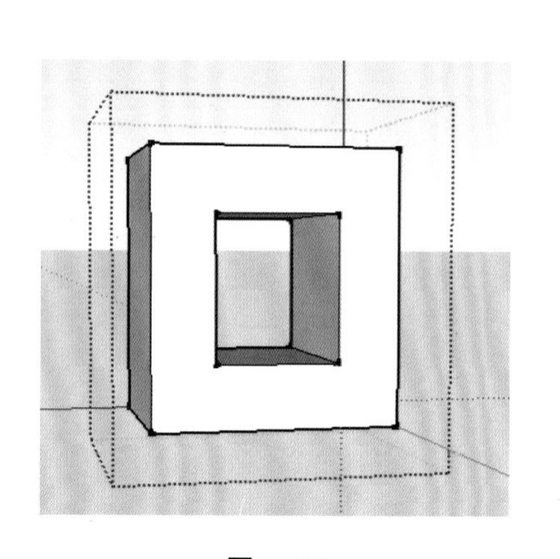

图 2-55

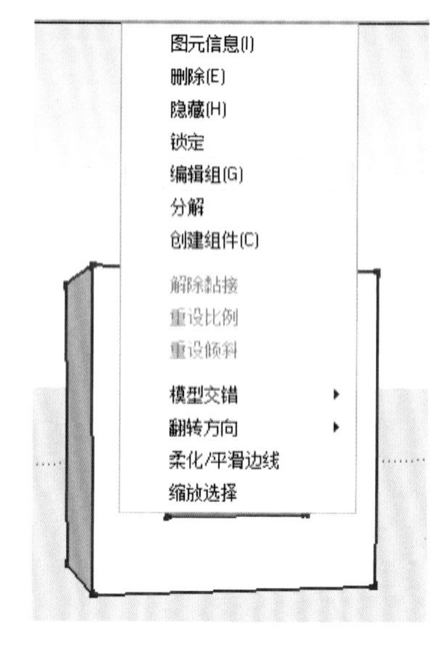

图 2-56

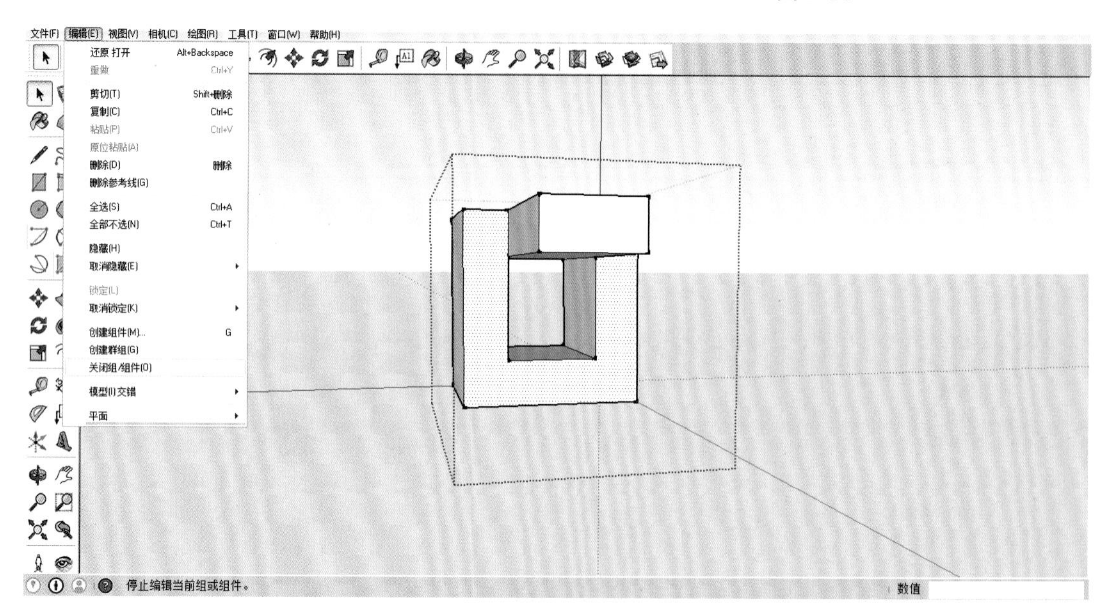

图 2-57

2.2.3 群组右键菜单

选中群组，单击鼠标右键显示右键工具菜单，如图 2-58 所示。

2.2.4 为组赋予材质

为组赋予材质时，整个组件除事先被指定的材质的表面外，其他的表面都将会赋予材质，使用非常方便。

图 2-58

2.3 SketchUp 的组件操作

组件是以单位的配件形式成立，即元素形式存在，一级组件内部结构为一些点、线、面，当复制组件时，所复制出来的物体的特性将跟随主体组件的特性，当编辑其中任何一个一级组件的内部结构时，其他复制品组件的属性都会改变。要使一级组件各不相同，则应单击鼠标右键，选择“设定为唯一”。

2.3.1 创建组件

1. 创建组件操作

选择要成组的物体，然后单击鼠标右键，在弹出的菜单中选择“创建组件”命令（也可以选择“编辑”→“创建组件”命令，或按快捷键“G”），即可弹出“创建组件”对话框（图 2-59），将所选物体创建为组件。

2. 组件编辑器

组件编辑器的调用：选择“窗口”→“组件”命令，弹出“组件”编辑器对话框，如图 2-60、图 2-61 所示。

图 2-59　　　　图 2-60　　　　图 2-61

（1）“选择”选项卡：单击“选择”标签，在选择面板中包含场景的所有组件及 SketchUp 中默认的与自行 / 加载的组件模块，可以对它们进行选择调用及修改。

1）“查看选项”：单击按钮旁边下拉三角形菜单，有四种查看方式，如图 2-62 所示。

2）“在模型中的材质”：单击按钮，显示在场中的所有组件内容，如图 2-63 所示。

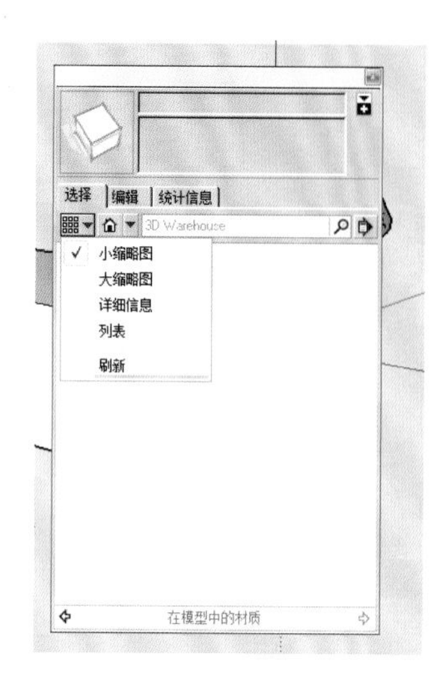

图 2-62

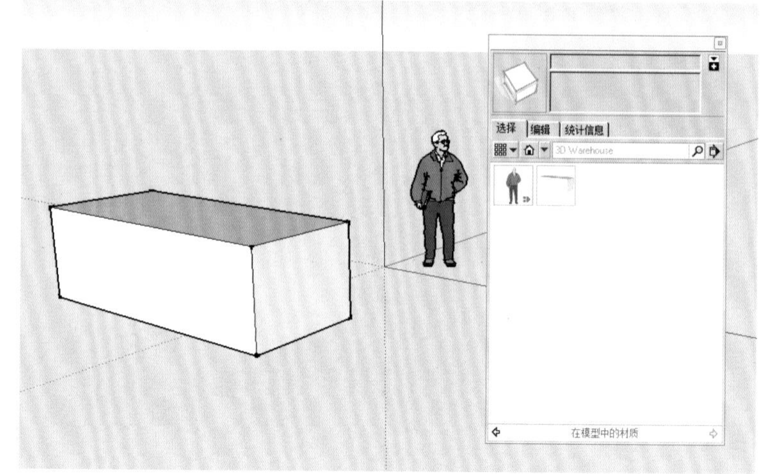

图 2-63

3）“导航”：单击▼按钮，可以显示多种场景类别的自带组件，如图 2-64 所示。

4）“详细信息”：单击按钮，当选中一个组件时，单击此按钮选择“另存为本地集合”命令可以对组件进行保存收集；选择“清除未使用项”命令可以清除场景中没有的多余的组件，如图 2-65 所示。

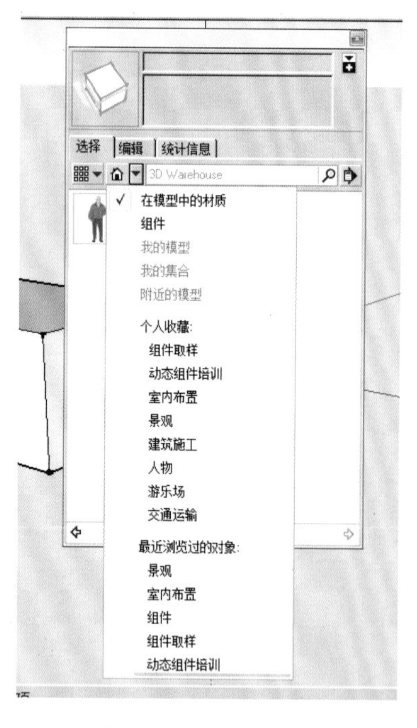

图 2-64

图 2-65

（2）“编辑”选项卡：单击“编辑”标签，进入组件“编辑”面板，如图 2-66 所示。可以对组件的对齐方式进行修改。

（3）“统计信息”选项卡：单击“统计信息”标签，可以进入组件“统计信息”面板，如图 2-67 所示。

3. 组件的【右键】菜单

单击鼠标右键显示右键菜单栏，如图 2-68 所示。

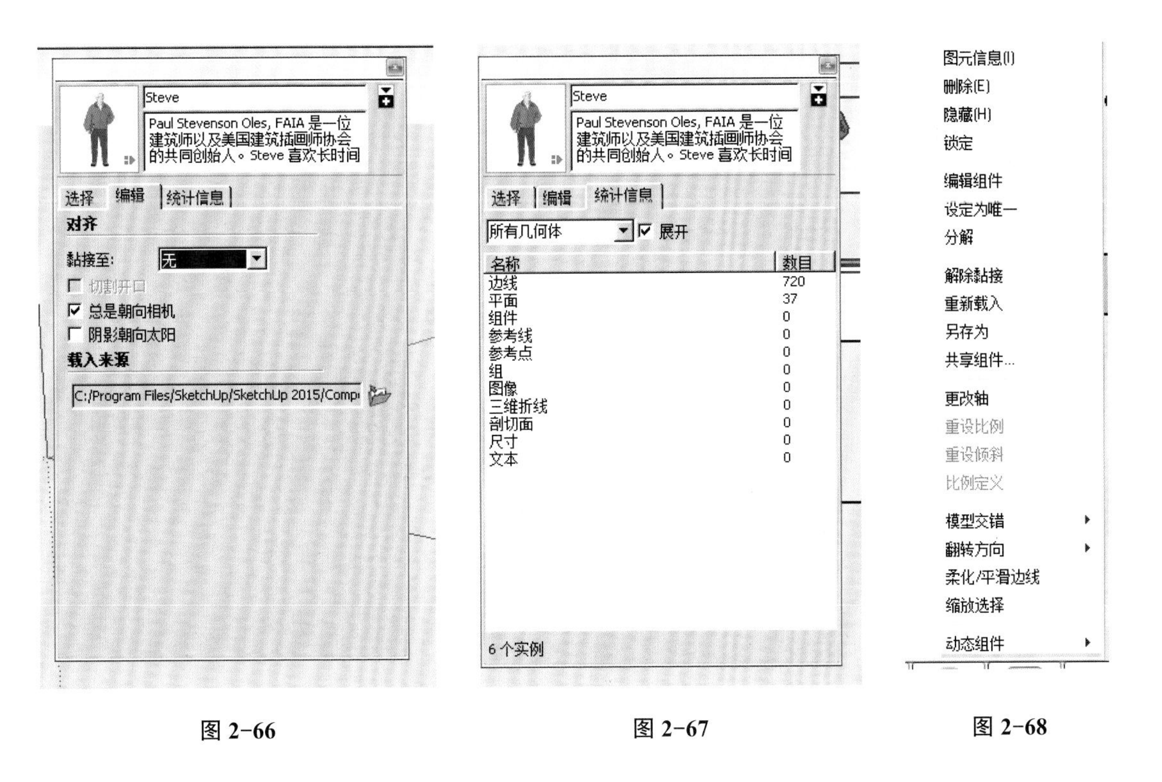

图 2-66　　图 2-67　　图 2-68

2.3.2　组件的浏览与管理

选择“窗口”→“大纲”命令即可打开“大纲”浏览器。“大纲”浏览器用于显示场景中所有的群组和组件，包括嵌套的多级组件及群组内容。“大纲”浏览器以树形结构列表显示了群组和组件，条理清楚，方便查找和管理，如图 2-69 所示。

（1）“过滤”：在过滤文本框中输入要查找的组件名称，即可查找场景中的组件或群组。

（2）“详细信息”：单击“详细信息”按钮即可弹出扩展菜单，主要有全部展开、全部折叠和按名称排序三种形式显示结构列表，如图 2-70 所示。

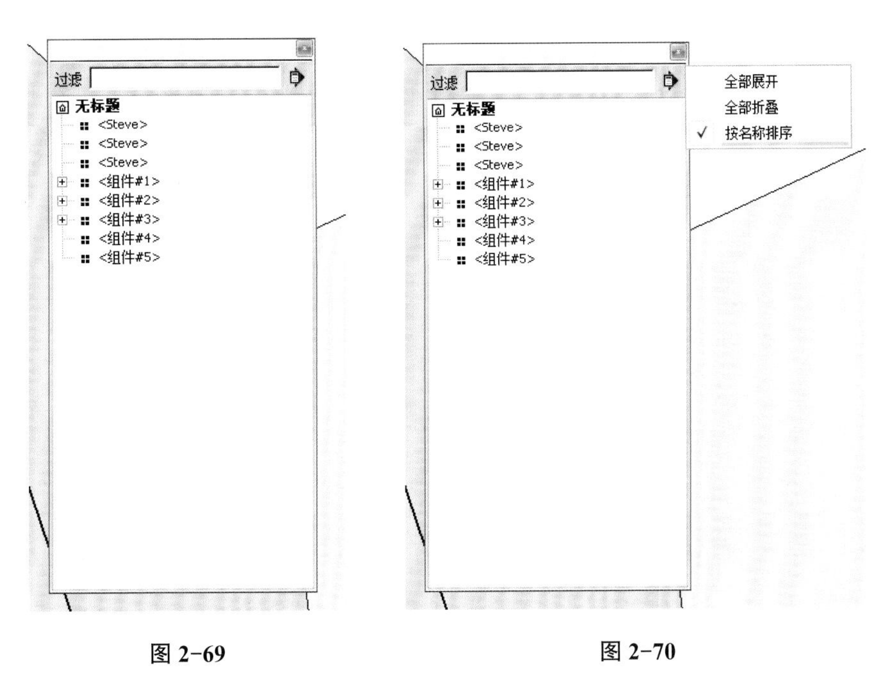

图 2-69　　图 2-70

2.3.3 为组件赋予材质

为组件赋予材质时，整个组件除事先被指定了的材质的表面外，其他的表面都将会赋予材质。组件的赋予材质操作只对单体有效，对关联组件无效。此次相同的组件可以有不同的材质；但是在组件内部赋予材质时，其他关联材质也会跟着变化。

2.4 动态组件

2.4.1 动态组件介绍

具备一种或多种属性的组件称为动态组件。使用 SketchUp 软件可以制作动态组件，并且提供了与动态组件互动的功能，当单击已经编辑好的动态组件，就会按照预先设定好的动作运动。动态组件使用起来非常方便，多使用在制作楼梯、门窗、地板、玻璃幕墙、篱笆栅栏等方面。

动态组件工具栏调出方法是选择“视图”→“工具栏”命令，在弹出的“工具栏”面板中勾选“动态组件”选项，如图 2-71、图 2-72 所示。

动态组件工具栏包含与动态组件互动、组件选项、组件属性三个工具，如图 2-73 所示。

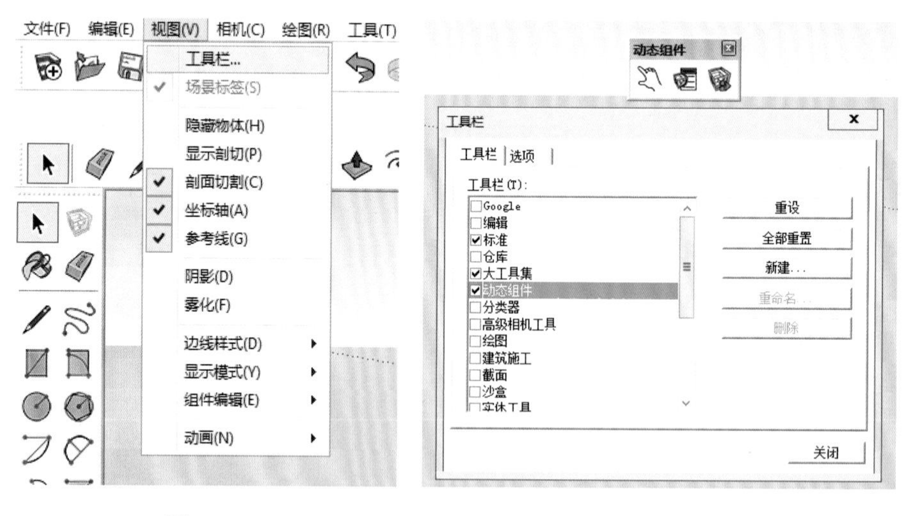

图 2-71 图 2-72

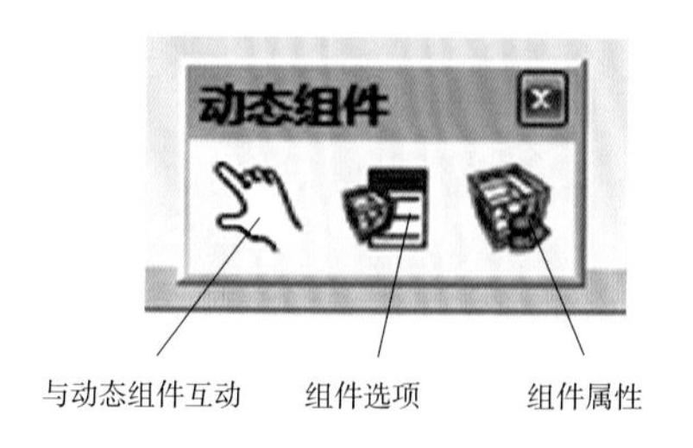

图 2-73

2.4.2　动态组件工具

动态组件工具参见二维码内容。

知识点 68– 动态组件工具详解

2.5　截面与图层

截面工具是 SketchUp 的特殊命令，用来控制剖面效果。物体在空间的位置，以及群组和组件的关系决定了切剖效果的本质。用户可以控制剖面线的颜色，或者将剖面线创建为组。使用截平面命令可以方便地对物体的内部模型进行观察和编辑，展示模型内部的空间关系，减少编辑模型时所需要的隐藏操作。

2.5.1　截面工具栏介绍

截面工具栏调出方法是：选择“视图”→“工具栏”命令，在“工具栏”面板中勾选“截面”选项（图 2–74），然后单击“关闭”按钮，弹出截面工具栏，如图 2–75 所示。

截面工具栏包含剖切面、显示剖切面、显示剖面切割三个命令，如图 2–76 所示。

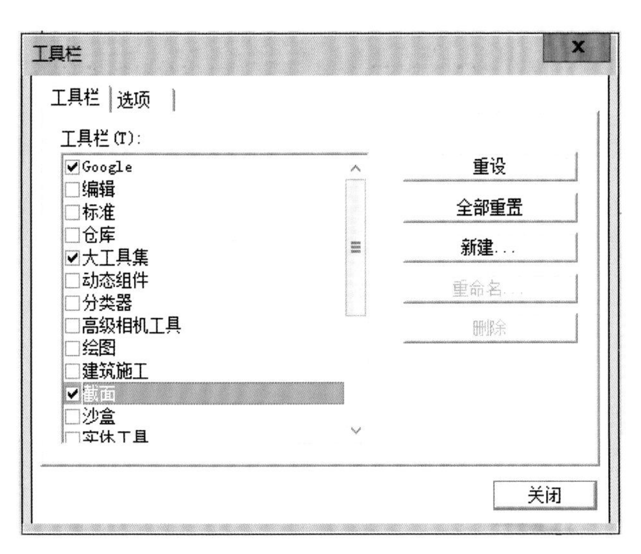

图 2–74

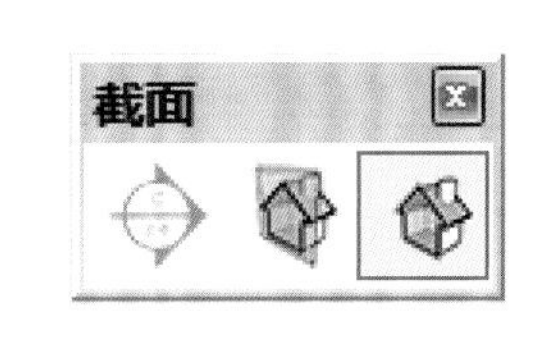

图 2–75

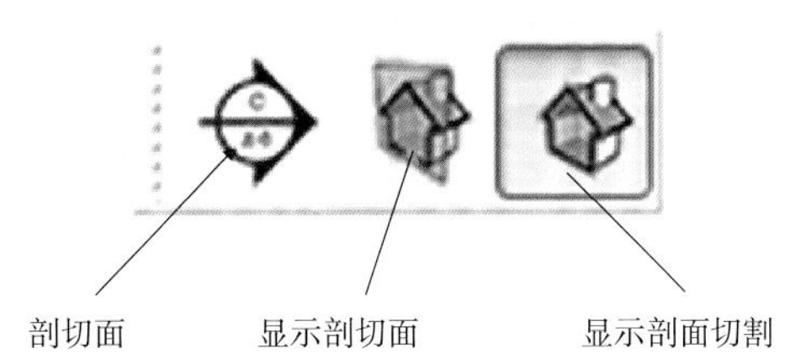

图 2–76

（1）“剖切面”：执行该命令，可以创建截面。

（2）“显示剖切面”：打开和关闭剖切面。开启时，显示剖切面符号；关闭时，不显示。

（3）“显示剖面切割”：打开和关闭剖面切割。开启时，被剖对象以剖面的形式显示；关闭时，以整体显示，没有切割效果。

2.5.2　创建截面

创建截面参见二维码内容。

知识点 69– 创建组件实例详解

2.5.3 编辑截面——翻转截面方向

在截面上单击鼠标右键，然后在弹出的菜单中选择“翻转”命令，如图 2-77 所示，可以反转截面的方向，如图 2-78 所示。

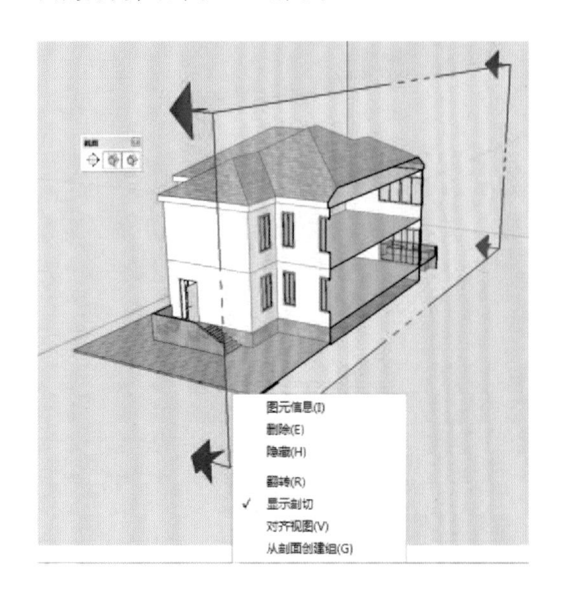

图 2-77

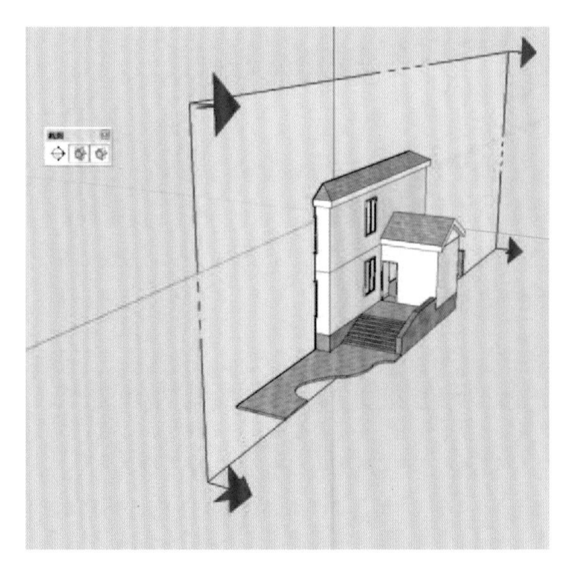

图 2-78

2.5.4 激活截面

放置一个新的截面后，该截面会自动激活。在同一个模型中可以放置多个截面，但一次只能激活一个截面，激活一个截面的同时会自动淡化其他截面，如图 2-79 所示。

图 2-79

激活截面有两种方法：一是使用“选择”工具在需要激活的截面上双击鼠标左键；二是在截面上单击鼠标右键，然后在弹出的菜单中选择“显示剖切”命令，如图 2-80 所示。

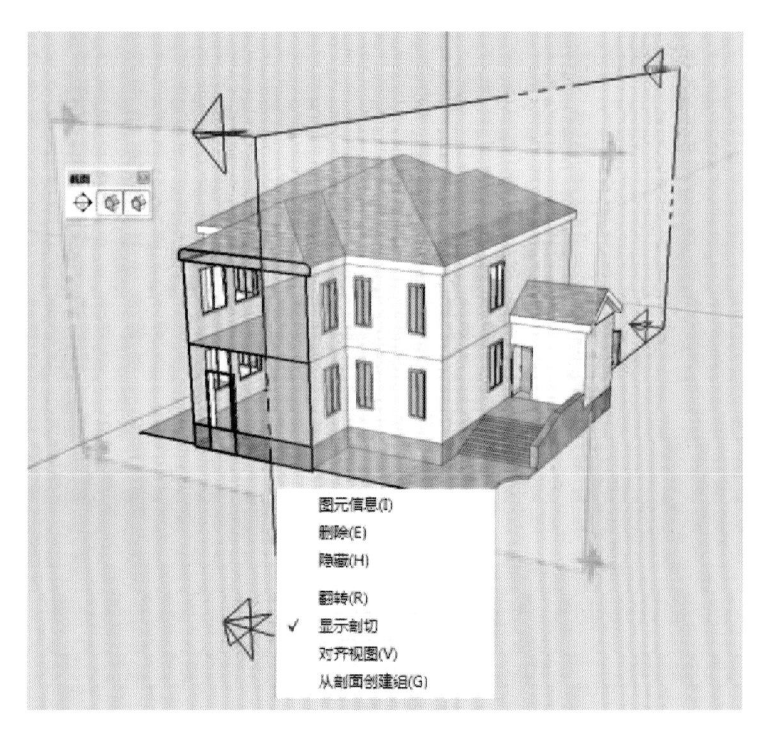

图 2-80

2.5.5　将截面对齐视图

要得到一个传统的截面视图，可以在截面上单击鼠标右键，然后在弹出的菜单中选择“对齐视图”命令，如图 2-81 所示。此时，截面对齐到屏幕，显示为一点透视的截面或正视平面截面，如图 2-82 所示。

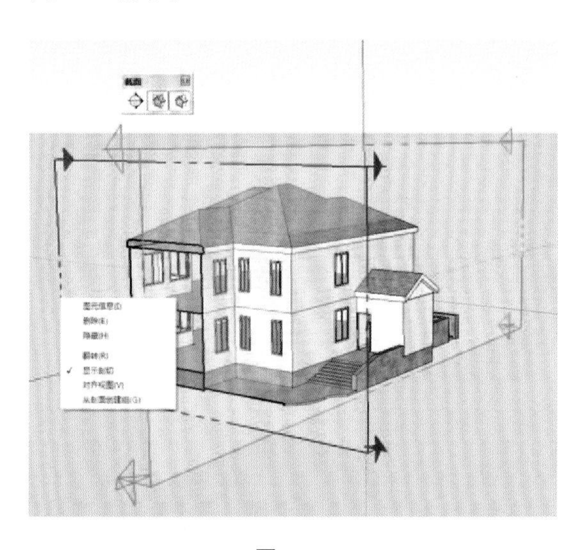

图 2-81

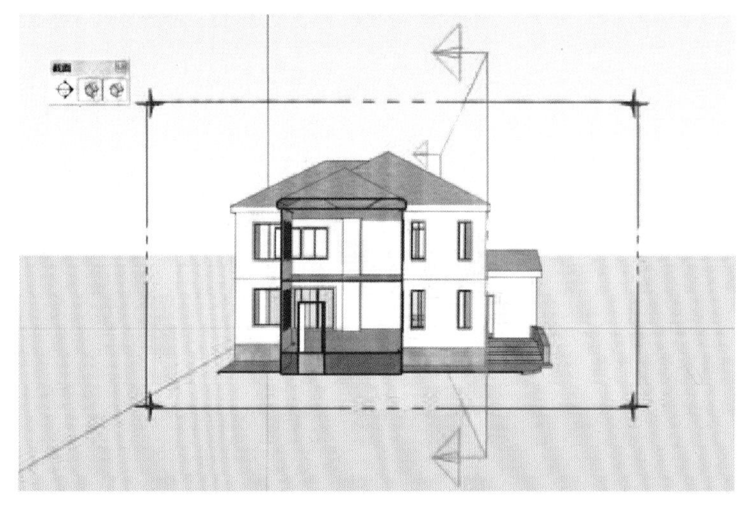

图 2-82

2.5.6 创建剖切口群组

在截面上单击鼠标右键，然后在弹出的菜单中选择“从剖面创建组”命令，如图 2-83 所示。在截面与模型表面相交的位置会产生新的边线，并封装在一个组中，如图 2-84 所示。从剖切创建的组可以被移动，也可以被分解，如图 2-85 所示。

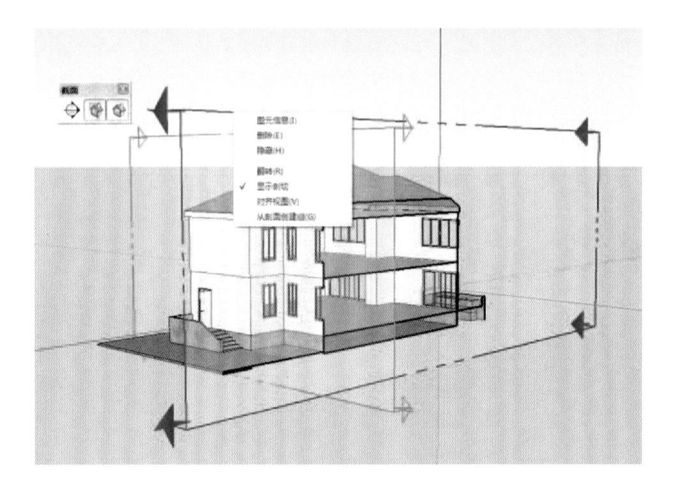

图 2-83

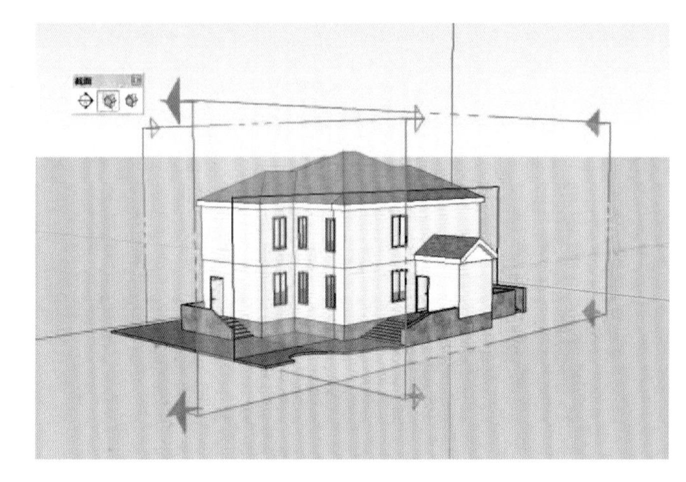

图 2-84

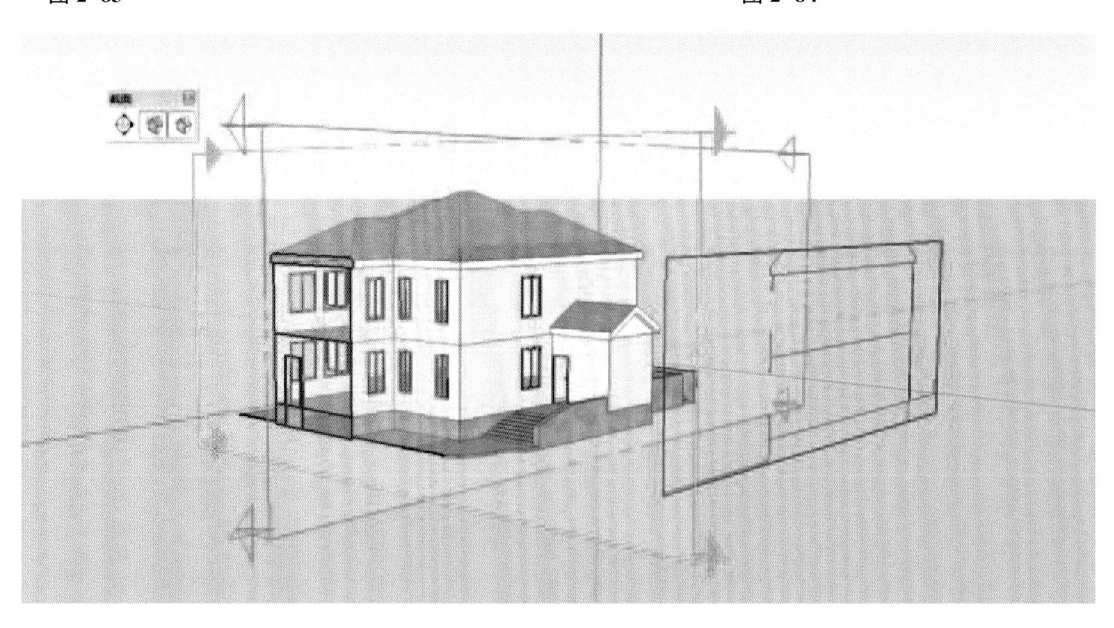

图 2-85

2.5.7 SketchUp 的“图层”管理器

针对所创建的对象进行分层管理，可通过“图层”管理器对其分类。通过 SketchUp 在菜单栏中选择“窗口”→“图层”命令，打开“图层”管理器，如图 2-86 所示。

另一种选择“图层”管理器的方式是在菜单栏中选择“视图”→“工具栏”命令，在弹出的“工具栏”对话框中勾选“图层”选项，如图 2-87 所示。

在勾选“图层”选项后单击“关闭”按钮，在工具栏中弹出如图 2-88 所示的“图层”工具条。单击“图层”工具条右侧的“图层管理器”则可以对图层进行编辑，如图 2-89 所示。

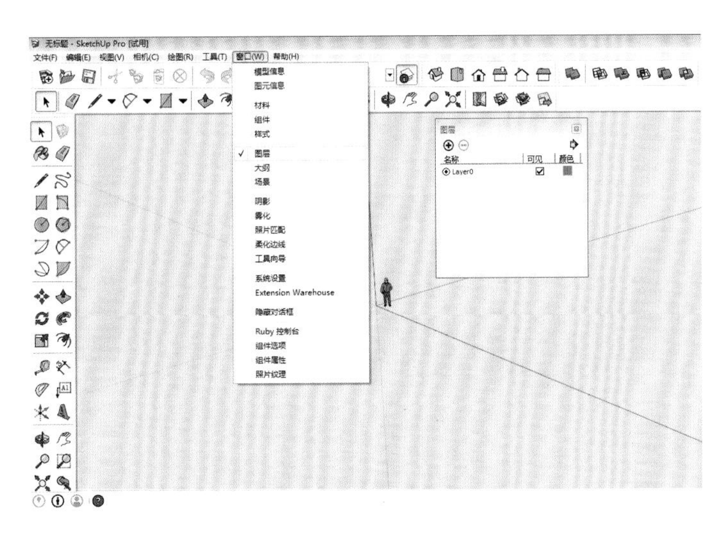

图 2-86

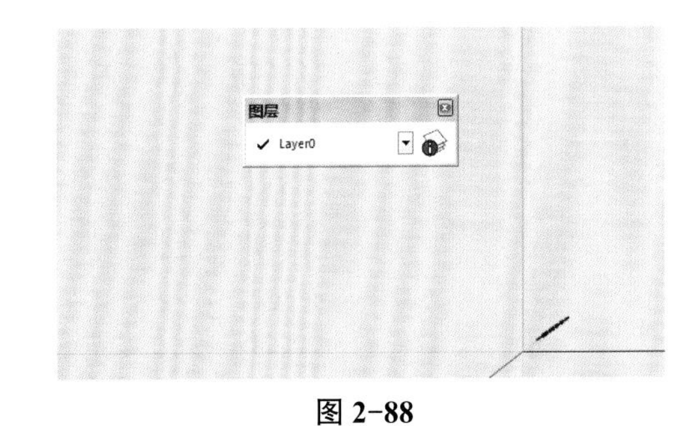

图 2-88

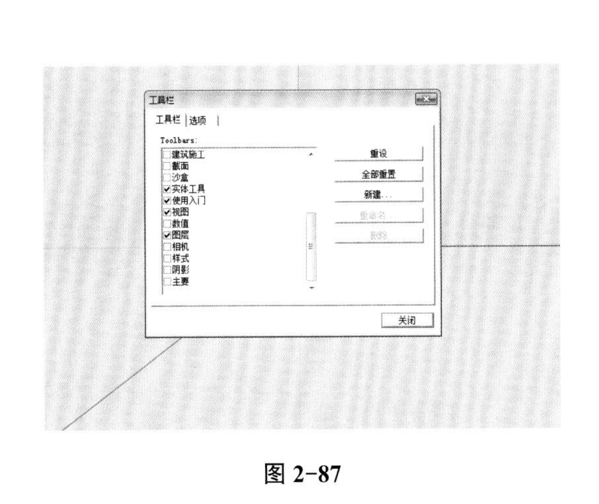

图 2-87

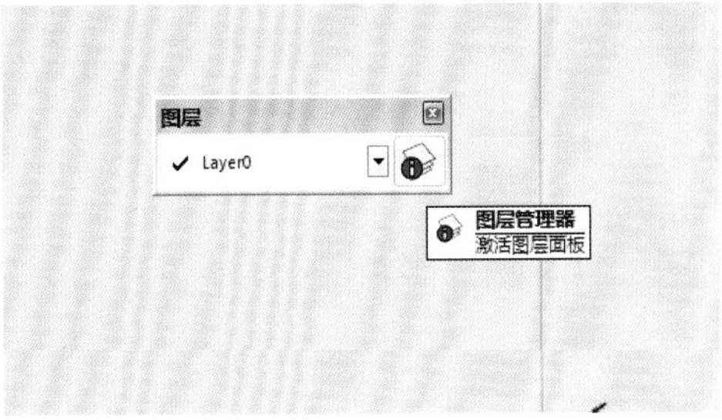

图 2-89

2.5.8　SketchUp 的“图层”工具栏

（1）对“图层”管理器进行编辑。在“图层”对话框中的“+”和“-”分别表示增加图层与删除图层。其中，每增加一个图层所对应的颜色与上一图层的颜色有所变化，也可对其颜色进行更改。在删除图层时可单击“-”单独删除某一个图层，也可单击“清除”对所有图层进行删除，但原始图层不会被删除，如图 2-90 所示。

（2）双击“图层 1”可对其更改相对应的名称，输入完成按 Enter 键即可。

（3）单击“颜色”部分则出现“编辑材质”对话框，在“编辑材质”对话框中可对颜色进行选择，选择颜色时要考虑所赋予的适合度，如图 2-91 所示。

在选择“颜色”时有四种不同的选择方式，分别是“色轮”模式、“HLS”模式、“HSB”模式和“RGB”模式，一般直接选用“色轮”模式，当有特定颜色模块时，则选用“RGB”模式进行颜色选定，如图 2-92～图 2-95 所示。

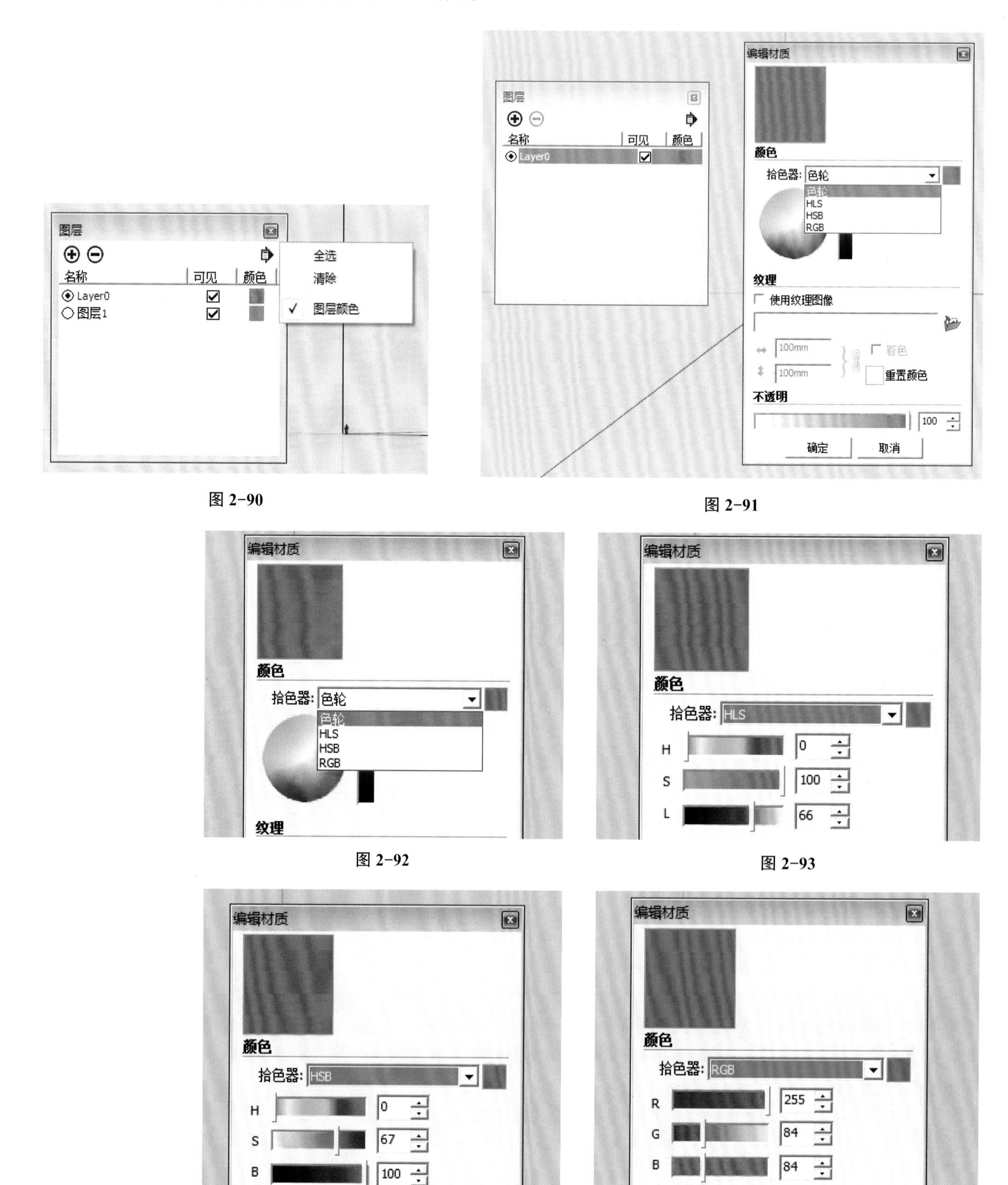

图 2-90

图 2-91

图 2-92

图 2-93

图 2-94

图 2-95

（4）在“编辑材质”对话框中可对“纹理”进行编辑，勾选“使用纹理图像”选项，选择所需要的纹理图片，对其大小进行修改即可，如图 2-96 所示。

图 2-96

（5）针对“编辑材质”对话框中的“不透明”选项组，是对所使用的纹理图像进行不透明的变化，可直接拖动调整，也可通过输入数值进行调整。如果勾选“着色”则使整个图层的颜色与所选用的纹理图像进行主色相融合，图层颜色更改为所选纹理图像的主色。

2.5.9　SketchUp 的图层属性

在 SketchUp 中，图层的主要功能是将所绘制的图形进行分类、隐藏或显示，其中对图层颜色的更改不会影响最终的材质表现。对图层分类是为了后期对整体设计的部分进行单独修改，无论是在选择还是在修改方面都能很好的管理。

在 SketchUp 中，“图元信息”所表示的查看所选择图形的元素信息，其中包含“图层”“面积”或“名称”，还有“投射阴影”与“接收阴影”等相关信息，如图 2-97 所示。

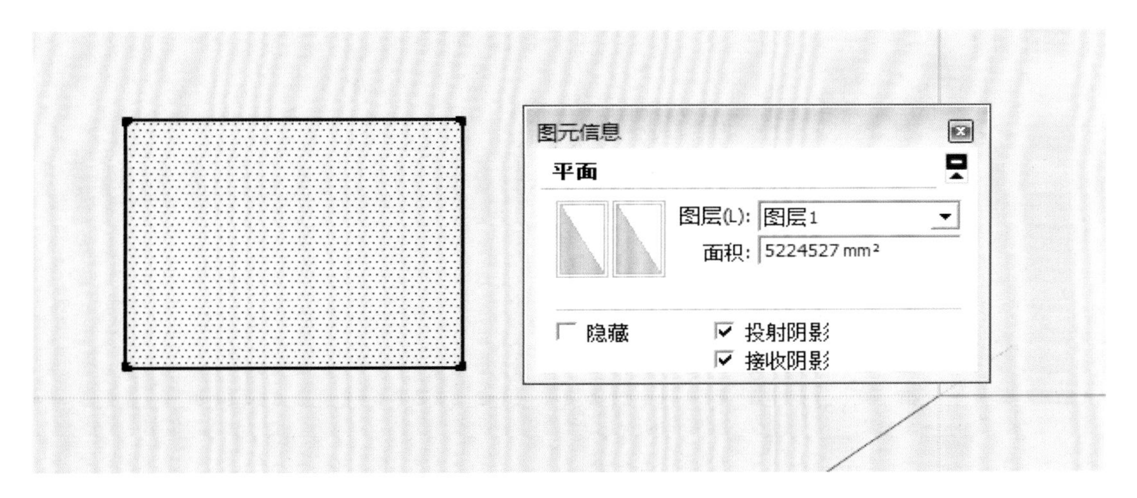

图 2-97

实战案例解析——新中式边柜

本案例将主要使用到“矩形”“推/拉”“偏移”“圆弧”“拆分”“相机”等工具和参数设置。在模型制作过程中，注意学习模型组合与创建工具的搭配创建技巧。掌握直线等基础绘图、修改工具的操作方法与步骤。通过真实开放式项目与职业化案例，启发式、发现式、讨论式、研究式教学，让学生能从中不断地总结步骤与方法，培养沟通和团队协作能力，具备一定的分析和解决设计项目实际问题的能力。

任务一 绘图环境设置

设置绘图环境包括“单位”和“正在保存”参数等内容，在项目一的任务一中有详细介绍，此处不再赘述。

任务二 边柜抽屉模型制作与材质设置

微课：边柜抽屉模型制作与材质设置

步骤 1：制作抽屉启用“矩形”工具，在俯视图绘制一个 310 mm × 230 mm 的矩形，如图 2-98 所示。使用“推/拉”工具，向后拉伸 450 mm，制作出抽屉厚度，制作厚度与分割面，使用“偏移”工具将最小面向内偏移 20 mm，效果如图 2-99 所示。

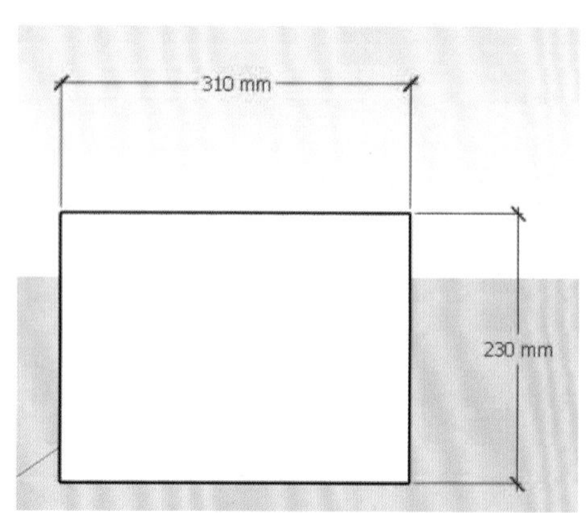

图 2-98

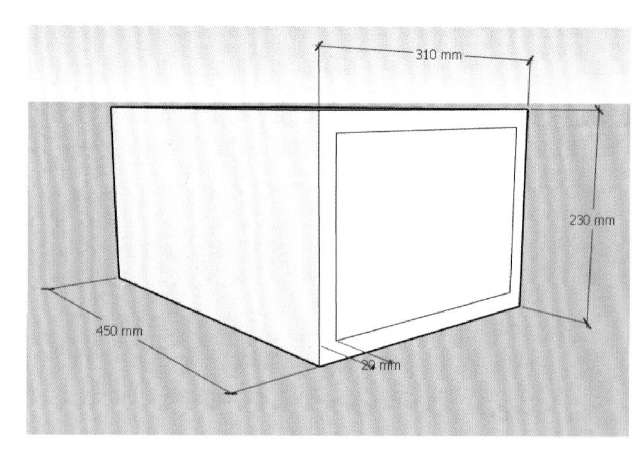

图 2-99

步骤 2：选择分割面，启用“推/拉”工具，向后拉伸 10 mm 的深度，如图 2-100 所示，将外层矩形内框线移动到外框线上，如图 2-101 所示。然后，选择“推/拉”工具将中间矩形向内推移 10 mm，如图 2-102 所示。

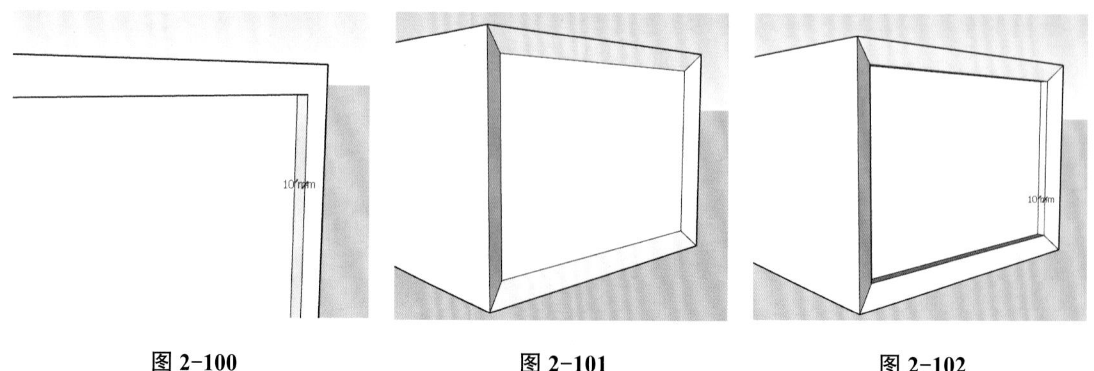

图 2-100　　图 2-101　　图 2-102

步骤 3：选择内矩形的内侧边线依次向内移动 5 mm，如图 2-103、图 2-104 所示。再次选择“推/

拉”工具将中间矩形向内推移 5 mm，如图 2-105 所示（此步骤也可以通过“缩放”工具进行中心缩放，缩放比例为 0.9）。

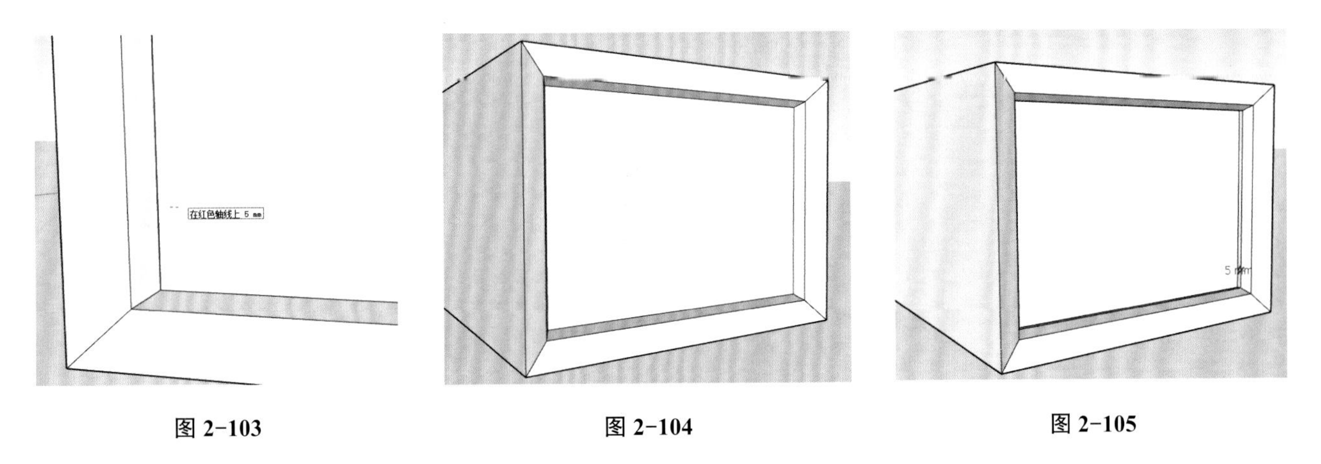

图 2-103　　图 2-104　　图 2-105

步骤 4：启用“矩形”工具，绘制一个边长为 60 mm 的矩形，如图 2-106 所示。然后，分别选择两个边线，单击鼠标右键，在弹出的菜单中选择“拆分”命令，如图 2-107 所示，输入拆分的段数为 3 段。

步骤 5：启用“直线”工具，根据所需造型连接拆分点，然后启用“圆弧”工具绘制装饰件转角弧线，如图 2-108 所示。最后用橡皮删除多余线段，如图 2-109 所示。

步骤 6：选择创建好的分割面，启用“推 / 拉”工具制作 5 mm 厚度，如图 2-110 所示，并利用旋转复制，制作好四个角的中式装饰元素，如图 2-111 所示。

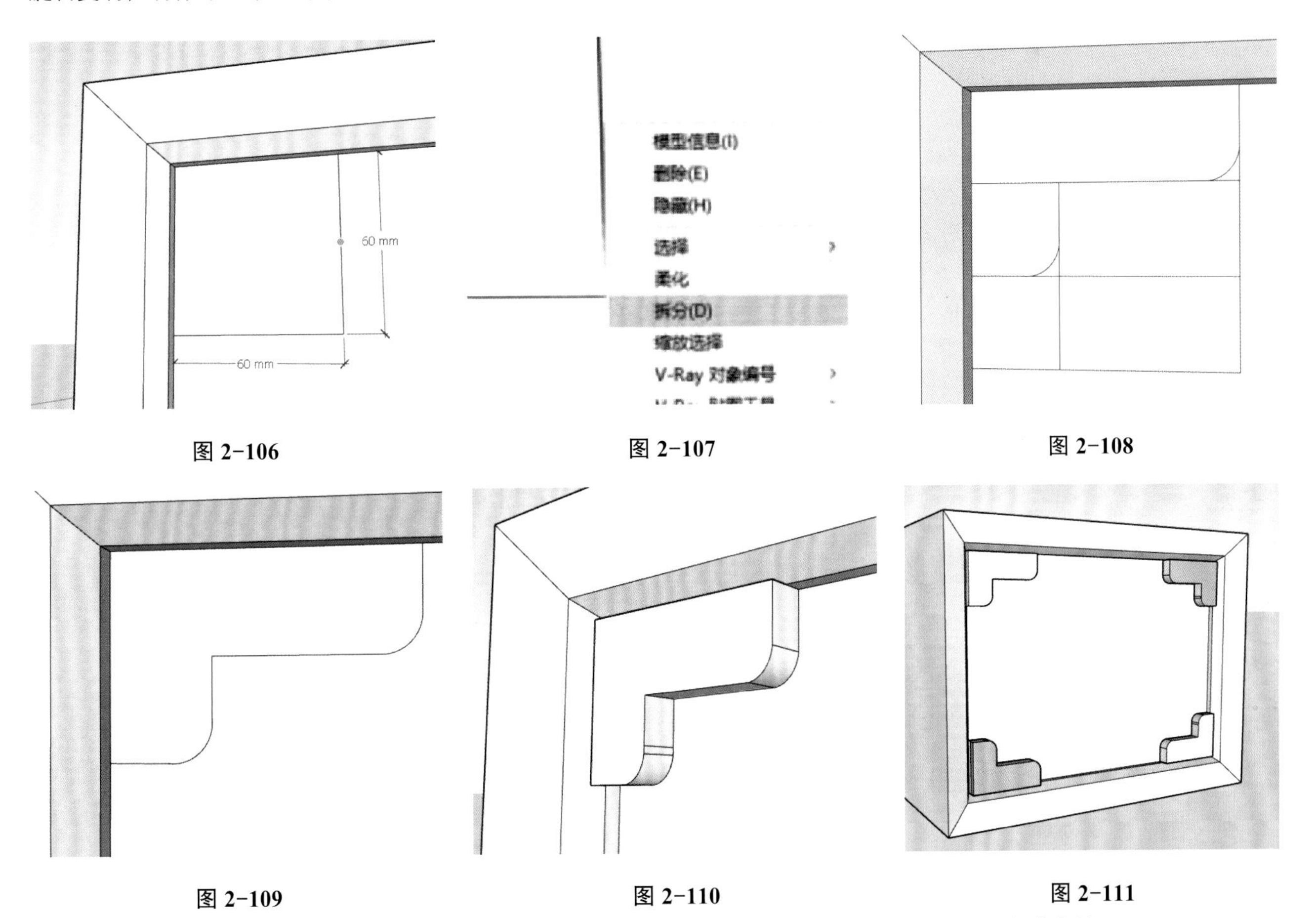

图 2-106　　图 2-107　　图 2-108

图 2-109　　图 2-110　　图 2-111

步骤 7：制作装饰拉手。在内矩形画一条水平中线作为辅助线，选中并单击鼠标右键，在弹出的菜单中选择“拆分”命令，将其拆分为 8 份，捕捉对应点画出倒三角把手初形，如图 2-112 所示。删除多余线条后用“偏移”工具向上偏移 20 mm，整理图形后将图形整体向上移动 20 mm，调整到合适位置，如图 2-113 所示。最后用“推 / 拉”工具为把手制作 15 mm 厚度，如图 2-114 所示。

读者可以通过案例的设计，发散思维设计装饰挡角与拉手，通过简单几何纹样可以创作古典风、田园风装饰元素创新设计。

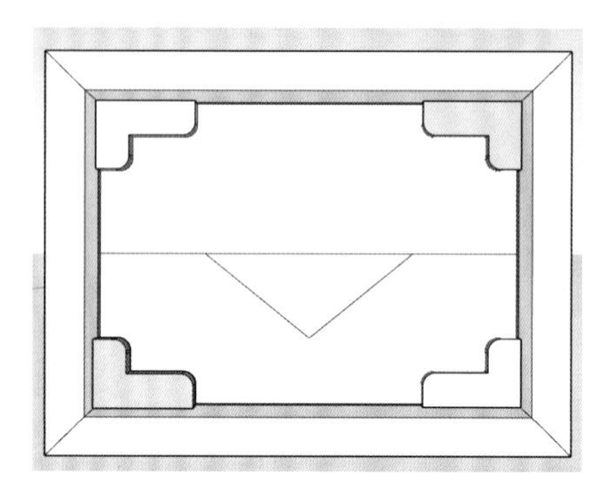

图 2-112

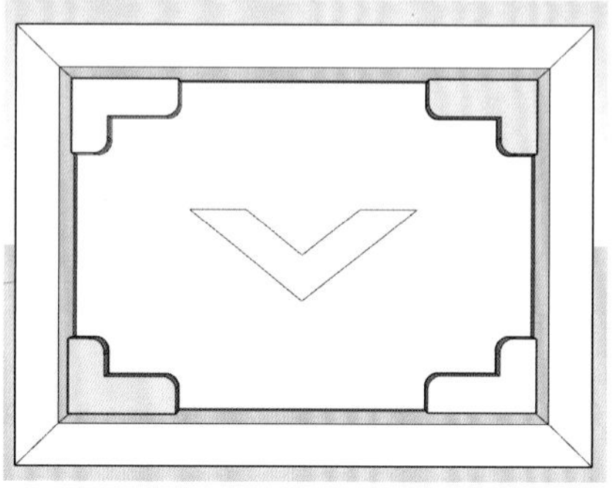

图 2-113

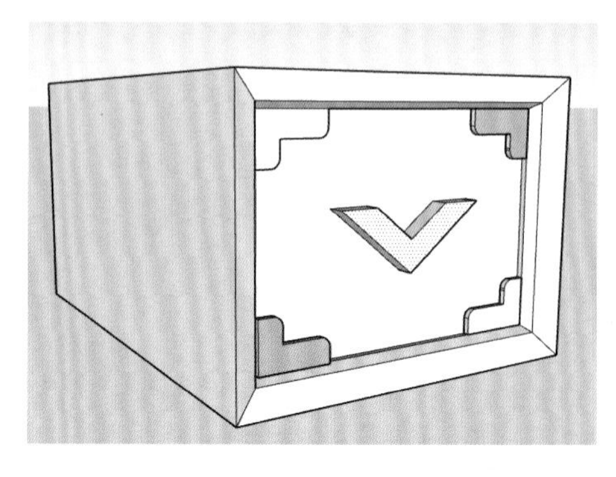

图 2-114

步骤 8：打开“材质”面板，如图 2-115 所示。为其整体赋予深色木纹材质，为装饰件都赋予黄色金属材质，并选中整个木抽屉，单击鼠标右键，在弹出的菜单中选择“创建群组”命令创建成群组，如图 2-116 所示。然后，通过移动复制完成边柜上部整体造型，如图 2-117 所示。

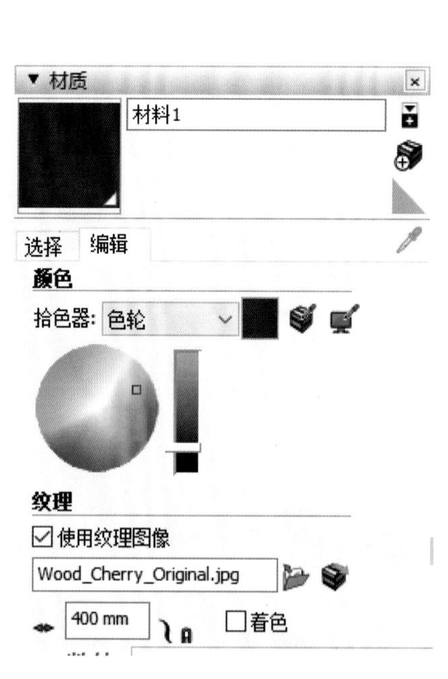

图 2-115

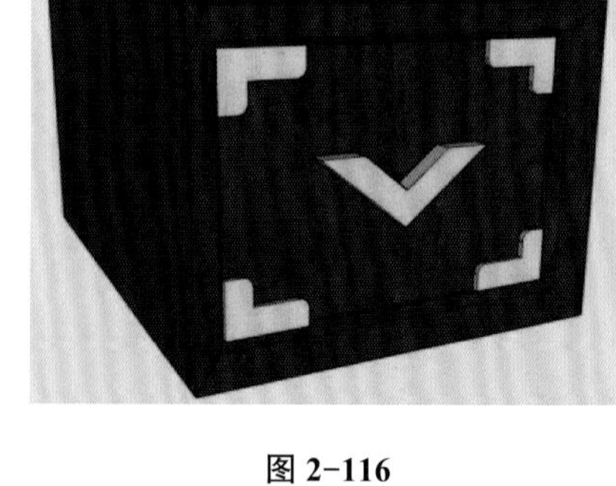

图 2-116

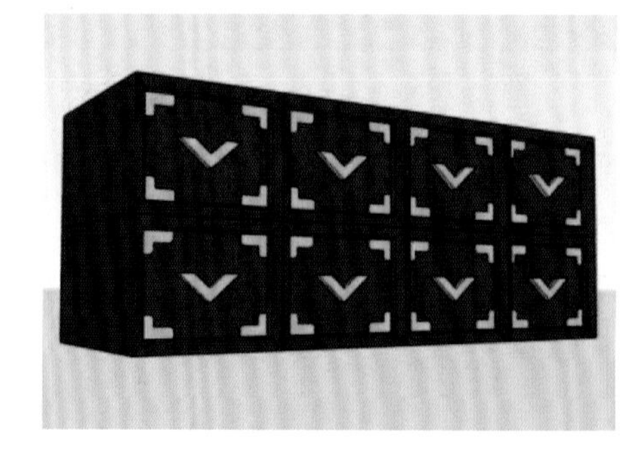

图 2-117

任务三 边柜支撑脚造型制作

步骤 1：制作支撑脚造型，结合使用“矩形”与“推 / 拉”工具制作 40 mm × 40 mm × 400 mm 的支撑脚，尺寸如图 2-118 所示。用“直线”工具在支撑架中点绘制分割线，如图 2-119 所示。然后，选中支撑腿的底面使用“缩放”工具向左侧缩放 0.8，并为支撑腿创建群组，如图 2-120 所示。

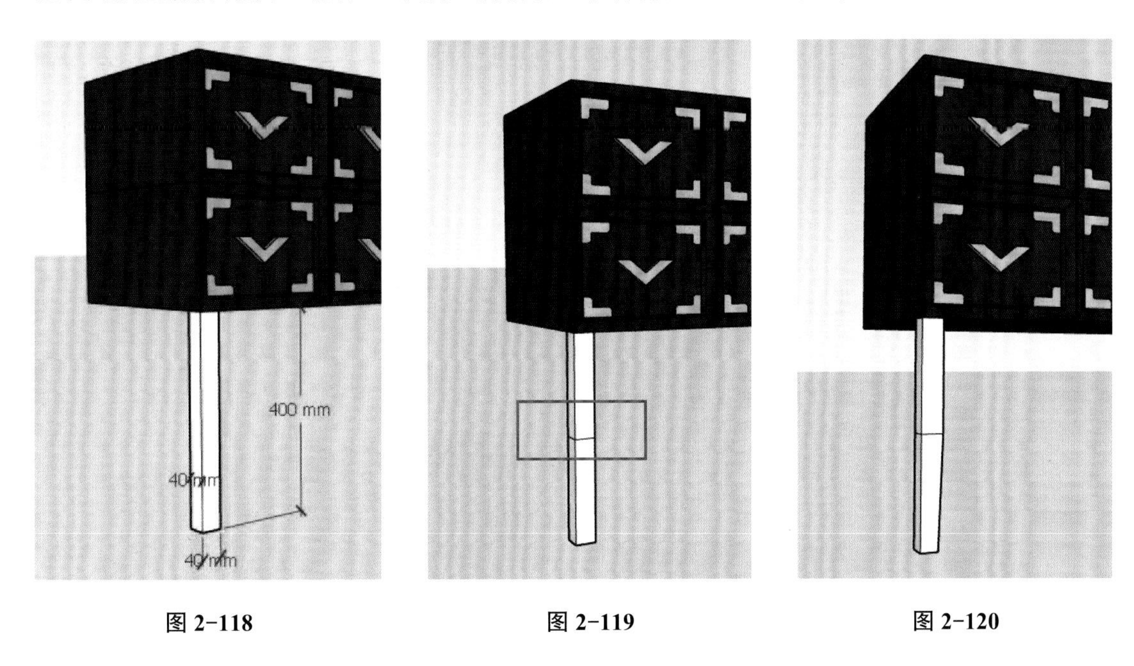

图 2-118 **图 2-119** **图 2-120**

步骤 2：给支撑腿附上深色木纹材质，步骤同前。然后，通过移动复制完成 4 个支撑腿的制作，如图 2-121 所示。

步骤 3：制作支撑脚表面装饰线，双击打开右侧支撑脚，进入群组编辑，选择内侧面，使用“推 / 拉”工具推拉捕捉到左侧支撑腿内侧面，如图 2-122 所示。

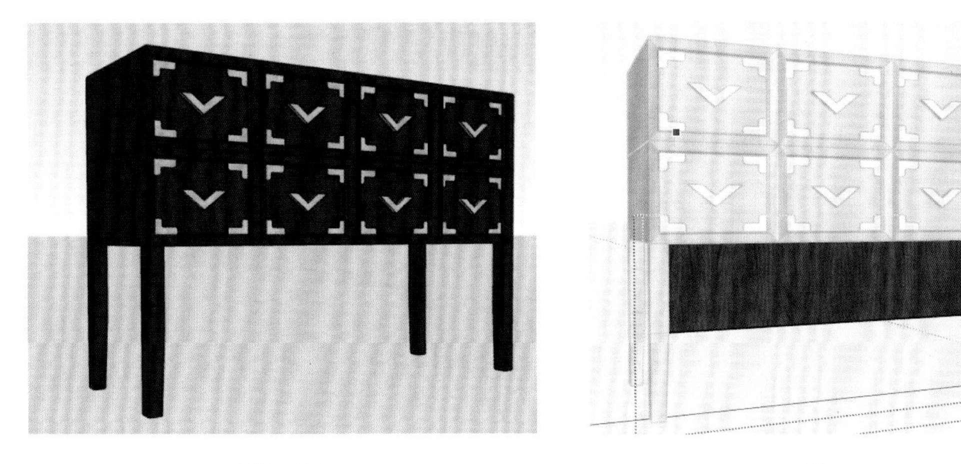

图 2-121 **图 2-122**

步骤 4：选择最下端直线，向上移动复制 20 mm，如图 2-123 所示。选择复制出来的直线，单击鼠标右键，在弹出的菜单中选择的“拆分”命令输入拆分的段数为 31 段，如图 2-124 所示。

步骤 5：用直线垂直连接所有分段端点，使用“推 / 拉”工具，推拉删除间隔造型，如图 2-125、图 2-126 所示。

步骤 6：选择支撑脚底面，在垂直造型柱侧面用“圆弧”工具画出造型，复制给每一个垂直造型柱，如图 2-127 所示。使用“推 / 拉”工具，推拉删除外侧造型，如图 2-128 所示。

步骤 7：用同样方法制作出左右两侧造型，如图 2-129 所示。

图 2-123

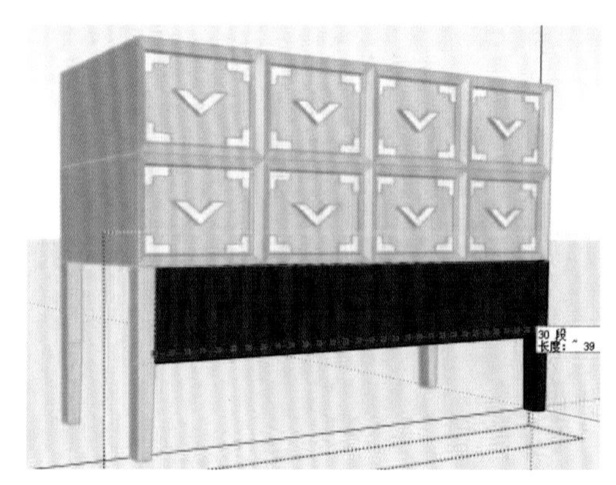

图 2-124

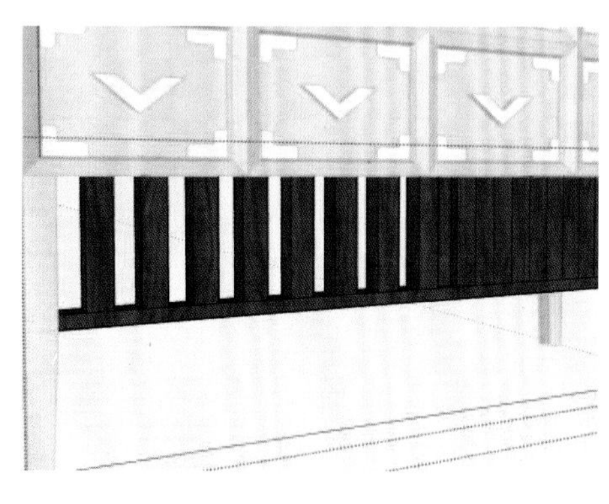

图 2-125

图 2-126

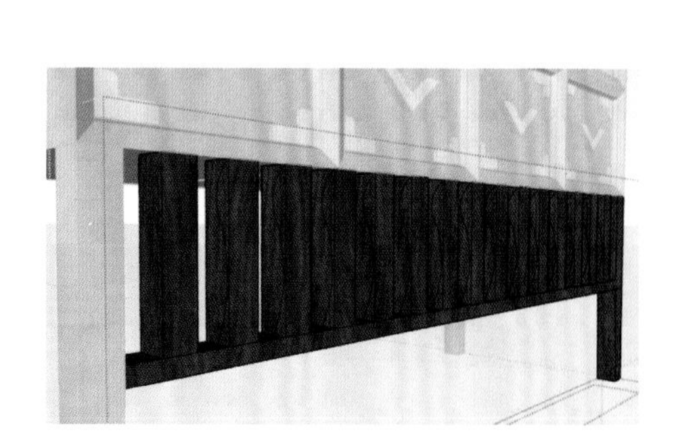

图 2-127

图 2-128

图 2-129

任务四 文件存档

步骤 1：导出中式边柜透视图，具体步骤参考项目一中的任务三，此处不再赘述。为保证产生绝对的正投影视觉效果，在项目一的基础上，选择“相机”→“平行投影”命令，导出三视效果图，如图 2-130～图 2-132 所示。

图 2-130　　图 2-131　　图 2-132

步骤 2：通过三视效果图可以看到家具的外形、色彩和材质搭配，但根据家具的造型，部分视图无法了解家具的结构，因此，导出 AutoCAD 格式的家具三视图是工作中的常用操作。单击“视图”→“俯视图”按钮切换为俯视图，如图 2-133 所示。选择“相机”→“平行投影”命令，如图 2-134 所示。

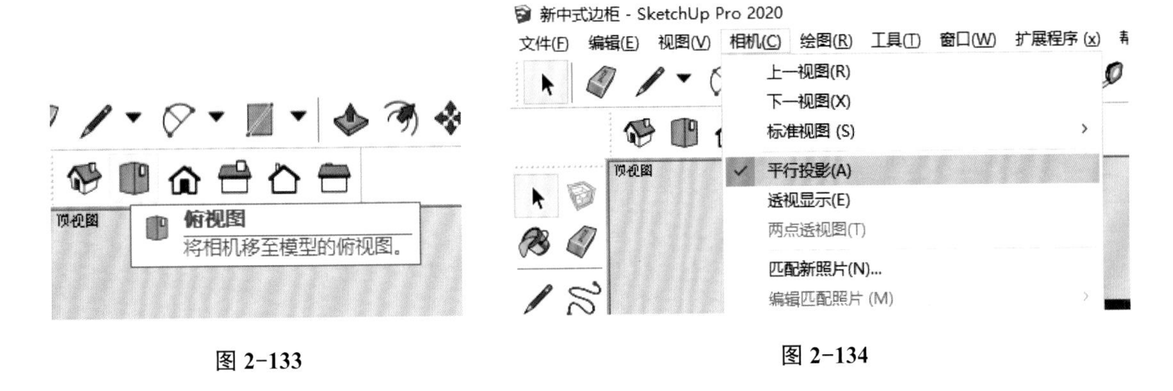

图 2-133　　图 2-134

步骤 3：选择“工具”→“剖切面”命令，如图 2-135 所示。或调出“截面”工具栏，单击“剖切面”工具，在弹出的“命名剖切面”对话框中为剖切面命名，如图 2-136 所示。可根据家具结构和外轮廓在前视图、左视图中家具的前侧、左侧创建有需求的截面，如图 2-137 所示。

步骤 4：调整好“剖切面”剖切部位后，选择“文件”→“导出”→“剖面”命令，如图 2-138 所示。在弹出的“输出二维剖面”对话框中选择“保存类型”为“AutoCAD DWG 文件（*.dwg）”，如图 2-139 所示。

步骤 5：根据该家具的特点，依次导出 CAD 图纸，如图 2-140～图 2-143 所示。

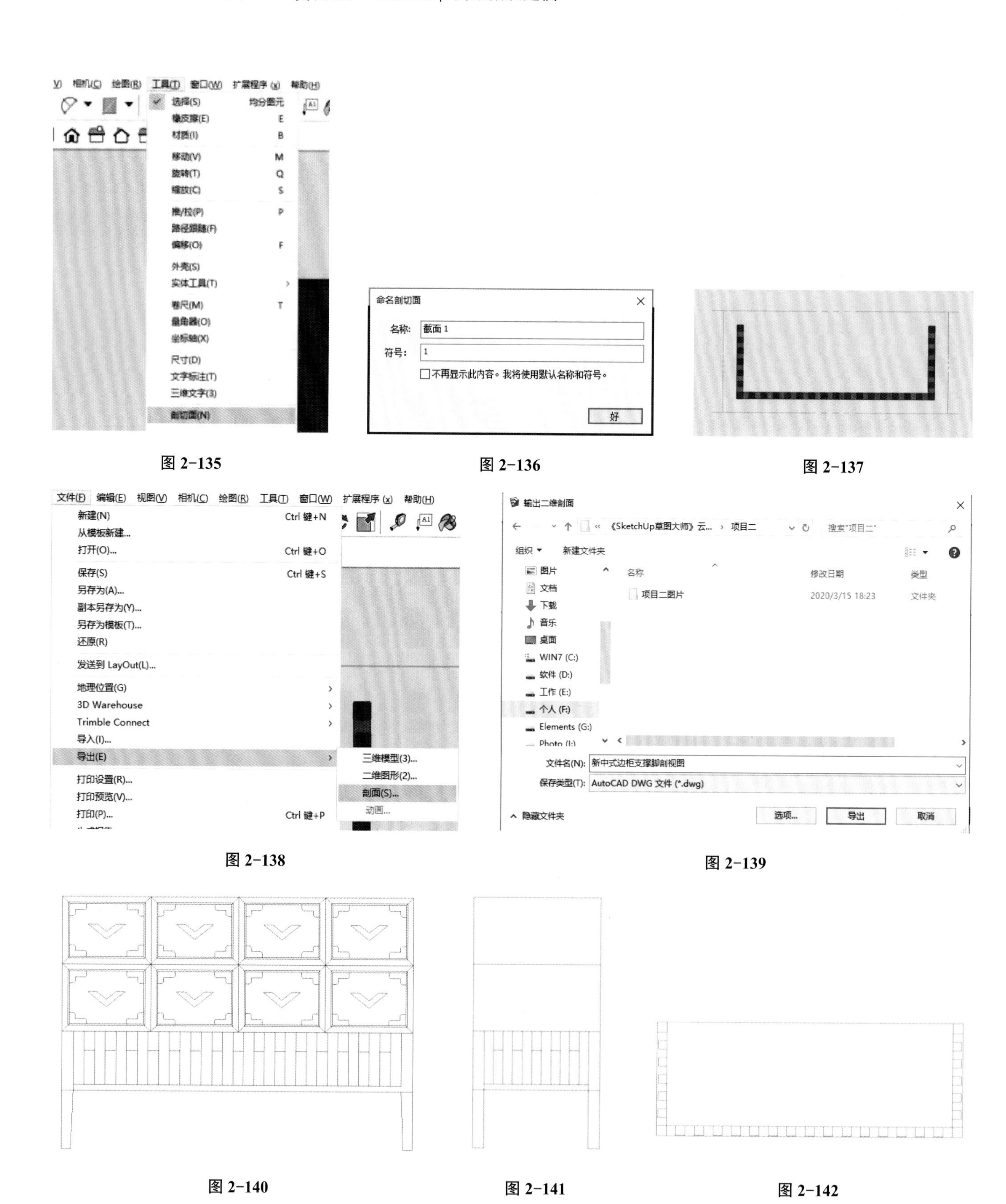

图 2-135

图 2-136

图 2-137

图 2-138

图 2-139

图 2-140

图 2-141

图 2-142

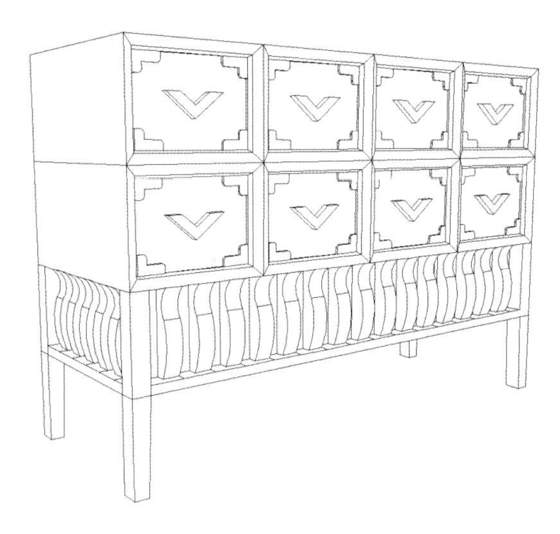

图 2-143

技巧提示

如不需要导出“剖面”CAD 图纸，可选择“文件”→“导出”→“二维图形”命令，在弹出的“输出二维图形”对话框中选择“保存类型”为“AutoCAD DWG 文件（*.dwg）”。

评分标准

评分标准见表 2-1。

表 2-1　评分标准

序号	考核项目	考核内容及要求	配分	评分标准	得分
1	模型的制作流程	制作顺序	20	顺序错乱不得分	
2		空间的概念	10	无空间感酌情扣分	
3	模型的制作方法	视图角度的使用	5	使用不熟练酌情扣分	
4		造型与工具的综合运用	20	搭配不精准酌情扣分	
5		边做边存的良好习惯	5	不知存盘酌情扣分	
6	材质的调整	材质参数的设置正确	20	参数不完整酌情扣分	
7		材质与模型的匹配	5	赋予错误不得分	
8	作业存档与上交	作业格式完整	10	错误格式酌情扣分	
9		按时上交作业	5	不按时上交不得分	

课外强化训练

1. 请认真思考并总结高级建模知识的要点。
2. 请详细总结高级建模的操作过程及工具使用技巧。

3. 选择以下模型中的任意两款进行练习，如图 2-144～图 2-147 所示，并以其为例独立思考，通过强化思维训练，创造性设计与制作复杂单体家具。

图 2-144

图 2-145

图 2-146

图 2-147

项目小结

本项目是对 SketchUp 基础工具的提升练习。通过对 SketchUp 高级功能及工具的学习，掌握对应岗位的设计视角。通过仿岗练习思考家具造型、截面元素的设计方法，以“新中式边柜”项目实践理解中式与现代元素如何通过 SketchUp 草图大师基本工具与高级功能实现，掌握完整设计思路与建模流程，并通过 SketchUp 软件与其他软件的交互使用，实现更多的文件类型导出与设计的表达。

PROJECT THREE

项目三 室内设计实例（一）——新古典客餐厅建模

项目概述

本项目通过室内欧式新古典风格家装户型的客餐厅创建来具体介绍利用 SketchUp 软件进行 CAD 的导入、模型的空间创建、界面造型设计与建模、材质的赋予、图像的导出等一系列连贯操作，学生能够熟悉 CAD 户型图纸与 SketchUp 的导入和制作流程，从而更连贯地了解相关的操作及技巧。

通过本项目的实践任务学生应了解设计师在真实项目制作中应具备的基本职业素养，在表现效果上培养精益求精的工匠精神。通过案例作品鉴赏，提升文化自信，培养正确的审美观。

实战引导

1．实战项目：新古典客餐厅建模

某家装设计公司准备承接一项别墅设计任务，为了更快地表现设计理念与效果，请从设计师角度，利用 SketchUp 表现新古典客餐厅空间设计，并完成空间简单材质与场景视角的调试。

2．项目要求

（1）掌握 SketchUp 室内空间导入和制作特点，熟悉空间建模二维到三维转换的常用步骤。

（2）针对案例完成专项训练，通过项目实践掌握 SketchUp 空间建模流程，掌握界面造型建模方法，要求严谨、认真完成任务。

问题发布

1．SketchUp 室内空间建模前需要准备哪些素材？什么样的素材有利于建模？

2．室内图纸二维到三维的转换步骤是什么？有哪些注意要点？

3．界面设计与空间建模之间的衔接要点有哪些？

4．完整的空间建模流程与步骤是什么？

知识导入

3.1 实体工具栏

在 SketchUp 2020 中，建筑施工工具栏通过选择“视图”→“工具栏”并勾选“实体工具”复选框打开，如图 3-1 所示。实体工具主要有“实体外壳”工具、“相交”工具、“联合”工具、“减去”工具、“剪辑”工具和“拆分”工具。

图 3-1

（1）“实体外壳”工具。在 SketchUp 2020 中，“实体外壳”工具的选择方式有两种：第一种方式是在“工具栏”中直接单击“实体外壳”工具图标进行使用；第二种方式是选择“工具”→“实体外壳”命令进行使用。“实体外壳”工具的主要作用是将所有选定实体合并到一个实体中并删除所有内部图元。

知识点 70- 实体外壳工具

（2）“相交”工具。在 SketchUp 2020 中，“相交”工具的选择方式有两种：第一种方式是在“工具栏”中直接单击“相交”工具图标进行使用；第二种方式是选择“工具”→“实体工具”→“交集”命令进行使用。“相交”工具的主要作用是将所有选定实体相交，但仅在模型中保留相交线。相交工具用于保留相交部分，不相交部分则会删除。

知识点 71- 相交工具

知识点 72- 联合工具

（3）“联合”工具。在 SketchUp 2020 中，“联合”工具的选择方式有两种：第一种方式是在“工具栏”中直接单击“联合”工具图标进行使用；第二种方式是选择“工具”→“实体工具”→“并集”命令进行使用。“联合”工具的主要作用是将所有选定实体合并为一个实体并保留内部空隙。

知识点 73- 减去工具

知识点 74- 剪辑工具

（4）“减去”工具。在 SketchUp 2020 中，“减去”工具的选择方式有两种：第一种方式是在“工具栏”中直接单击“减去”工具图标进行使用；第二种方式是选择“工具”→“实体工具”→“差集”命令进行使用。“减去”工具的主要作用是将所有选定实体合并到一个实体中并删除所有内部图元。

（5）“剪辑”工具。在 SketchUp 2020 中，“剪辑”工具的选择方式有两种：第一种方式是在“工具栏”中直接单击“剪辑”工具图标进行使用；第二种方式是选择“工具”→“实体工具”→“修剪”命令进行修剪。“剪辑”工具的主要作用是将相对于第二个实体剪辑第一个实体并在模型中保留这两个实体。

知识点 75- 拆分工具

（6）“拆分”工具。在 SketchUp 2020 中，“拆分”工具的选择方式有两种：第一种方式是在“工具栏”中直接单击“拆分”工具图标进行使用；第二种方式是选择“工具”→“实体工具”→“分割”命令进行分割。“拆分”工具的主要作用是将所有选定实体相交并保留模型中的所有结果。

3.2 SketchUp 阴影设置

知识点 76-SketchUp 阴影设置

在 SketchUp 2020 中，“阴影设置”的选择方式有两种：第一种方式是选择“视图”→“工具栏”→“阴影”并勾选“阴影”选项，如图 3-2 所示；第二种方式是选择“窗口”→“管理面板”→“阴影”并勾选“阴影”选项，如图 3-3 所示。

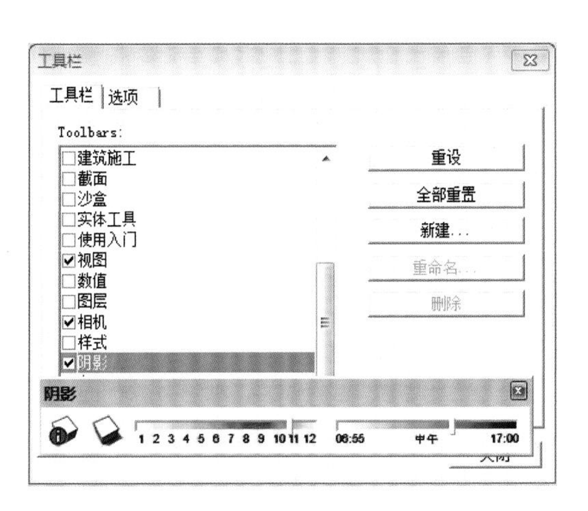

图 3-2

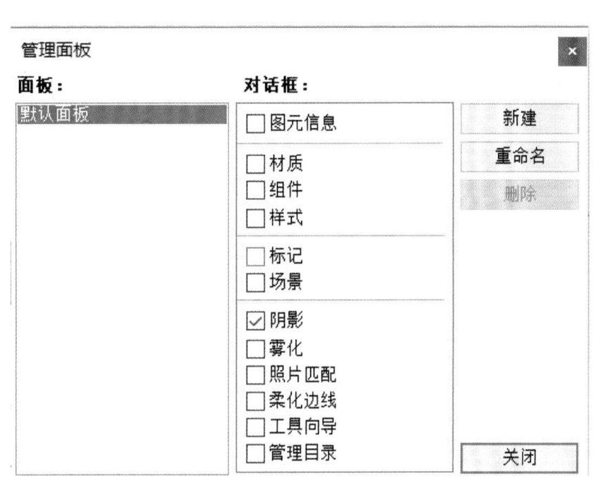

图 3-3

3.3 SketchUp 雾化特效

在 SketchUp 2020 中“雾化特效”的选择方式是选择“窗口”→“默认面板”→“雾化”命令，则弹出“雾化”对话框，如图 3-4 所示。

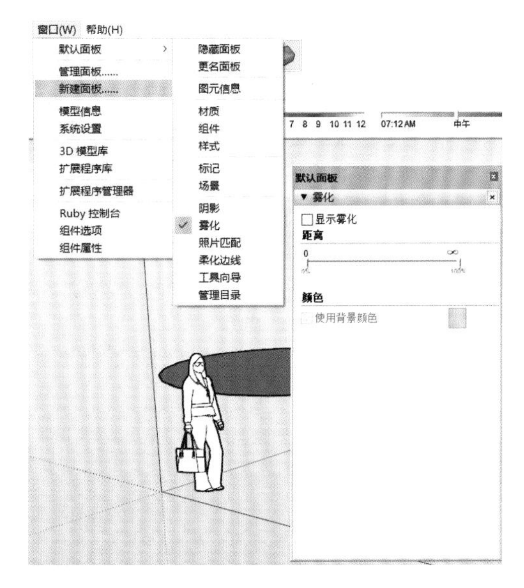

图 3-4

3.4 “沙箱”工具栏介绍

“沙箱”工具栏常用于创建地形。可以选择“视图”→“工具栏”→“沙箱”命令，调用“沙箱”工具栏。“沙箱”工具栏中包含7个工具:“根据等高线创建”工具、“根据网格创建”工具“曲面起伏”工具、“曲面平整”工具、“曲面投射”工具、“添加细部”工具、“对调角线”工具，如图3-5所示。

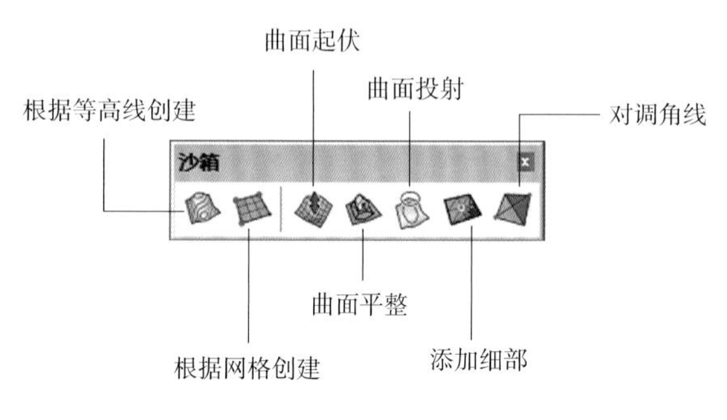

图 3-5

3.4.1 “根据等高线创建”工具

在“沙箱”工具栏中选择“根据等高线创建”工具，可以让封闭相邻的等高线形成面，从而形成坡面。等高线可以是直线、圆弧、圆、曲线等。

3.4.2 “根据网格创建”工具

在“沙箱”工具栏中选择“根据网络创建”工具，可以根据网格创建地形，但不是很精确。

3.4.3 “曲面起伏”工具

在“沙箱”工具栏中选择“曲面起伏”工具，可以将网格拉伸成高低起伏的地形。

3.4.4 “曲面平整”工具

在“沙箱”工具栏中选择“曲面平整”工具，可以在复杂的地形表面创建建筑物地基或平整的场地。

3.4.5 “曲面投射”工具

在“沙箱”工具栏中选择“曲面投射”工具，可以在地形上形成正投影，如河流、山路、绿化带的制作。

3.4.6 “添加细部”工具

在“沙箱”工具栏中选择“添加细部”工具，可以丰富地形的细节，把原始的网格分成更多的小块，如图3-6所示。

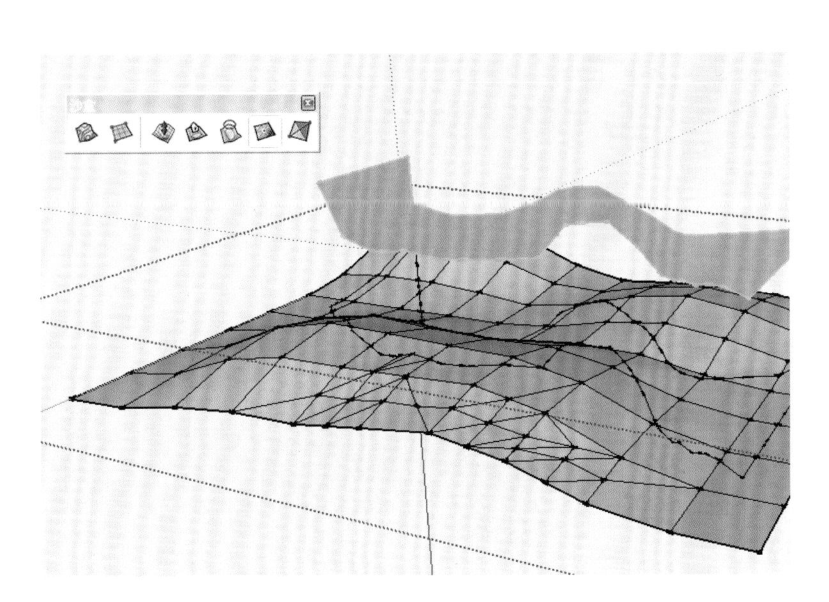

图 3-6

3.4.7 “对调角线”工具

使用该工具可以人为地改变地形网格的边线方向，如图 3-7 所示。

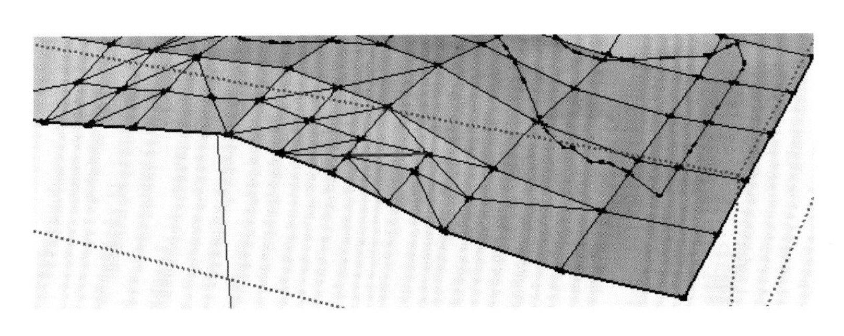

图 3-7

实战案例解析——新古典客餐厅

本案例将主要使用到“直线”“复制偏移”“沙箱工具”“材质”“路径跟随”“推拉”等工具和参数设置。在模型制作过程中，理解室内空间建模的方法，掌握常用命令分类及绘制技巧，拓宽视野，用高效制作流程完成设计生产。通过本案例的实践任务了解设计师在真实项目制作中应具备的基本职业素养，在表现效果上培养精益求精的工匠精神。通过案例作品鉴赏，提升文化自信，培养正确的审美观。

任务一　图纸整理与导入

步骤 1：打开 SketchUp 软件，选择“窗口”→“模型信息”命令，如图 3-8 所示。在弹出的“模型信息”对话框中设置模型单位，如图 3-9 所示。

步骤 2：选择“文件”→“导入”命令，在弹出的“打开”对话框中调整文件类型为“Auto CAD 文件”，如图 3-10 所示。

步骤 3：单击“打开”对话框中的“选项”按钮，在弹出的对话框中设置好参数，如图 3-11 所示。

图 3-8

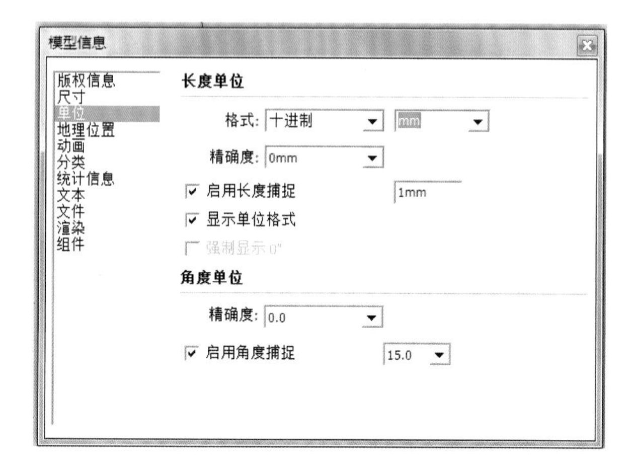

图 3-9

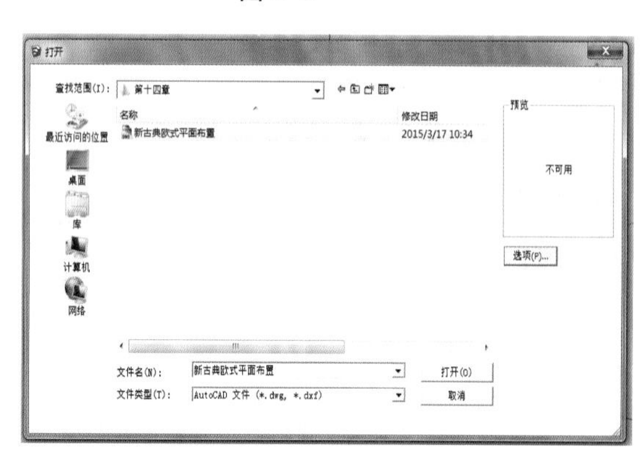

图 3-10

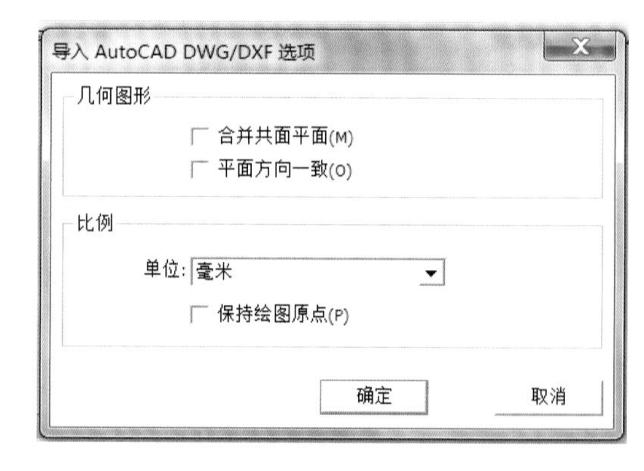

图 3-11

步骤 4：调整完参数后，单击“确定”按钮，再双击“新古典欧式平面布置”导入，如图 3-12 所示。

步骤 5：图纸导入完成后，选择左侧焦点对其坐标原点，如图 3-13 所示。

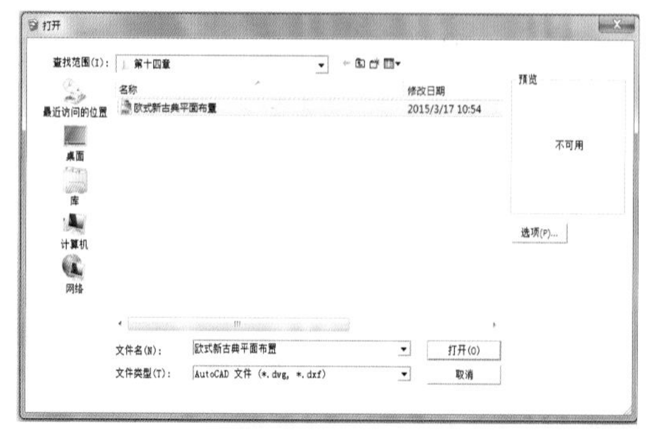

图 3-12

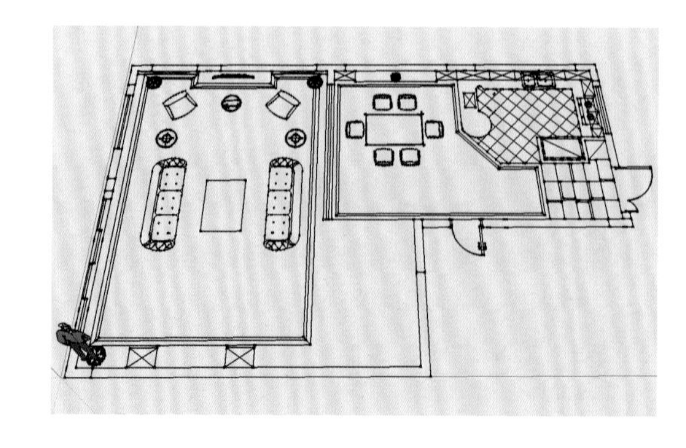

图 3-13

步骤 6：图纸将为分散的图形文件，此时，全选导入的图纸，单击鼠标右键，在弹出的菜单中选择“创建群组”选项，如图 3-14 所示。为其创建群组，避免后续操作移动局部图纸。

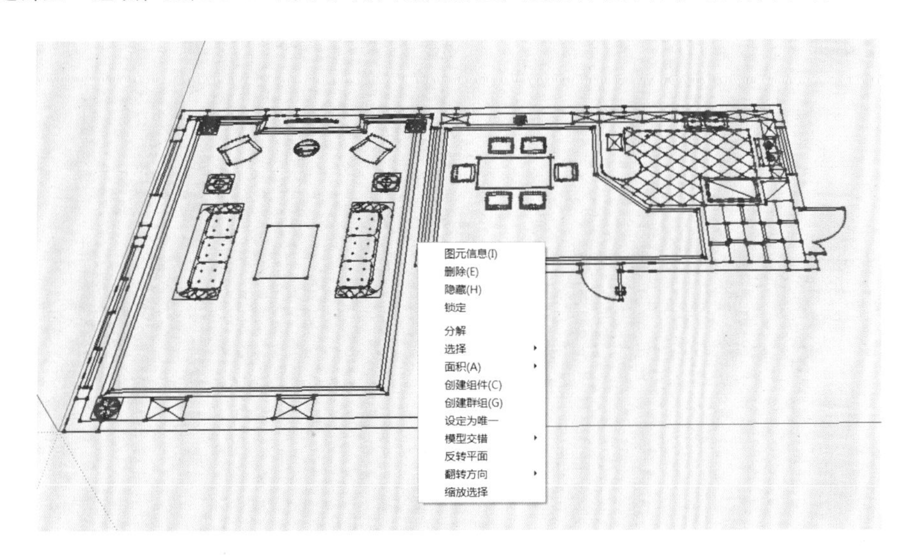

图 3-14

任务二　简单房间框架制作

（1）制作房间基本墙体。

步骤 1：参考底面 CAD 图，快速分割出表现空间的平面，选择“直线”工具，捕捉图纸内侧创建墙线，如图 3-15、图 3-16 所示。

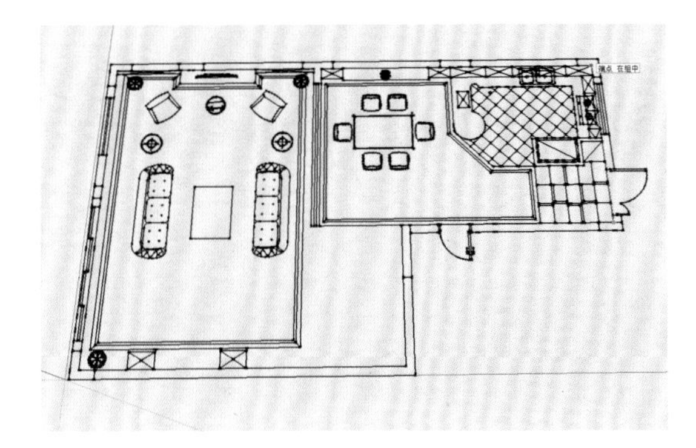

图 3-15

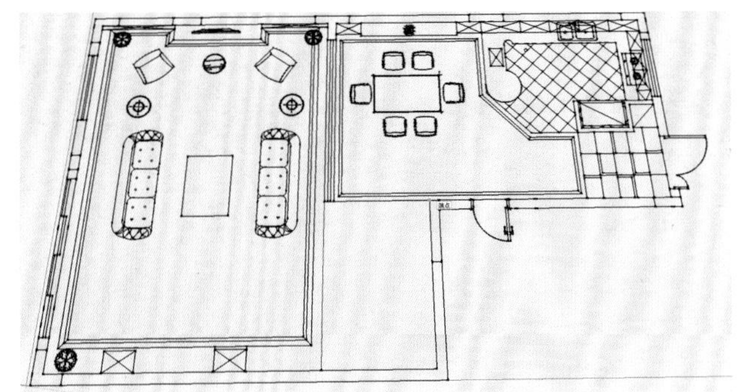

图 3-16

步骤 2：将细化客厅与餐厅空间，参考图纸启用“直线”创建工具分割好客厅与餐厅，如图 3-17 所示。

步骤 3：分割完成后，启用“推拉”工具向上拉伸 4 000 mm，做好客厅的高度，如图 3-18 所示。

步骤 4：客厅空间轮廓创建完成后，为了便于以后细化，将右侧面删除，并单击鼠标右键，在弹出的菜单中选择“隐藏”命令，隐藏顶面，如图 3-19、图 3-20 所示。

步骤 5：分别将顶面、墙面及地面单独创建为群组，如图 3-21 所示。并将客厅地面用矩形修补，如图 3-22 所示。

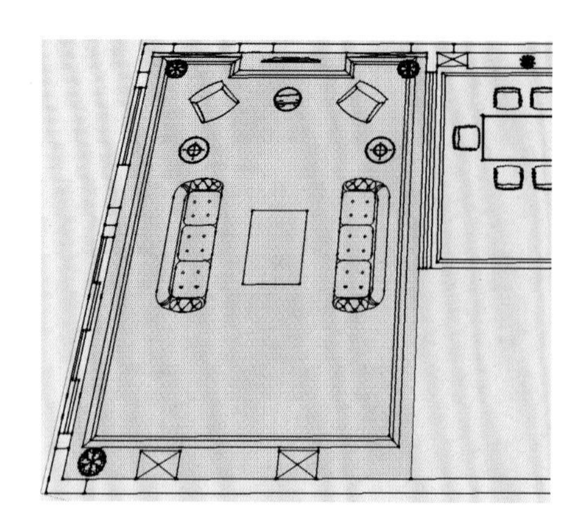

图 3-17

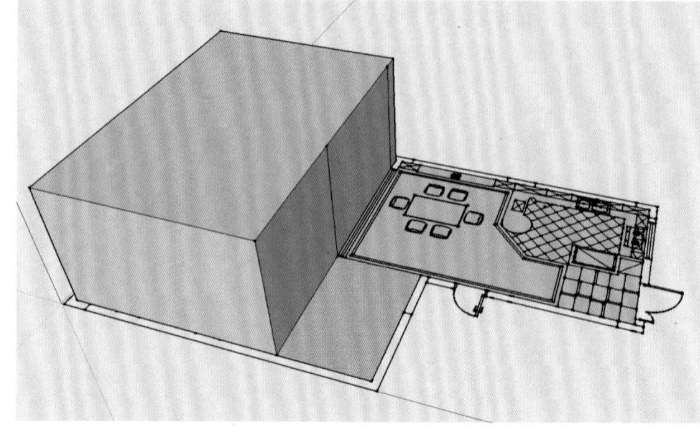

图 3-18

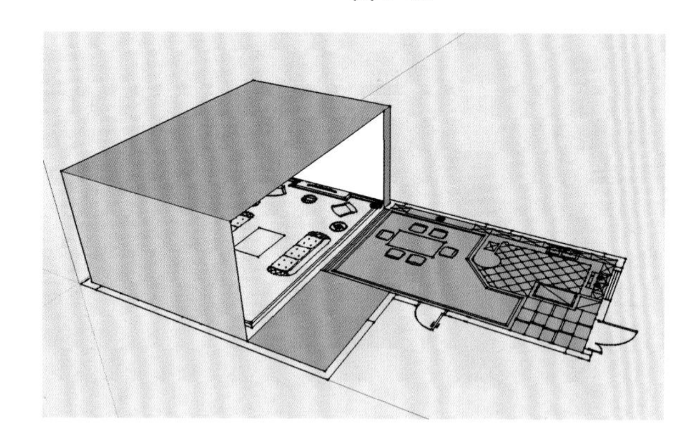

图 3-19

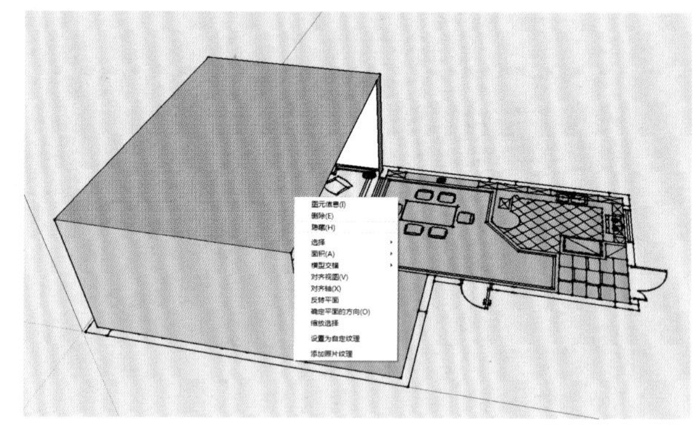

图 3-20

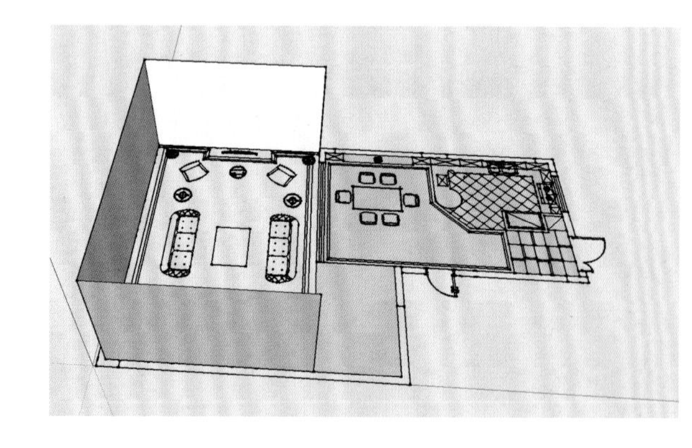

图 3-21

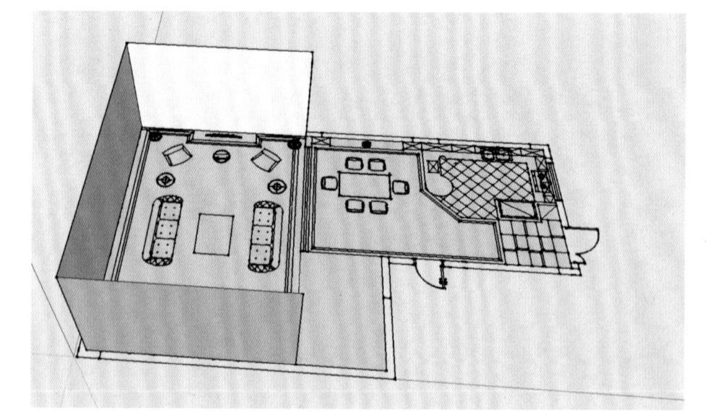

图 3-22

步骤 6：用同样的方法创建好厨房一侧的墙面与地面，删除多余图形面，隐藏顶面并分别创建群组，如图 3-23 所示。

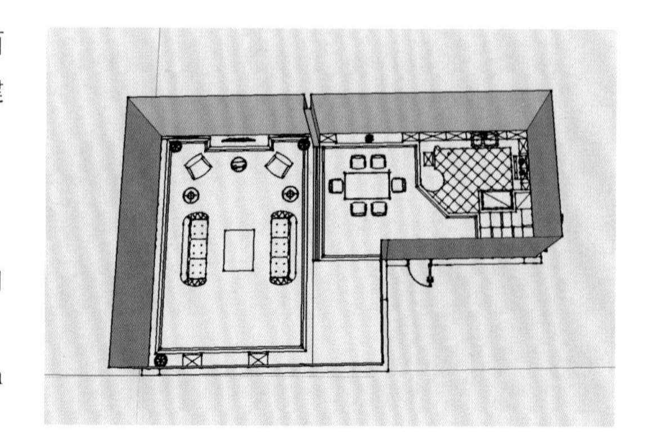

图 3-23

（2）创建窗洞与门洞。

步骤 1：选择窗户下方的墙线，启用“直线”工具以 900 mm 的距离捕捉绘制出窗台线，如图 3-24、图 3-25 所示。

步骤 2：用“直线”工具继续以 2 200 mm 的距离绘制出窗高，直至闭合窗洞空间，如图 3-26、图 3-27 所示。

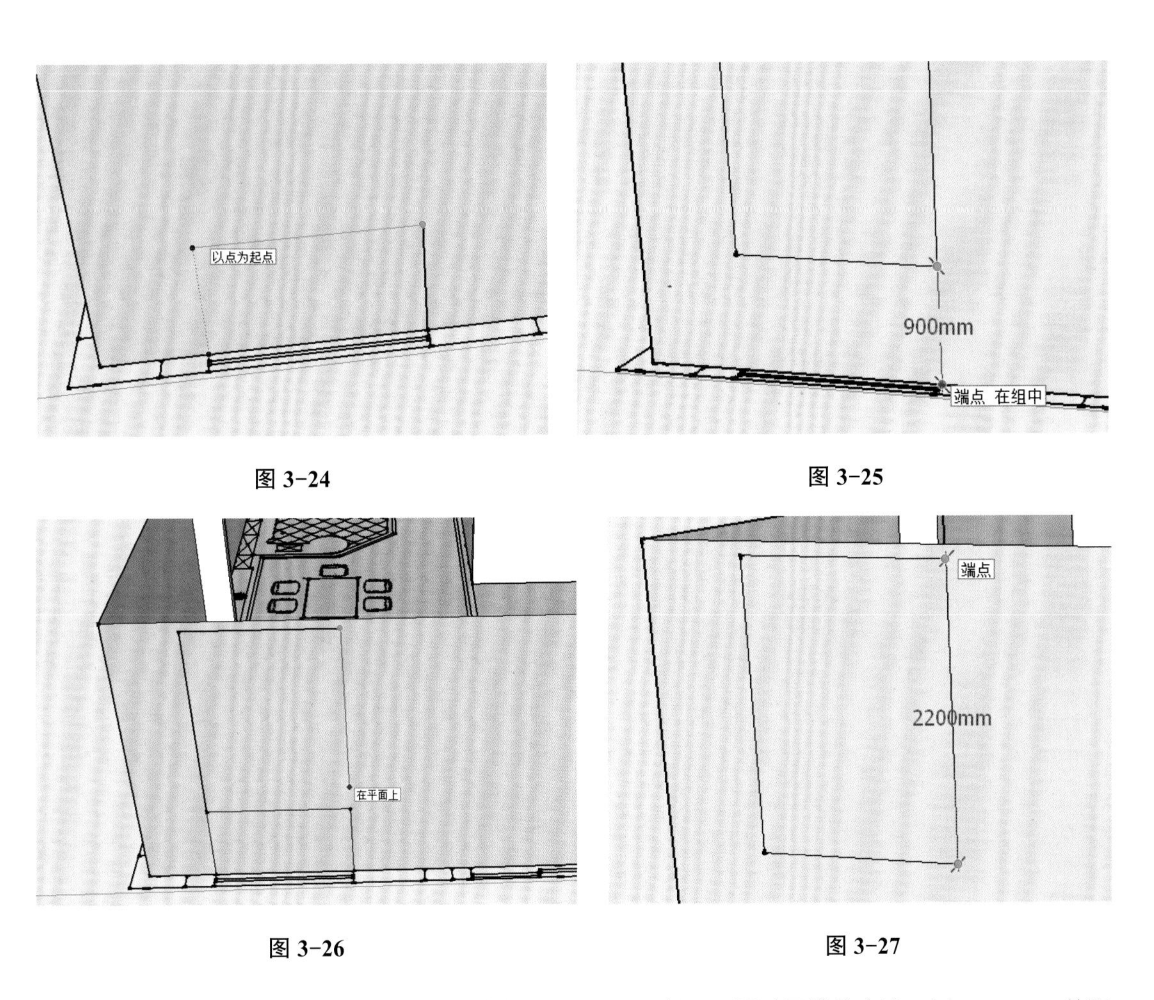

图 3-24　　图 3-25

图 3-26　　图 3-27

步骤 3：用橡皮工具擦掉墙面多余的线条，如图 3-28 所示。通过同样的方法，以 2 700 mm 的距离绘制出右侧门洞平面，如图 3-29 所示。

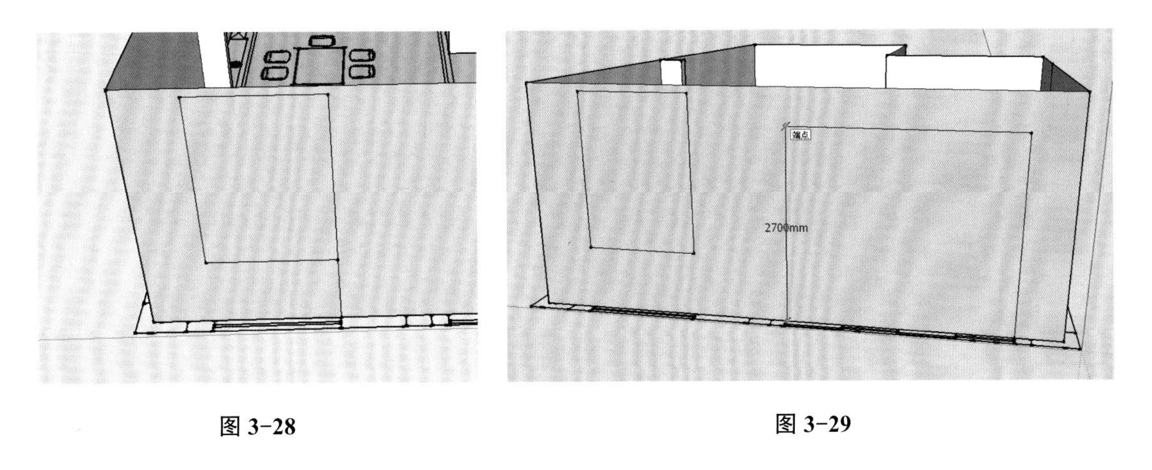

图 3-28　　图 3-29

步骤 4：分别选中绘制好的窗洞、门洞，并删除，如图 3-30、图 3-31 所示。

步骤 5：启用“推拉”工具向外拉伸 200 mm，制作好窗台平面，如图 3-32 所示。

步骤 6：通过线段的复制与“推拉”工具，采用同样的方法制作好厨房的门洞与窗口，最后整体效果如图 3-33 所示。

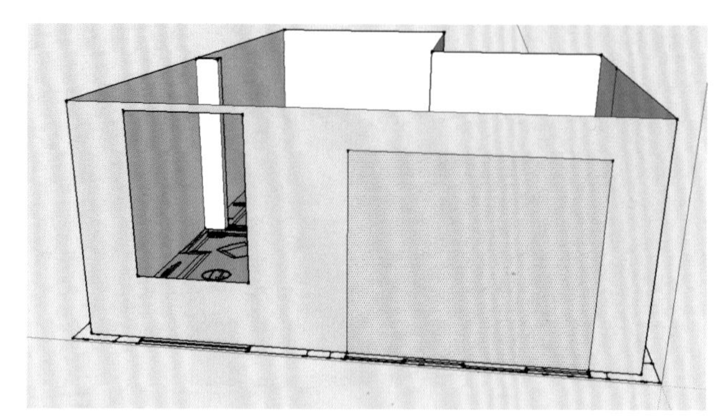

图 3-30

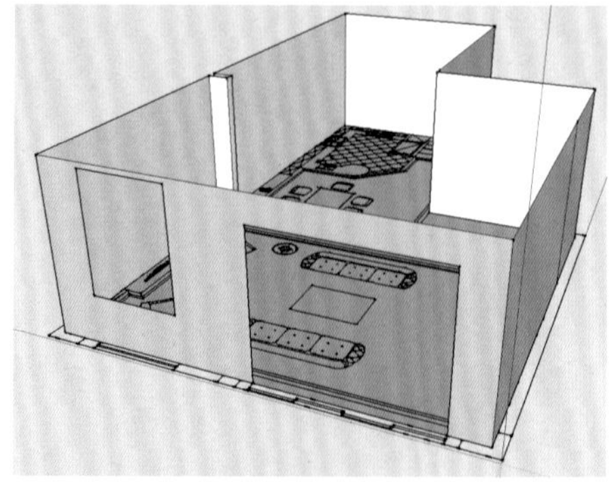

图 3-31

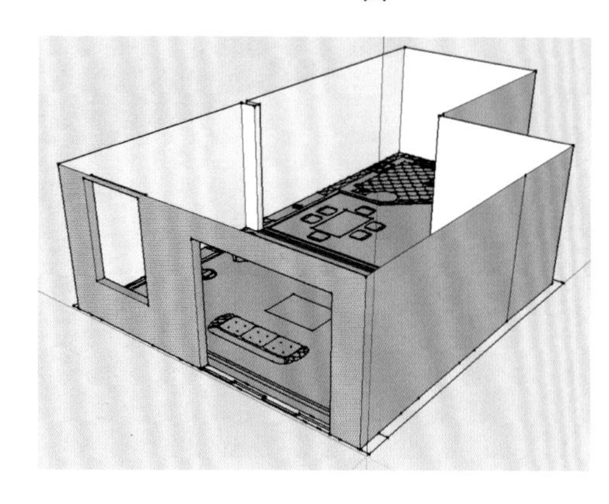

图 3-32

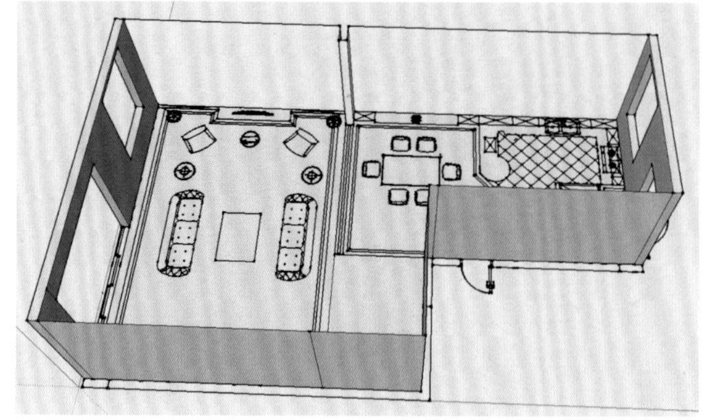

图 3-33

（3）制作门窗。

步骤 1：使用“矩形”创建工具捕捉窗洞左下侧纵线中点，如图 3-34 所示。通过“矩形”工具的捕捉功能继续捕捉右上侧纵线终点，完成窗面矩形的绘制，如图 3-35 所示。

步骤 2：选择窗面左边边线，单击鼠标右键，在弹出的菜单中选择“拆分”命令，将线段分为 4 段，如图 3-36 所示。使用“直线”工具捕捉第二个端点，绘制水平线将窗面分为上下两部分，如图 3-37 所示。

步骤 3：绘制完成的窗面尺寸比例如图 3-38 所示，在打开的“材质”面板中赋予平面深灰色材质，如图 3-39 所示。

步骤 4：使用“偏移复制”工具，向内偏移 50 mm 制作好窗户框架，如图 3-40 所示。使用“直线”工具将下端窗面垂直等分，如图 3-41 所示。

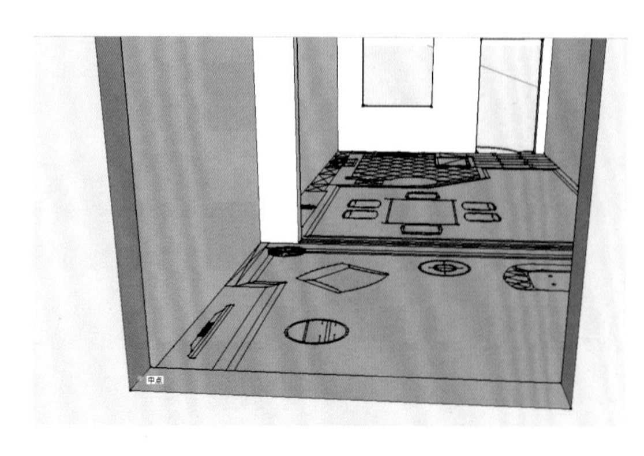

图 3-34

图 3-35

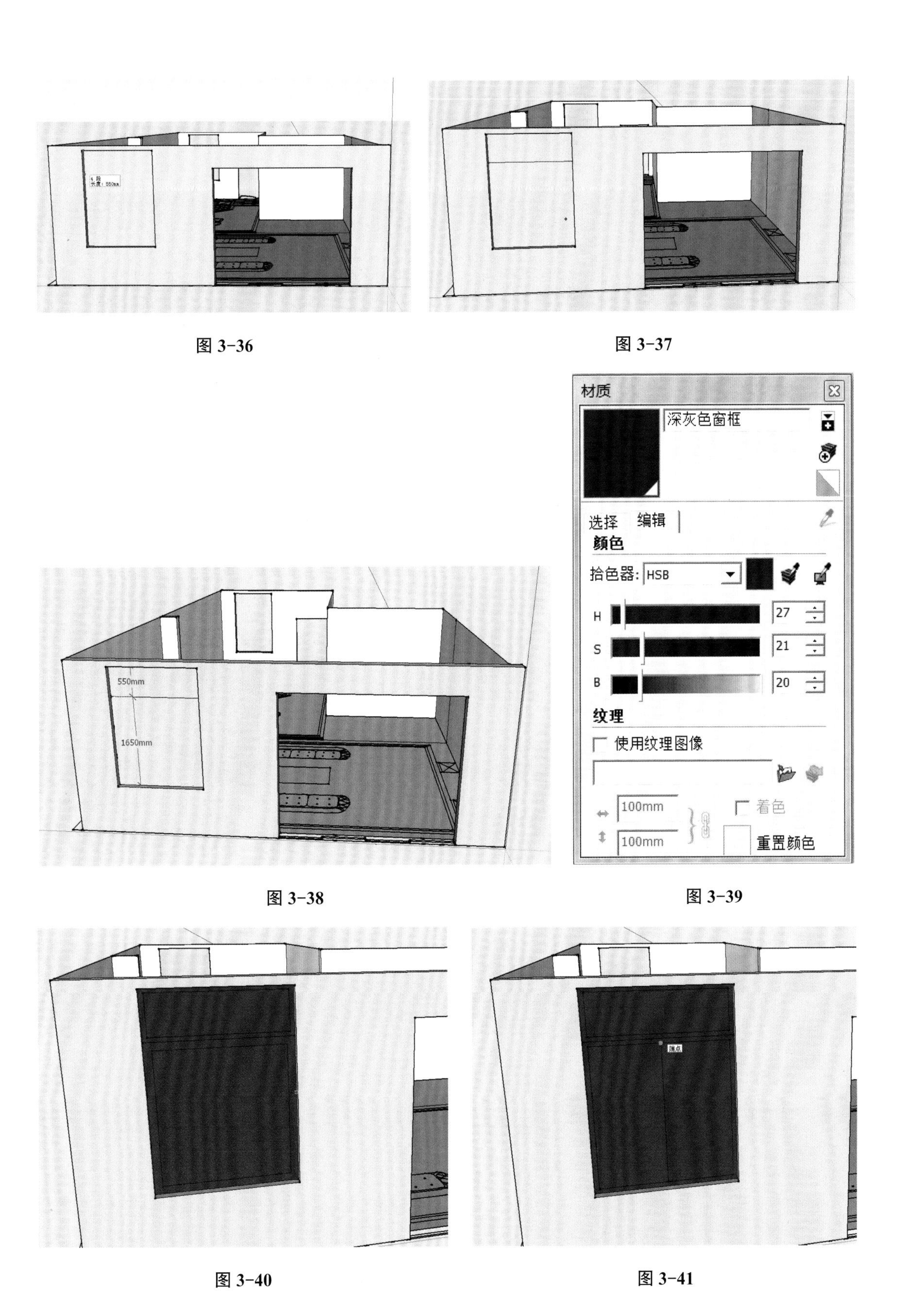

图 3-36

图 3-37

图 3-38

图 3-39

图 3-40

图 3-41

步骤 5：启用“推拉”工具制作好窗台平面，如图 3-42 所示。结合使用“偏移复制”及“推拉”工具制作好窗页细节，如图 3-43 所示。

步骤 6：在打开的“材质”面板中赋予窗户玻璃材质，如图 3-44 所示。调整视图至窗户背面，通过类似方法制作好细节，如图 3-45 所示。赋予相同材质，完成该处窗户模型，效果如图 3-46 所示。

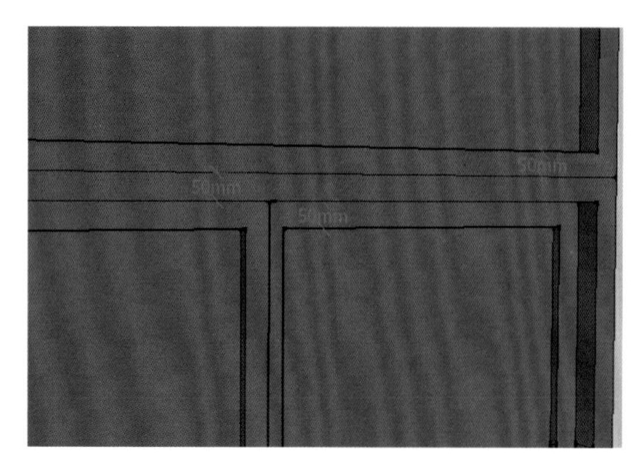

图 3-42

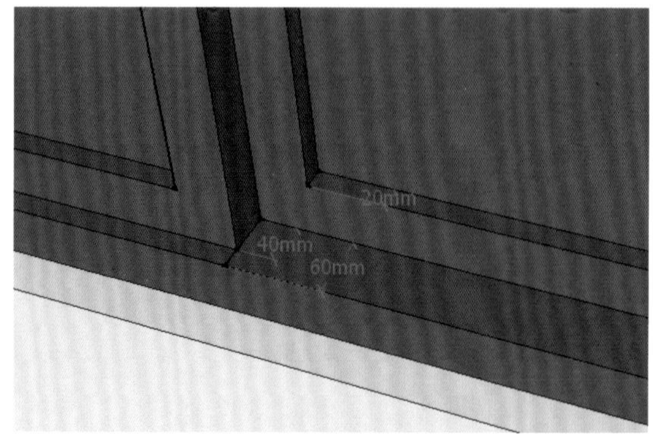

图 3-43

图 3-44

图 3-45

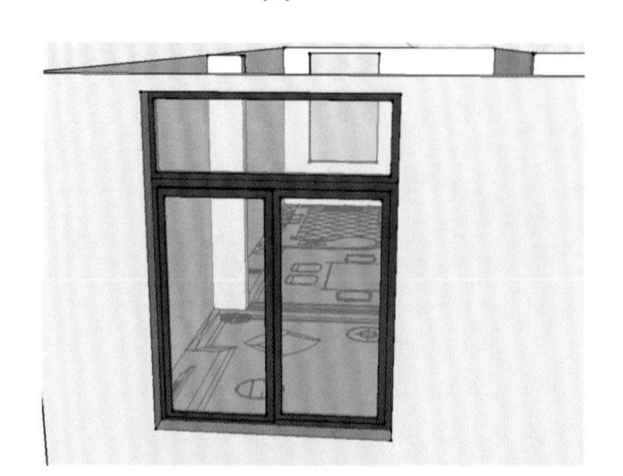

图 3-46

步骤 7：制作左侧推拉门，使用“矩形”创建工具捕捉门洞左下侧纵线中点，如图 3-47 所示。通过“矩形”工具的捕捉功能继续捕捉右上侧纵线终点，完成门面矩形的绘制，如图 3-48、图 3-49 所示。

步骤 8：选择窗面左边边线，单击鼠标右键，在弹出的菜单中选择“拆分”命令，将线段分为 5 段，如图 3-50 所示。

步骤 9：启用“直线”工具捕捉第二个端点，绘制水平线将平面分为上下两部分，如图 3-51 所示。在打开的“材质”面板赋予平面深灰色材质，如图 3-52、图 3-53 所示。

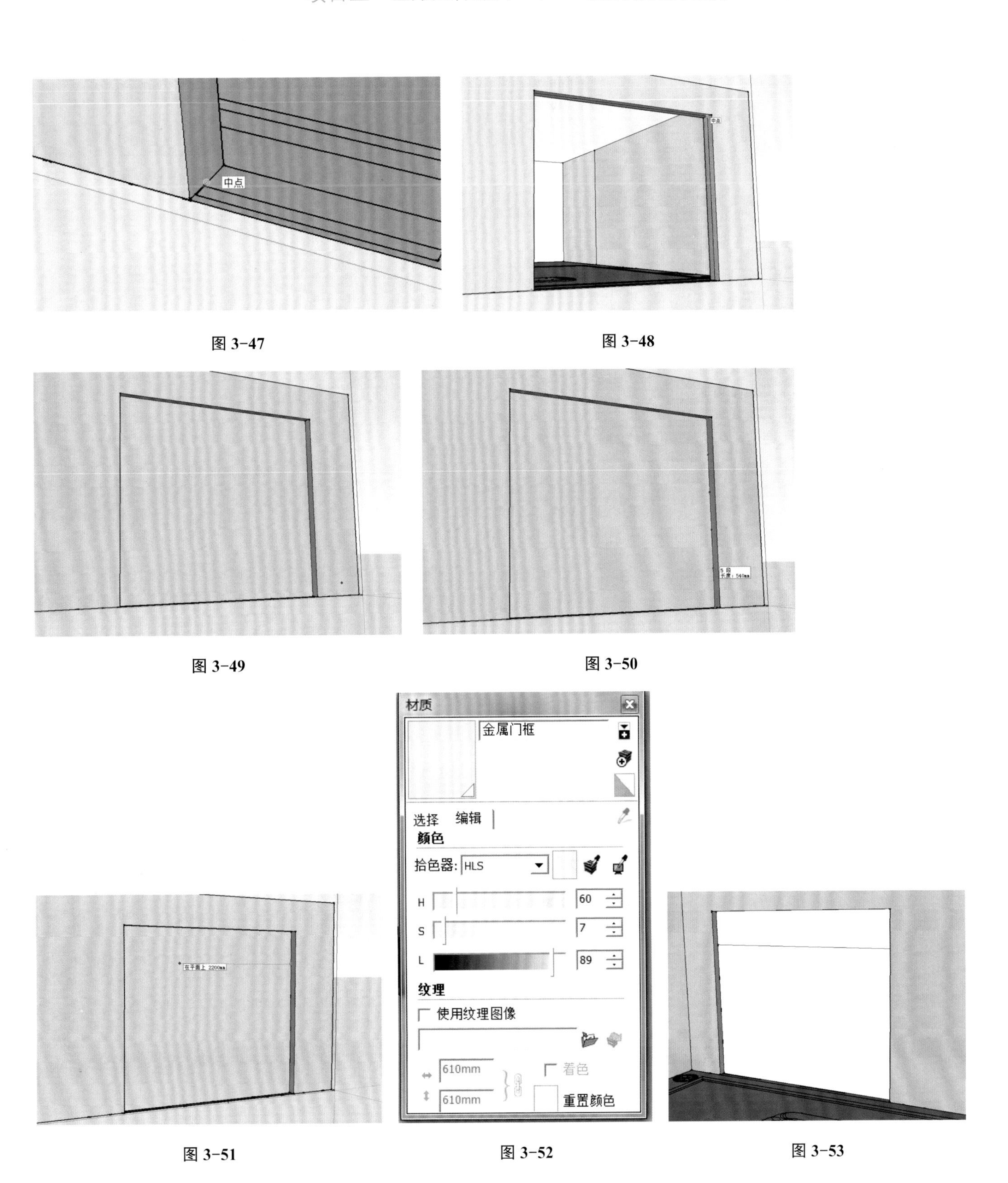

图 3-47

图 3-48

图 3-49

图 3-50

图 3-51

图 3-52

图 3-53

步骤 10：启用“偏移复制”工具，向内偏移 50 mm 制作好门的框架，如图 3-54 所示。启用“直线”工具将门的上端垂直等分，如图 3-55 所示。

步骤 11：启用“偏移复制”工具，偏移 50 mm 制作好门上端窗框与窗玻璃平面，如图 3-56 所示。启用“推拉”工具将下端门面向内推入 30 mm 制作推拉门边框，如图 3-57 所示。

图 3-54

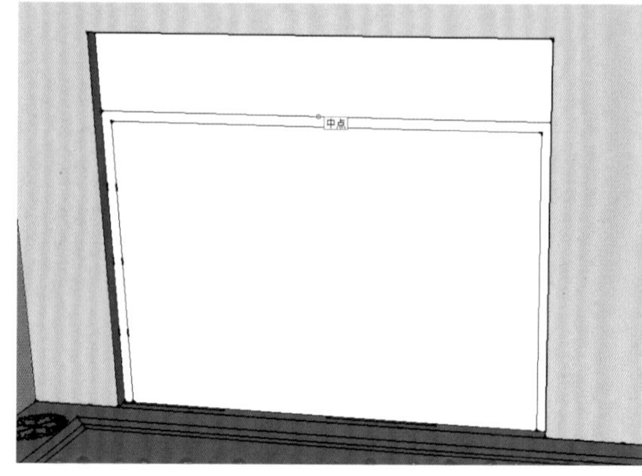

图 3-55

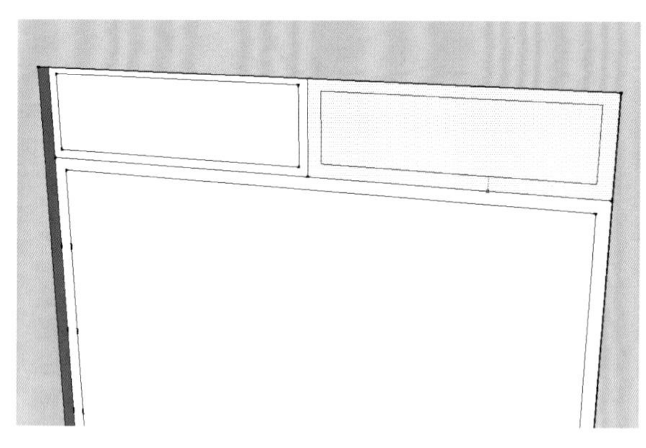

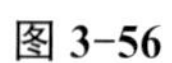

图 3-56

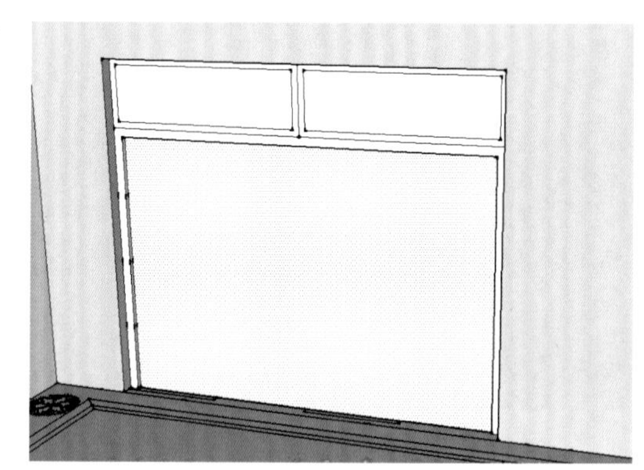

图 3-57

步骤 12：选择下端门底端边线，单击鼠标右键，在弹出的菜单中选择“拆分”命令，将线段分为 4 段，如图 3-58 所示。启用“直线”工具，根据等分端点将平面垂直分为四等份，如图 3-59 所示。

图 3-58

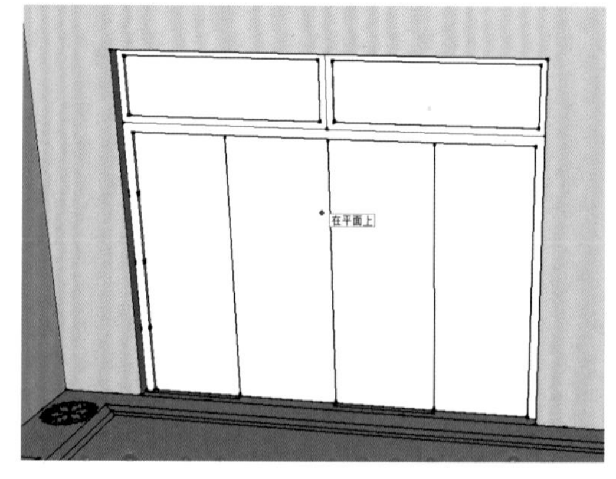

图 3-59

步骤 13：启用“推拉”工具制作好下推拉门门页，如图 3-60 所示。启用“偏移复制”工具，向内偏移 45 mm 制作好门页外框，如图 3-61 所示。

步骤 14：结合使用“偏移复制”工具及“推拉”工具制作好门页细节，如图 3-62 所示。在打开的“材质”面板中赋予窗户玻璃材质，完成效果如图 3-63 所示。调整视图至窗户背面，通过类似方法制作好细节，如图 3-64 所示。

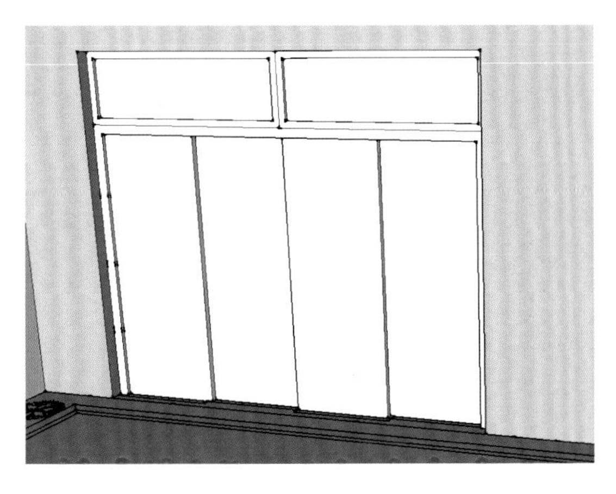

图 3-60

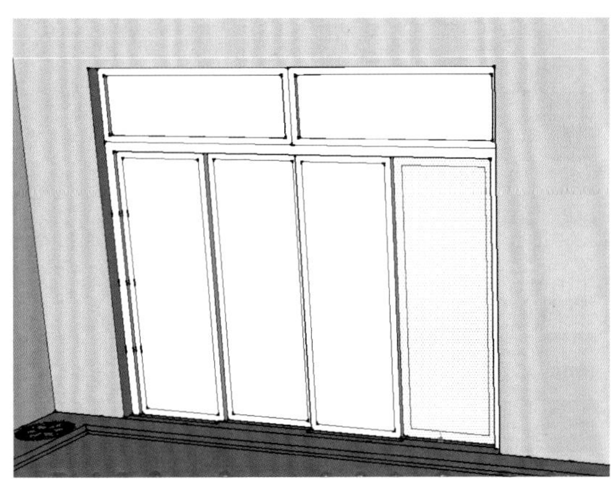

图 3-61

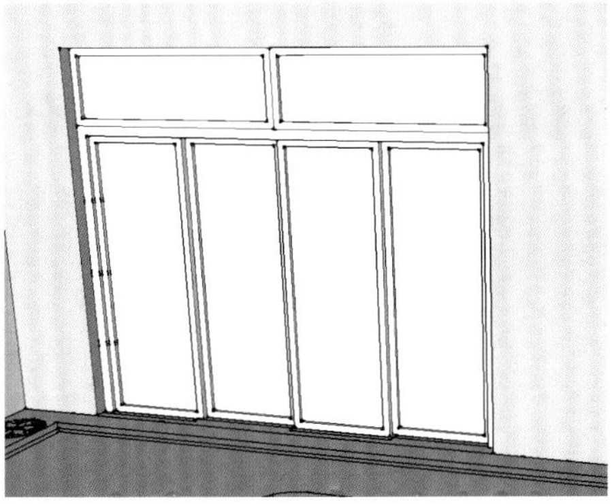

图 3-62

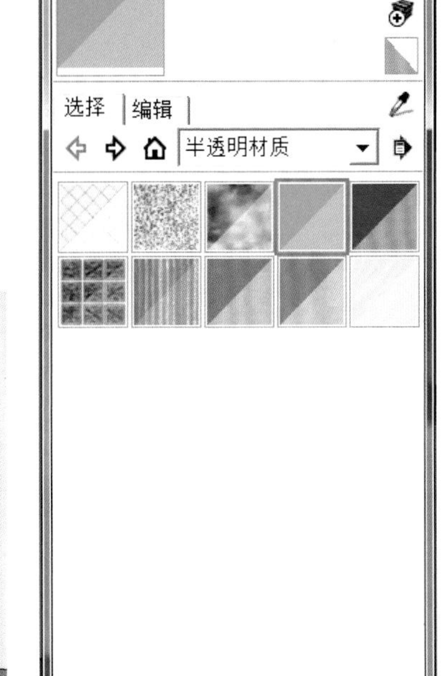

图 3-63

图 3-64

步骤 15：赋予相同材质，完成该处窗户模型推拉与偏移参数设置如图 3-65 所示。结合使用“直线”工具与“圆”工具绘制出门套线平面，如图 3-66 所示。

步骤 16：启用“跟随路径”工具制作好门套线，如图 3-67～图 3-69 所示。

步骤 17：客厅门窗制作完成后，通过组建的合并及类似的操作制作好厨房后的门窗。选择“文件”→“导入”命令，在弹出的“打开”对话框中选择“门”文件，为场景导入餐厅右侧的房门，如图 3-70、图 3-71 所示。

步骤 18：导入后调整模型位置与大小，效果如图 3-72 所示。客厅门窗制作完成效果如图 3-73 所示。然后开始逐个进行空间立面的制作。

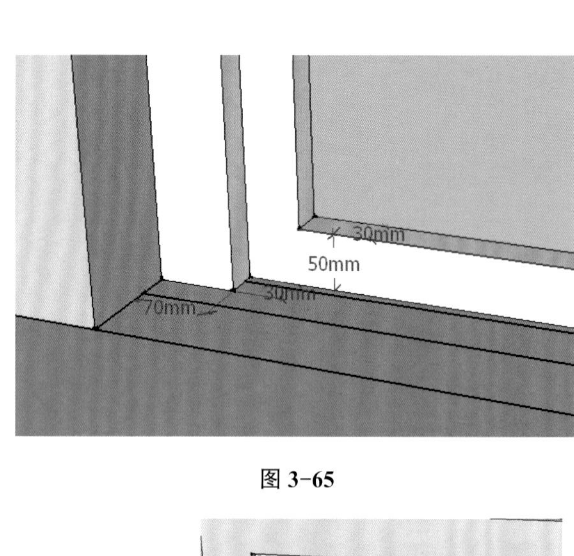

图 3-65

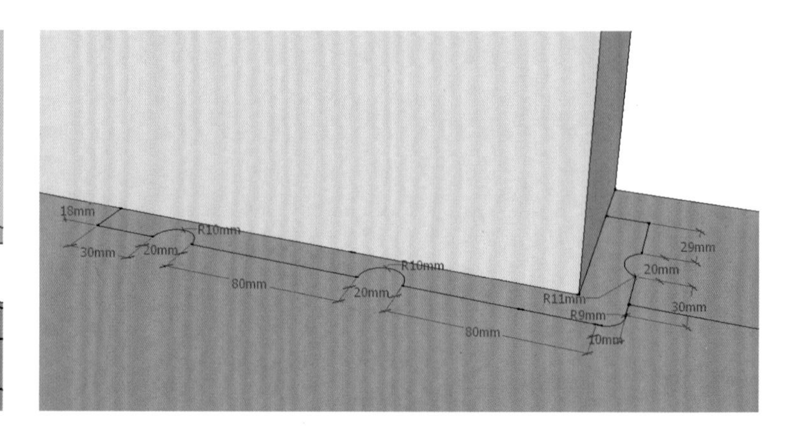

图 3-66

图 3-67

图 3-68

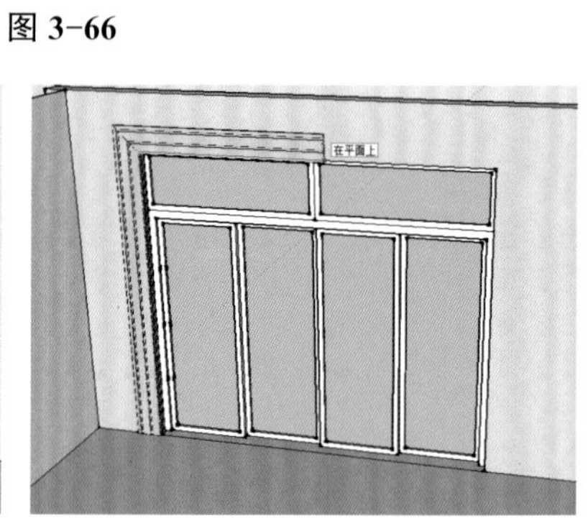

图 3-69

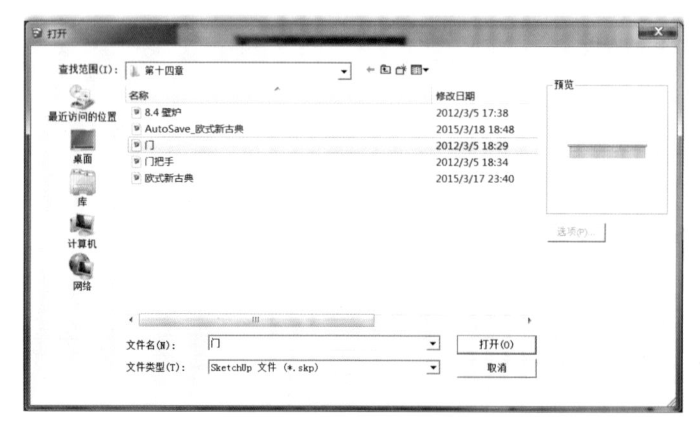

图 3-70

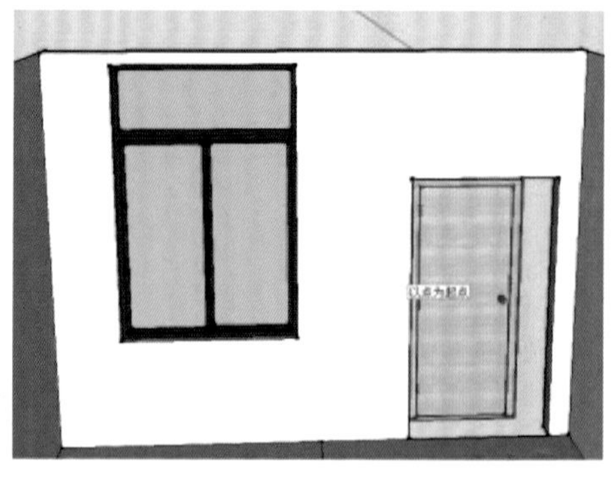

图 3-71

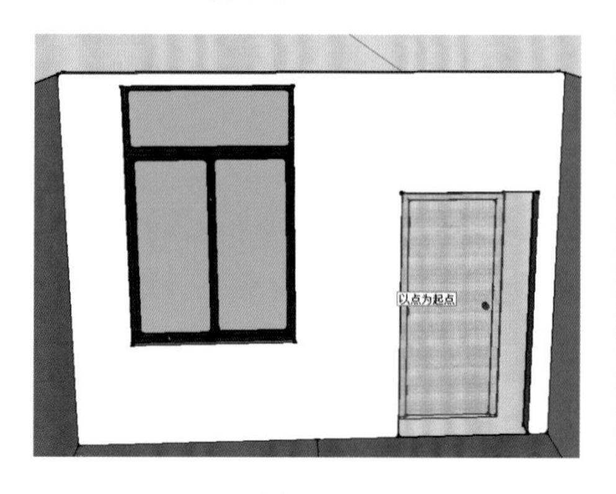

图 3-72

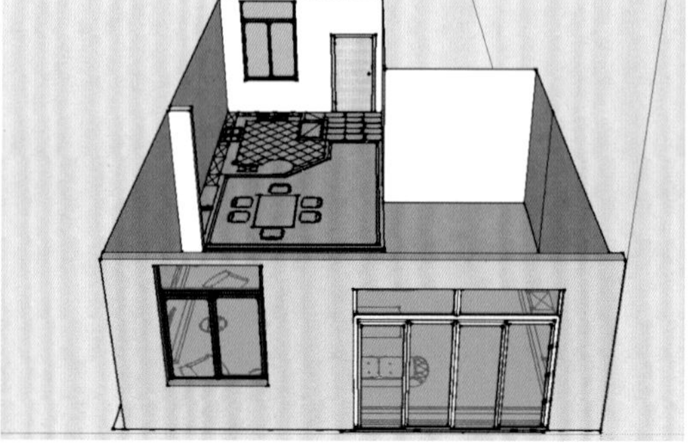

图 3-73

任务三 客餐厅界面细化

（1）制作沙发背景墙。

步骤 1：选择“文件”→“导入”命令，在弹出的“打开”对话框中选择“壁炉”文件，为场景导入壁炉，如图 3-74 所示。调整壁炉大小，如图 3-75 所示。

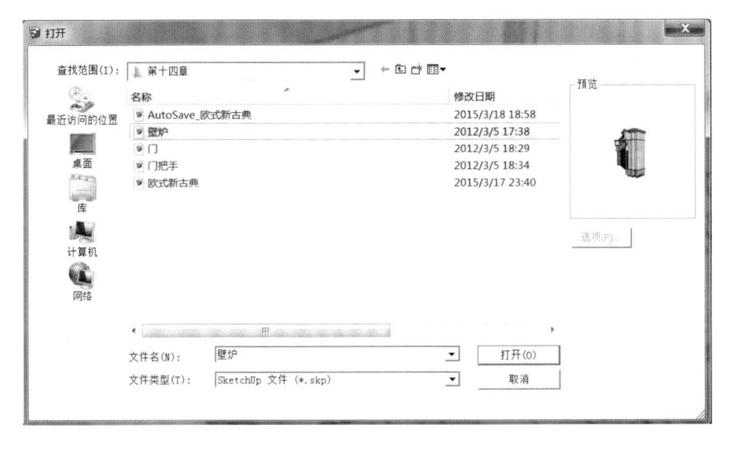

图 3-74

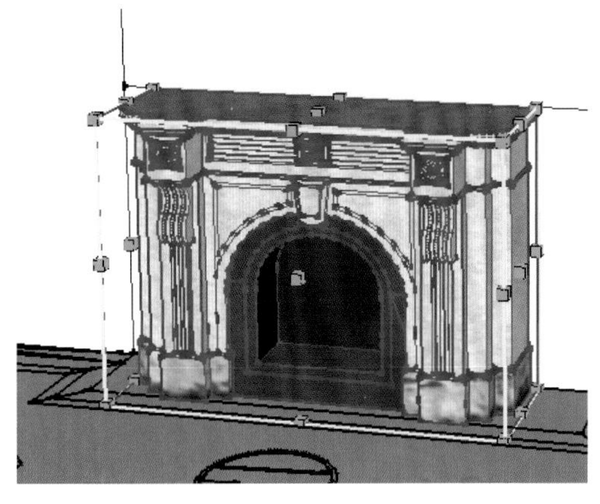

图 3-75

步骤 2：启用“直线”工具，捕捉壁炉与墙面结合的位置，分割好墙面。然后根据墙面造型的尺寸继续使用“直线”工具绘制出墙面造型尺寸，如图 3-76 所示。

步骤 3：启用“偏移复制”工具向内偏移 40 mm，制作好窗框，如图 3-77 所示。

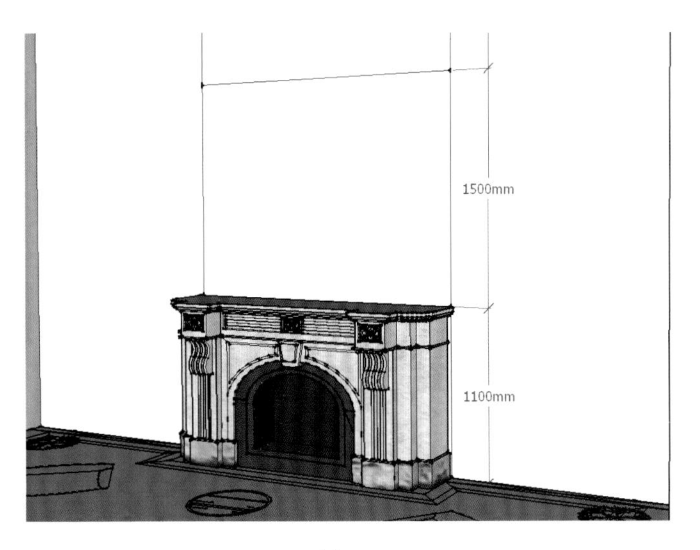

图 3-76

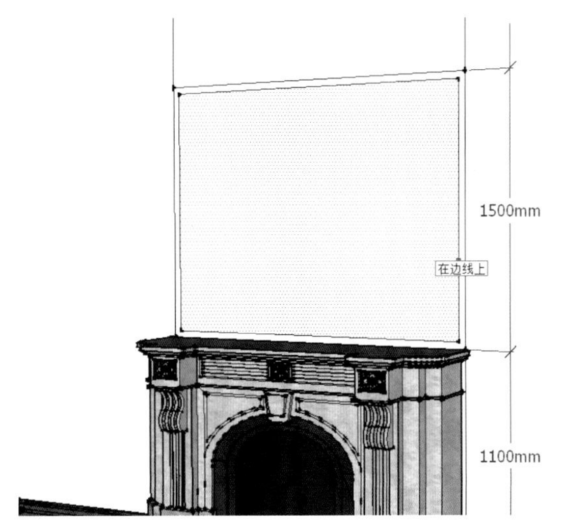

图 3-77

步骤 4：启用“矩形”工具，制作好长度、宽度分别为 40 mm、20 mm 的矩形，如图 3-78 所示。选择矩形长边单击鼠标右键，在弹出的菜单中选择“拆分”命令，将线段等分为 3 等份，如图 3-79 所示。

步骤 5：启用“直线”工具，连接各等分端点，垂直等分矩形，如图 3-80 所示。启用“圆弧”工具，捕捉各分割点及中点并按尺寸绘制好角线细节平面，如图 3-81 所示。

步骤 6：启用“橡皮擦”工具，擦掉多余的线条，并选择角线与边框平面，创建群组，效果如图 3-82 所示。启用“路径跟随”工具，制作好角线效果，如图 3-83 所示。

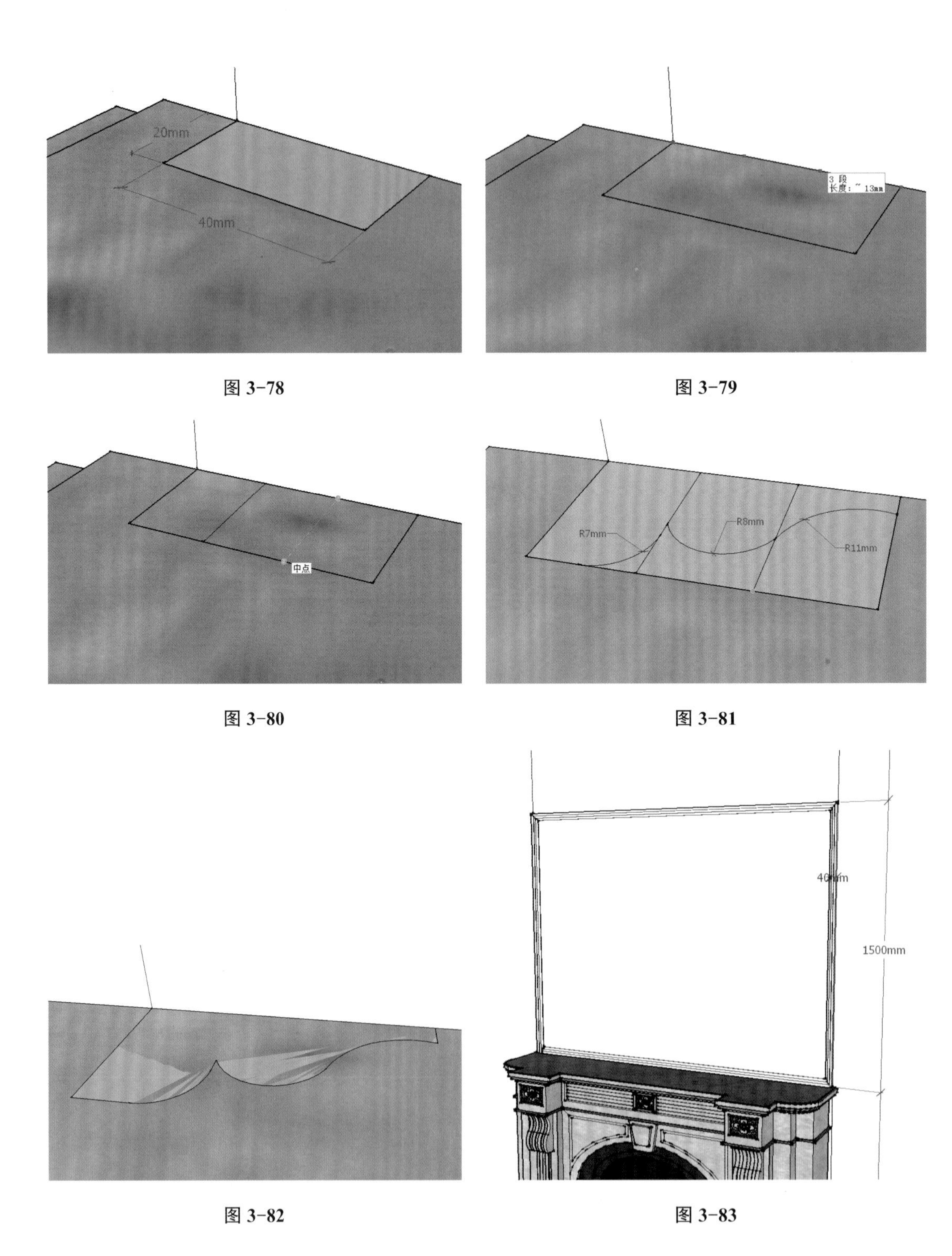

图 3-78

图 3-79

图 3-80

图 3-81

图 3-82

图 3-83

步骤 7：选择角线创建群组，如图 3-84 所示。启用“偏移复制”工具，向内偏移 150 mm，如图 3-85 所示。

步骤 8：使用“推拉”工具将内部平面向内推 15 mm，如图 3-86 所示。选择内部塌陷的平面，启用“缩放”工具，如图 3-87 所示。

步骤 9：将平面缩小调整成斜面，通过对角缩放 0.95，如图 3-88、图 3-89 所示。

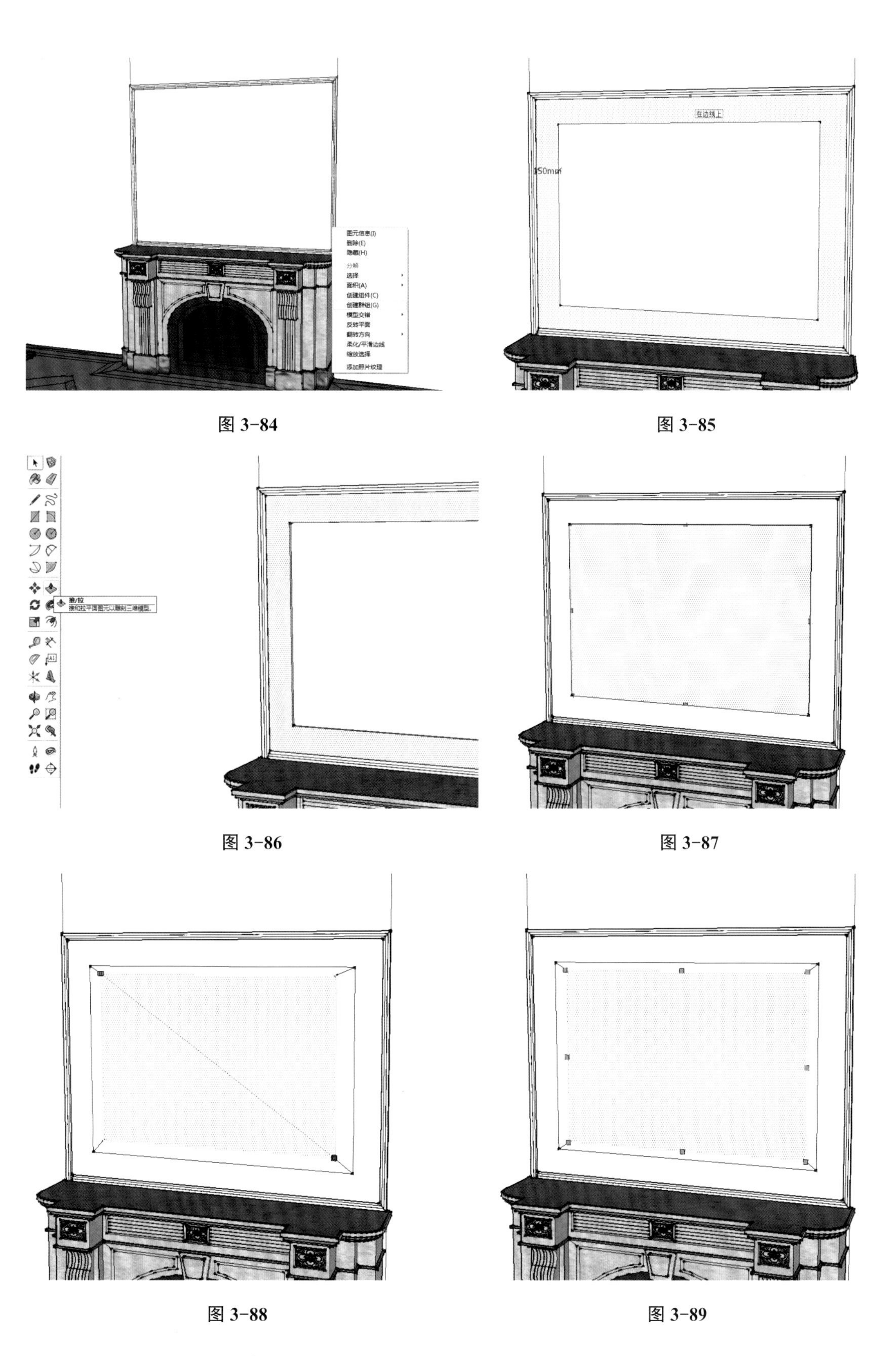

图 3-84

图 3-85

图 3-86

图 3-87

图 3-88

图 3-89

步骤 10：启用“偏移复制”工具，向内偏移 30 mm 制作好内部边框，如图 3-90 所示。

步骤 11：在平面上启用“圆弧”工具、“矩形”工具、“直线”工具，按尺寸绘制好角线细节平面，如图 3-91 所示。

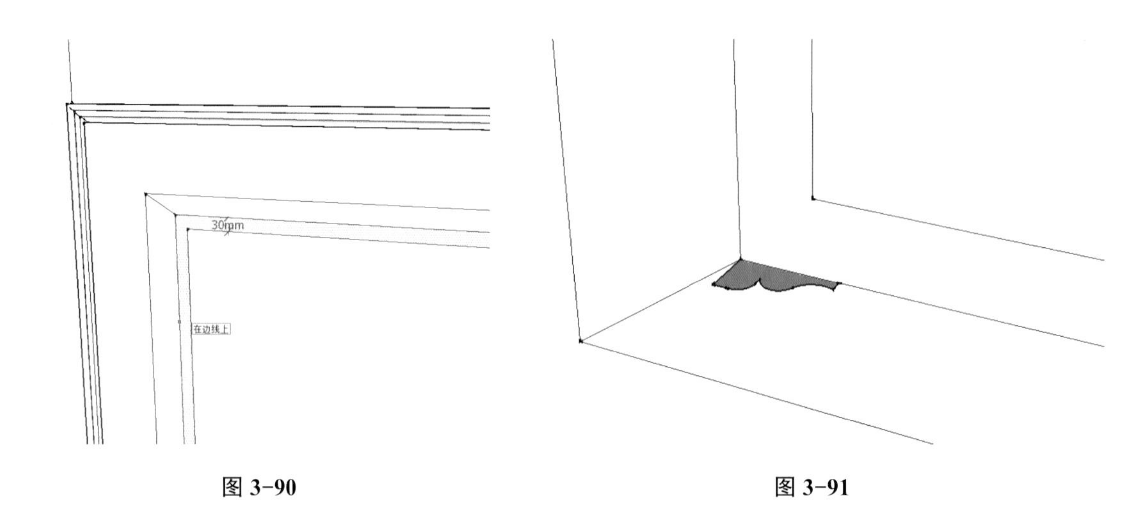

图 3-90　　　　图 3-91

步骤 12：启用“路径跟随”工具，完成内部边框角线制作，完成效果如图 3-92 所示。通过线段的移动复制，调整好造型上部平面的分割细节，如图 3-93 所示。

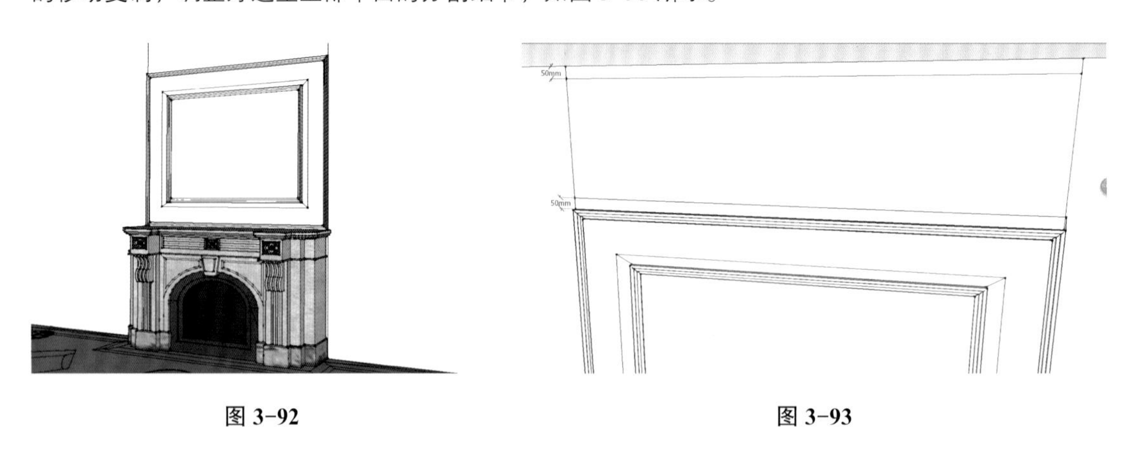

图 3-92　　　　图 3-93

步骤 13：通过下端造型类似方法制作造型的内外框与角线，如图 3-94、图 3-95 所示。

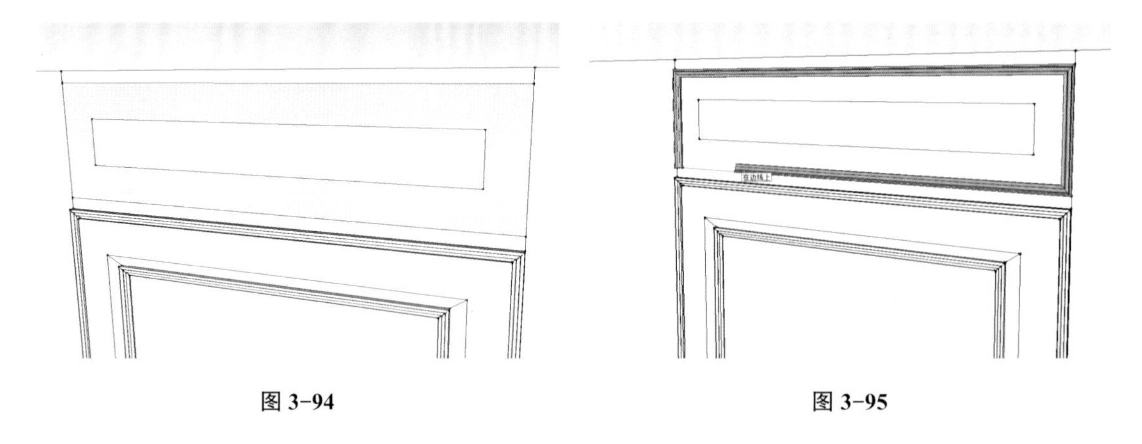

图 3-94　　　　图 3-95

步骤 14：继续向内偏移制作第二层造型，如图 3-96 所示。通过类似的方法完成壁炉上角线造型墙面的制作，完成效果如图 3-97 所示。

步骤 15：选择墙面最上段墙线，单击鼠标右键，在弹出的菜单中选择“拆分”命令，将线段等分成 5 份，如图 3-98 所示；选择墙面最右段墙线，在弹出的菜单中单击鼠标右键，选择“拆分”命令，将线段等分成 5 份，如图 3-99 所示。

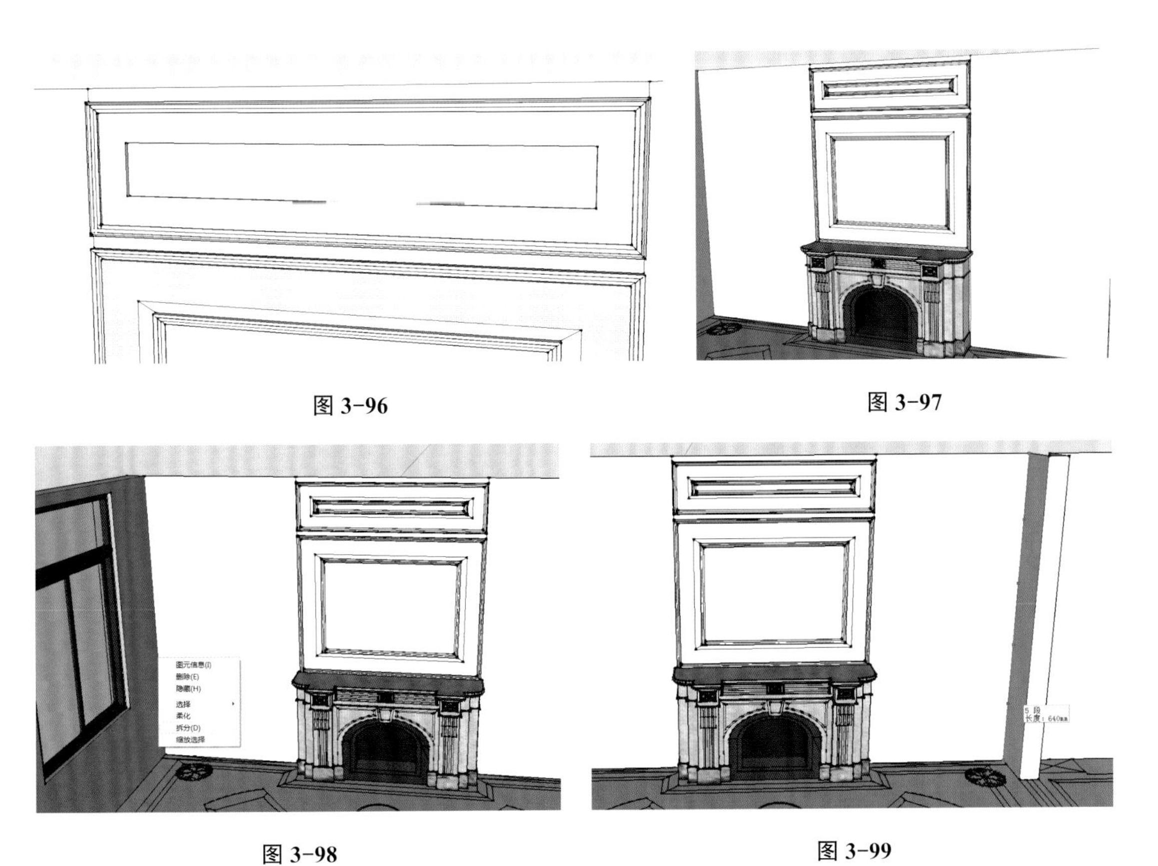

图 3-96　　图 3-97

图 3-98　　图 3-99

步骤 16：启用“直线”工具，捕捉等分点进行横向与纵向分割，如图 3-100、图 3-101 所示。

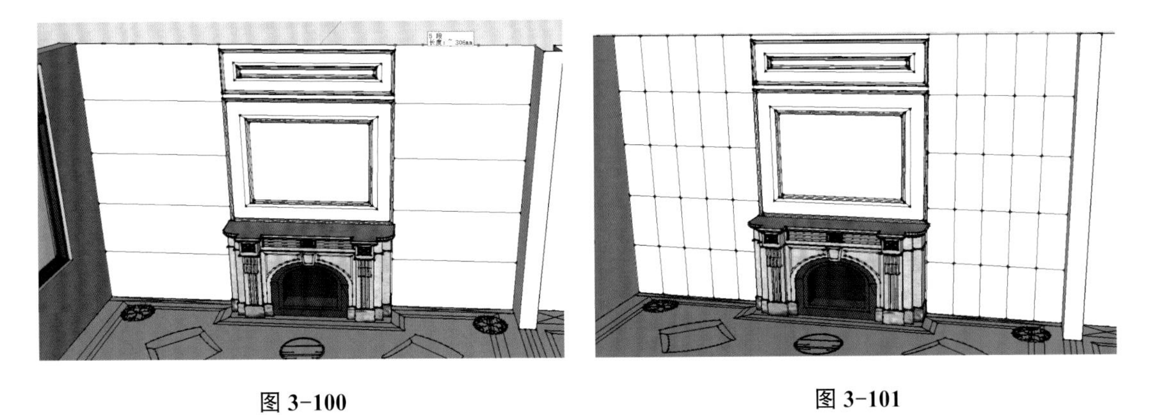

图 3-100　　图 3-101

步骤 17：使用“推拉”工具，选择分割好的墙面矩形向内推入 20 mm，如图 3-102 所示。使用“缩放”工具，将推入的纵向平面统一横向缩放，如图 3-103 所示。

步骤 18：通过类似的方法，将墙面基数列矩形造型向内推入，并缩放出斜面造型，完成效果如图 3-104 所示。

步骤 19：在“材质”面板中为墙面赋予米黄墙砖贴图，如图 3-105 所示。

步骤 20：在“材质”面板中为中间角线造型内部赋予黄色壁纸贴图，如图 3-106 所示。沙发背景墙完成效果如图 3-107 所示。

步骤 21：为壁炉制作火焰效果。选择“沙箱”工具栏中的“根据网格创建工具”命令，输入栅格间距数值为 5，然后按 Enter 键，如图 3-108 所示。

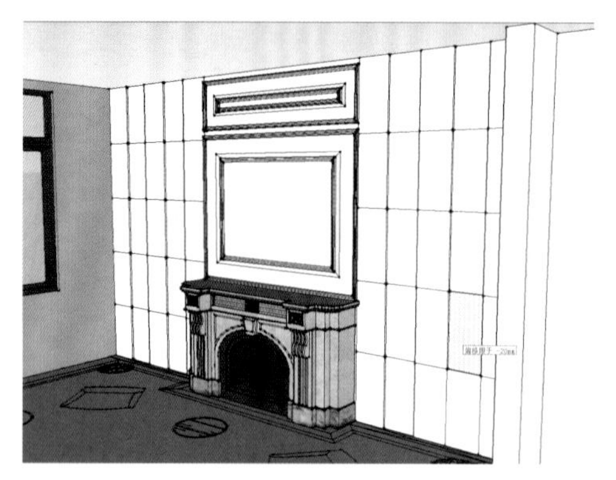

图 3-102

图 3-103

图 3-104

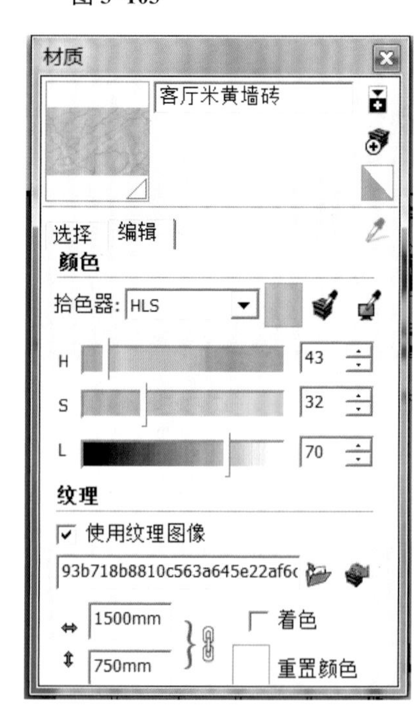

图 3-105

图 3-106

图 3-107

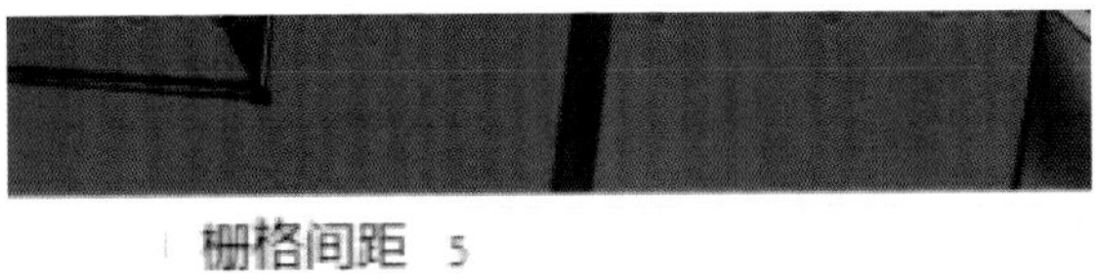

栅格间距 5

图 3-108

步骤 22：单击鼠标左键确定起点，然后用鼠标捕捉出火焰的底面，创建后会自动成组件，如图 3-109 所示。

步骤 23：双击进入网格组件内部，激活“曲面起伏”工具，输入拉伸半径范围数值，然后按 Enter 键，会出现一个红色圆形的变形范围框，如图 3-110 所示。

图 3-109

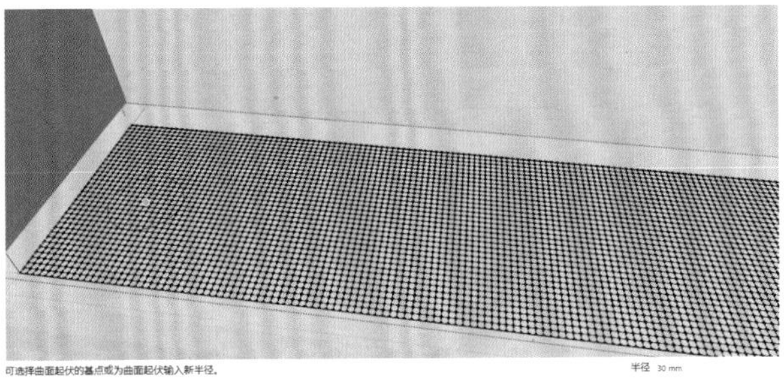

图 3-110

步骤 24：将鼠标移至需要拉伸的平面网格，单击鼠标左键会形成黄色拉伸区域点，如图 3-111 所示。

步骤 25：通过移动鼠标向上或向下对地形进行变形，输入偏移数值后按 Enter 键，圆形范围框内的对象将其推拉出火焰造型，并为其附上颜色，如图 3-112、图 3-113 所示。

步骤 26：通过类似的方法制作完成电视背景墙柱子与墙面造型，如图 3-114 所示。

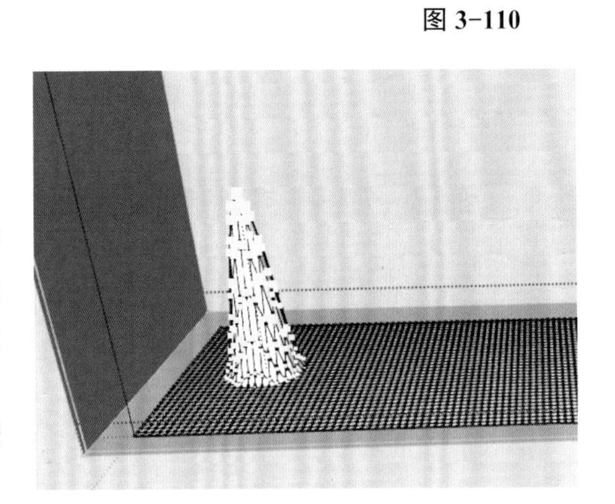

图 3-111

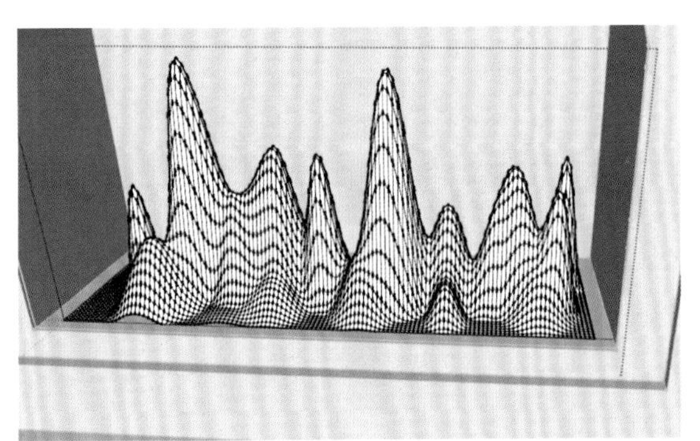

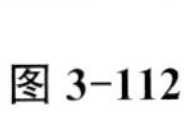

图 3-112

图 3-113

步骤 27：在“材质”面板中为墙面造型赋予墙面木纹贴图，如图 3-115 所示。用同样木纹的材质赋予其他墙面，完成效果如图 3-116 所示。

步骤 28：客厅墙面最终完成效果如图 3-117 所示。

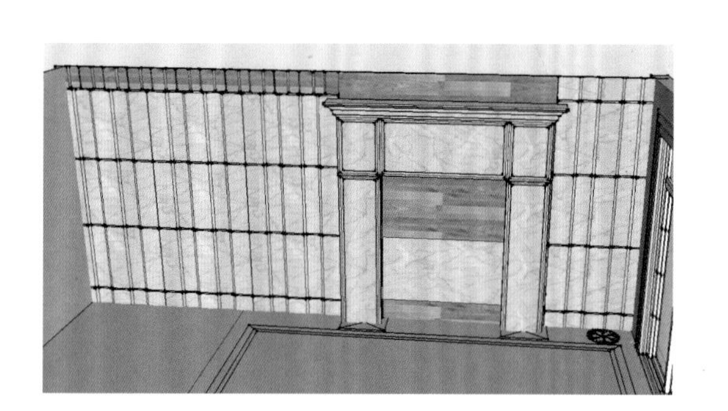

图 3-114

图 3-115

图 3-116

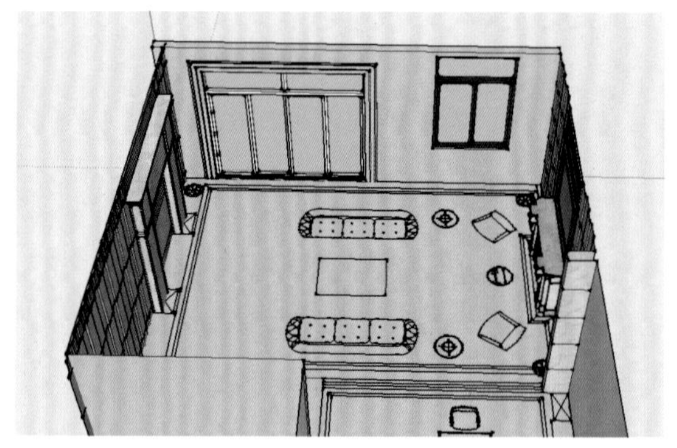

图 3-117

（2）细化餐厅立面。

步骤 1：为了便于观察，将阻挡观察空间的面选中然后单击鼠标右键，在弹出的菜单中选择“隐藏”命令。为餐厅合并“酒柜”模型并移动放置在参考图纸相应位置，如图 3-118 所示。

步骤 2：为酒柜背景墙面赋予与客厅同样的米黄墙砖贴图，如图 3-119 所示。

步骤 3：为餐厅其他面添加与客厅同样的墙面木纹贴图，完成效果如图 3-120 所示。

步骤 4：启用“直线”工具划分出厨房门的位置，并导入厨房门模型放在相应的位置，调整其大小，完成效果如图 3-121 所示。

（3）制作客餐厅地面。

步骤 1：选择参考图纸通过捕捉调整好高度。参考图纸，结合“直线”工具与“偏移”工具分割好客厅地面，并在“材质”面板中为地面赋予大理石贴图，如图 3-122、图 3-123 所示。

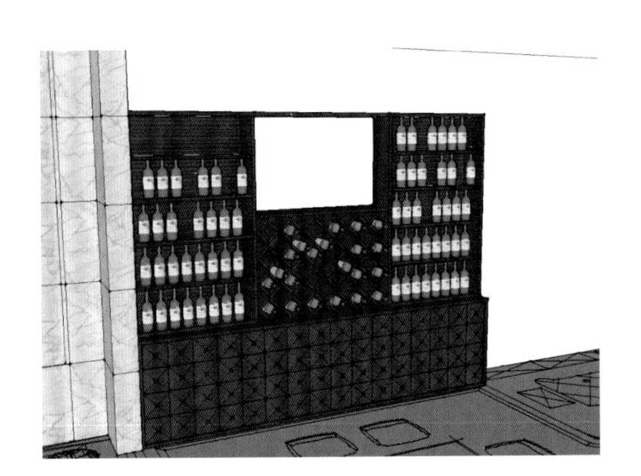

图 3-118

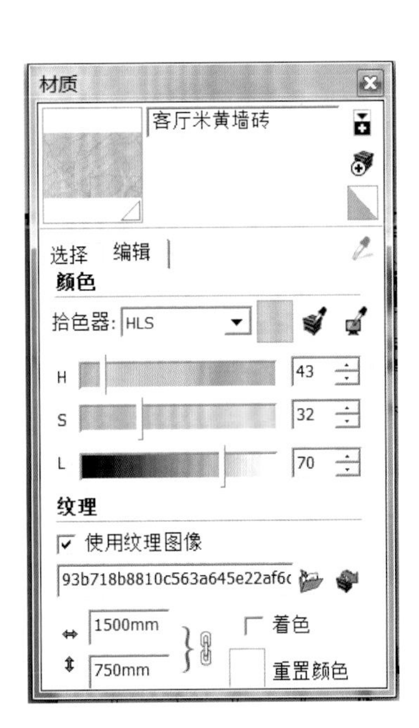

图 3-119

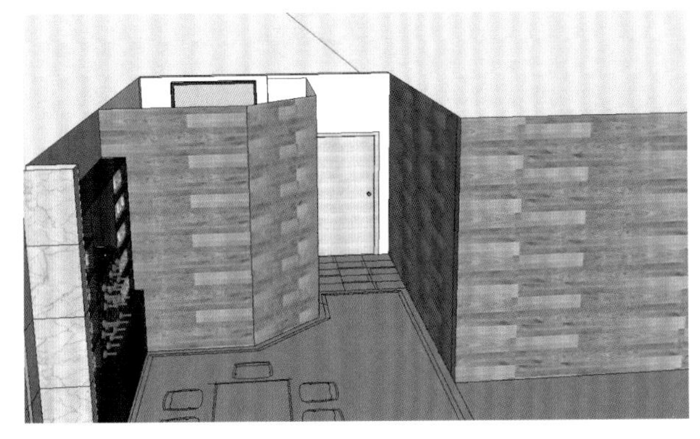

图 3-120

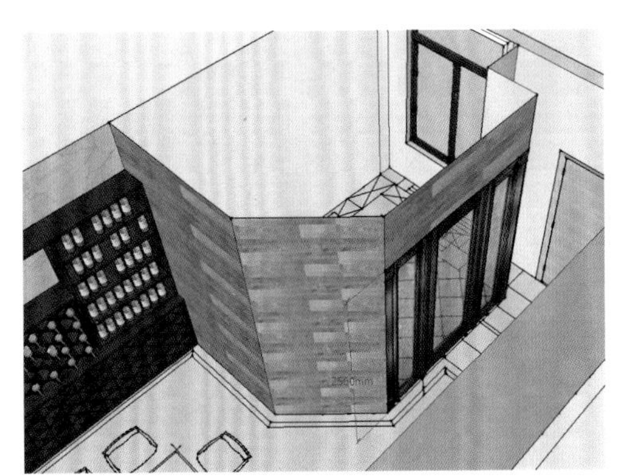

图 3-121

图 3-122

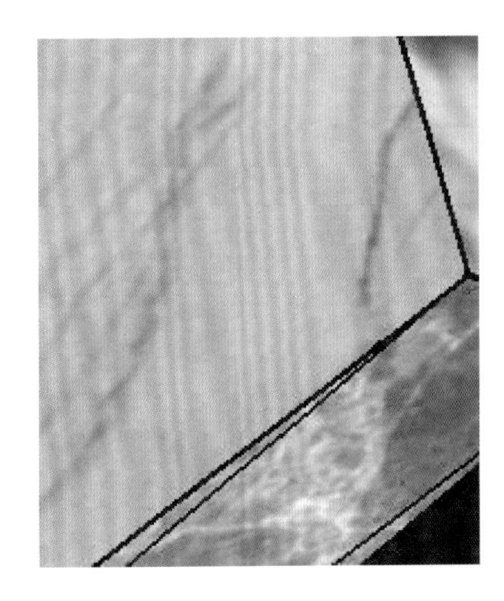

图 3-123

步骤 2：参考图纸，启用“偏移复制”工具继续向内偏移制作完成波导线与地砖效果，并为地面赋予米黄地砖贴图与黑金沙贴图，如图 3-124、图 3-125 所示。

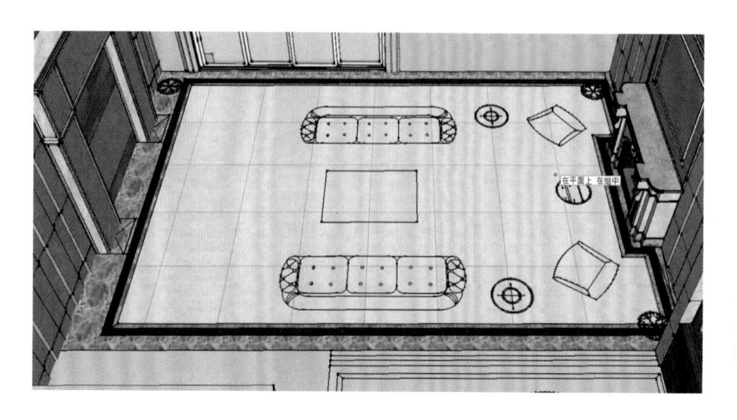

图 3-124

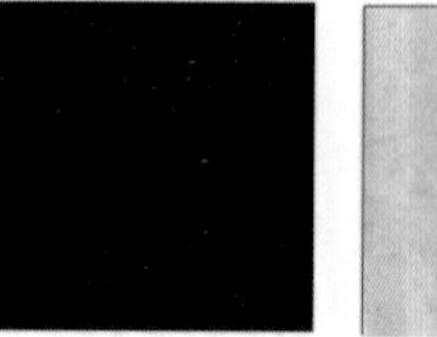

图 3-125

步骤 3：通过同样的方法，为餐厅附上地砖与波导线贴图，完成效果如图 3-126 所示。

步骤 4：为餐厅右边过渡地面赋予米黄地砖贴图，如图 3-127 所示。

图 3-126

图 3-127

（4）制作客餐厅吊顶。

步骤 1：选择“编辑”→“取消隐藏”→“全部”命令，取消顶面模型的隐藏，如图 3-128 所示。

步骤 2：启用“直线”工具分割客厅顶棚，如图 3-129 所示。

图 3-128

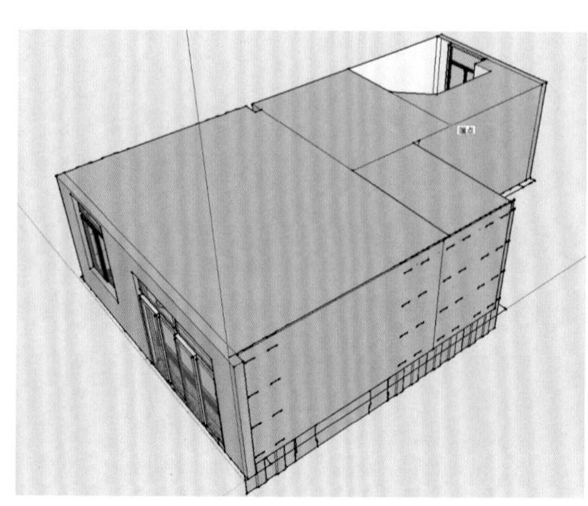

图 3-129

步骤 3：调整所有立面与顶棚之间的关系，防止图形空漏和重叠，如图 3-130 所示。

步骤 4：选择天花板底面，启用“偏移”工具与“推拉”工具向内偏移 600 mm，向上推拉 166 mm，制作好第一阶层顶棚，如图 3-131、图 3-132 所示。

步骤 5：在层级内部边缘处，使用“直线”与“圆弧”工具创建好角线截面，如图 3-133 所示。然后复制该角线备用。

图 3-130

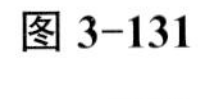

图 3-131

图 3-132

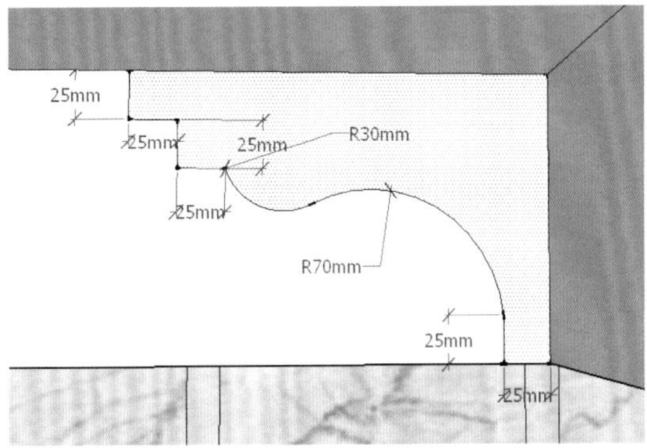

图 3-133

步骤 6：启用“路径跟随”工具制作内部角线，如图 3-134 所示。完成效果如图 3-135 所示。

图 3-134

图 3-135

步骤 7：启用“偏移复制”工具向内偏移 150 mm，制作好第二层级棚顶宽度，如图 3-136 所示。将之前复制好的角线放置第二层级内，调整角线截面下端，如图 3-137 所示。

步骤 8：启用“路径跟随”工具制作好该处角线，完成效果如图 3-138 所示。隐藏第二级棚顶角线，结合使用“偏移复制”工具与“推拉”工具制作第三层级棚顶，如图 3-139 所示。

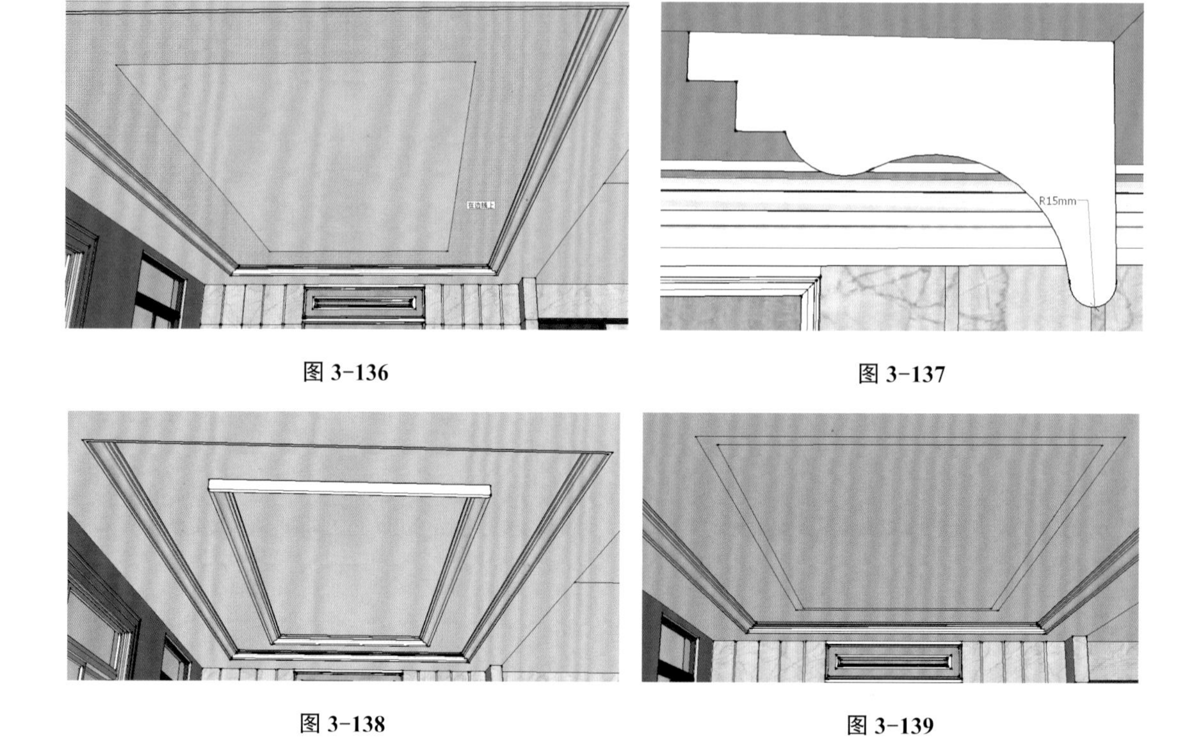

图 3-136　　图 3-137

图 3-138　　图 3-139

步骤 9：选择顶面内侧横向线段，如图 3-140 所示，单击鼠标右键，在弹出的菜单中选择“拆分”命令，将线段拆分为 3 等份；选择顶面内侧竖向线段，如图 3-141 所示，单击鼠标右键，在弹出的菜单中选择“拆分”命令，将线段拆分为 6 等份。

图 3-140　　图 3-141

步骤 10：启用“直线”工具，水平与垂直连接各等分点，绘制出网格，如图 3-142 所示。使用“偏移复制”工具制作 50 mm 的边框，如图 3-143 所示。

步骤 11：启用“推拉”工具向上推 20 mm 制作矩形厚度，如图 3-144 所示。启用“偏移复制”工具与“推拉”工具，通过相同步骤再次向矩形内侧偏移 35 mm，向上推 20 mm，最终效果如图 3-145、图 3-146 所示。

步骤 12：在“材质”面板中赋予矩形金属材质，如图 3-147 所示。

步骤 13：选择矩形通过捕捉等分点，进行横向、竖向复制，如图 3-148 所示。选择整个矩形造型，单击鼠标右键，在弹出的菜单中选择“创建组群”选项，如图 3-149 所示。

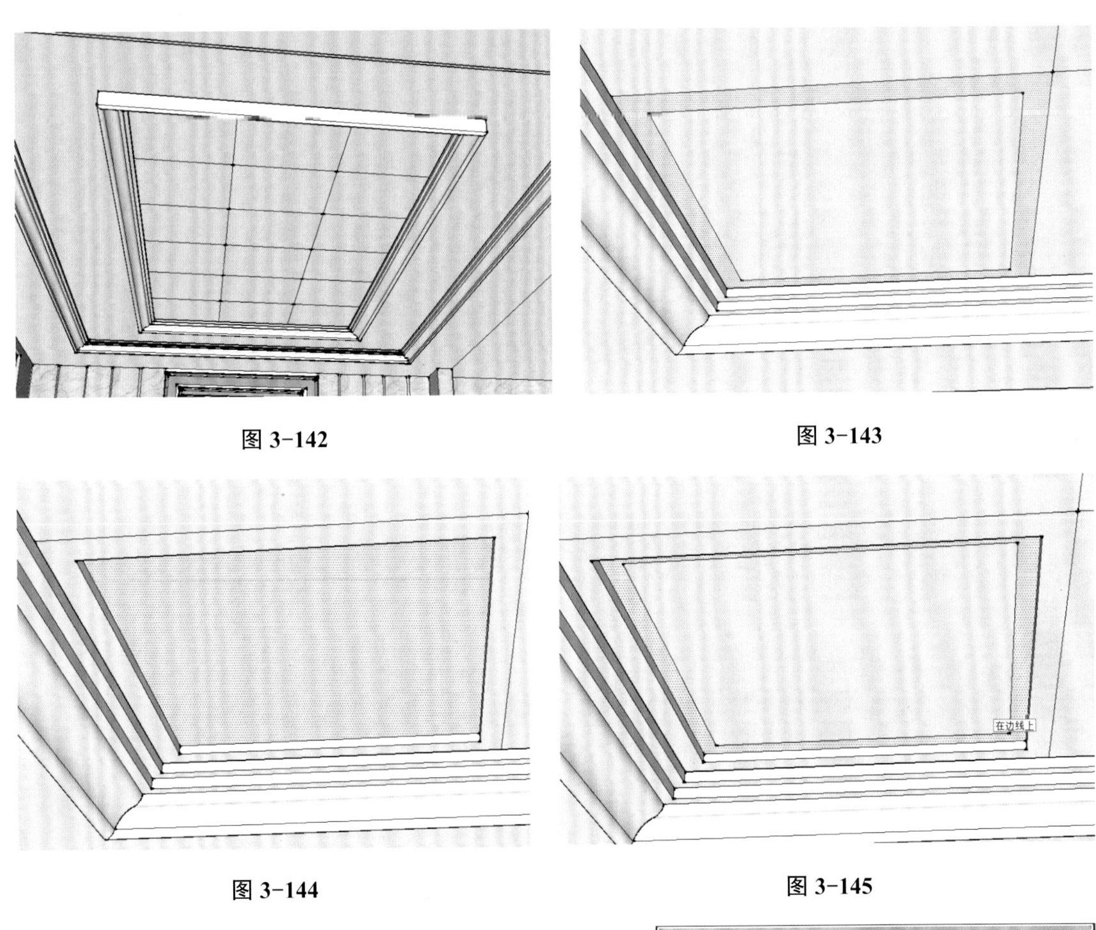

图 3-142

图 3-143

图 3-144

图 3-145

图 3-146

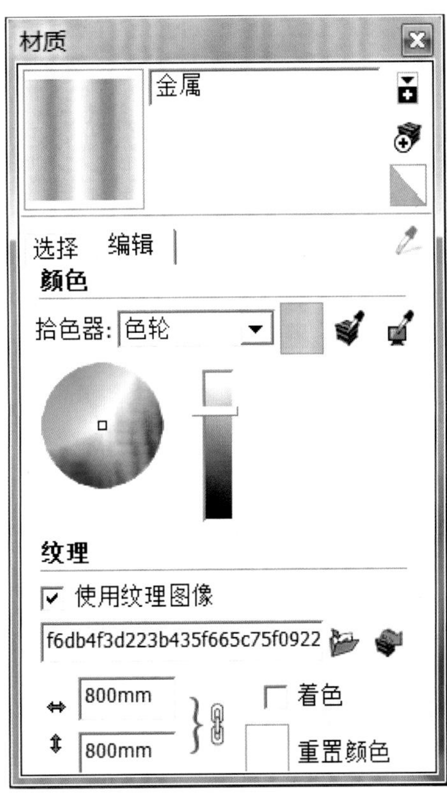

图 3-147

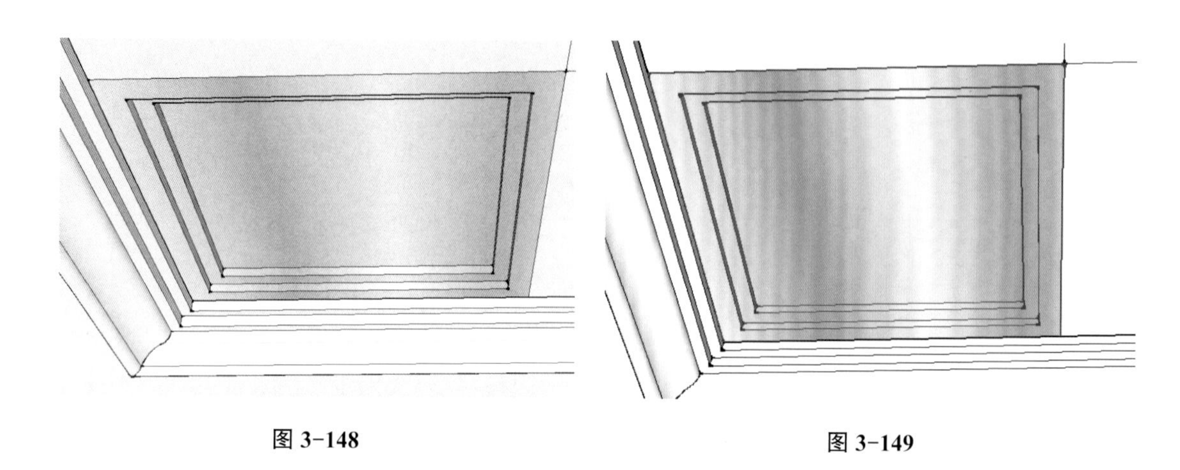

图 3-148　　图 3-149

步骤 14：选择单元格，通过捕捉等分对矩形天花板造型进行水平与垂直的复制，如图 3-150 所示。中部天花板效果完成如图 3-151 所示。

图 3-150　　图 3-151

步骤 15：启用“圆形”工具、“偏移复制”工具与“推拉”工具创建好圆形筒灯，如图 3-152 所示。按照灯位将筒灯复制到相应位置，完成效果如图 3-153 所示。

图 3-152　　图 3-153

（5）制作餐厅顶棚。

步骤 1：启用“缩放”工具调整酒柜的墙面高度，如图 3-154、图 3-155 所示。

步骤 2：启用“直线”工具捕捉酒柜与顶面交界处，分割好餐厅顶棚，如图 3-156 所示。

步骤 3：启用“偏移复制”工具，向内偏移 500 mm，如图 3-157 所示。

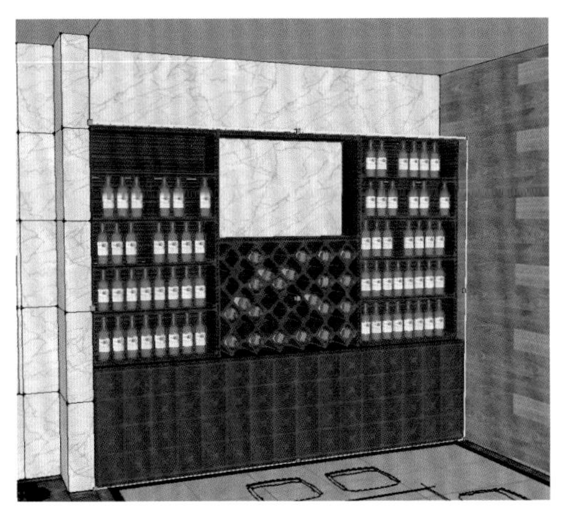

图 3-154

图 3-155

图 3-156

图 3-157

步骤 4：使用“推拉”工具制作好餐厅二级顶棚造型，如图 3-158 所示。

步骤 5：使用“移动复制”工具与“推拉”工具制作餐厅光槽细节，如图 3-159 所示。

图 3-158

图 3-159

步骤 6：重复类似操作最终完成灯槽效果如图 3-160 所示。

步骤 7：使用“直线”工具捕捉重点分割餐厅中部吊顶平面，如图 3-161 所示。

步骤 8：在“材质”面板中赋予顶部木纹材质，如图 3-162 所示。

步骤 9：导入放行筒灯模型，放置于餐厅天花板处，如图 3-163 所示。

通过以上步骤，餐厅顶棚完成效果如图 3-164 所示。

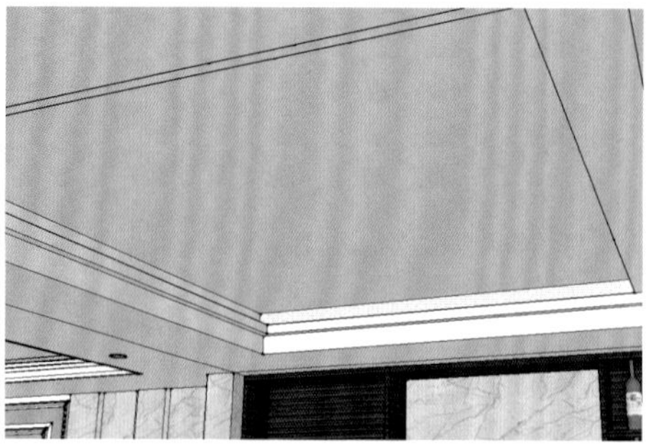

图 3-160

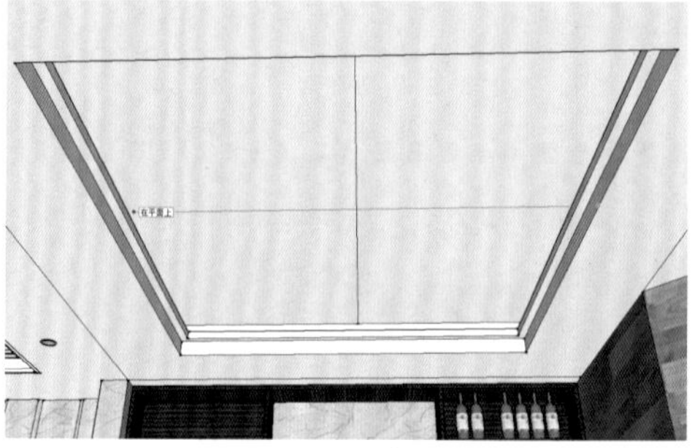

图 3-161

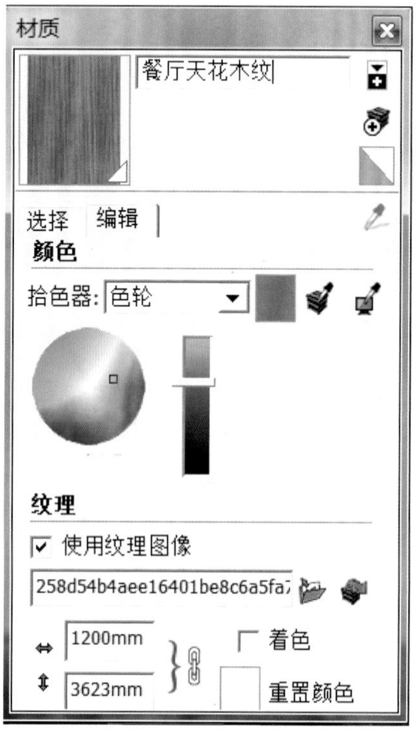

图 3-162

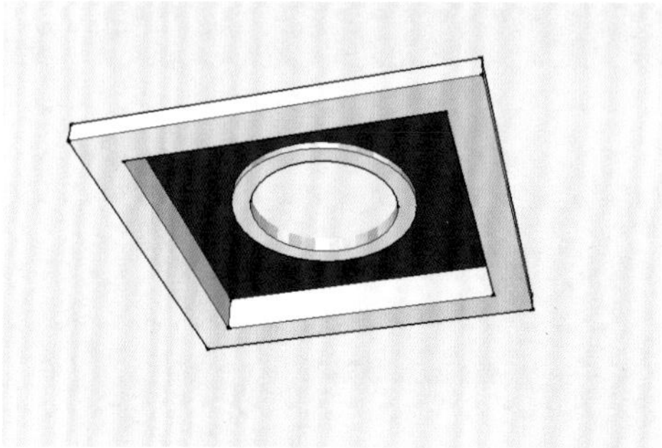

图 3-163

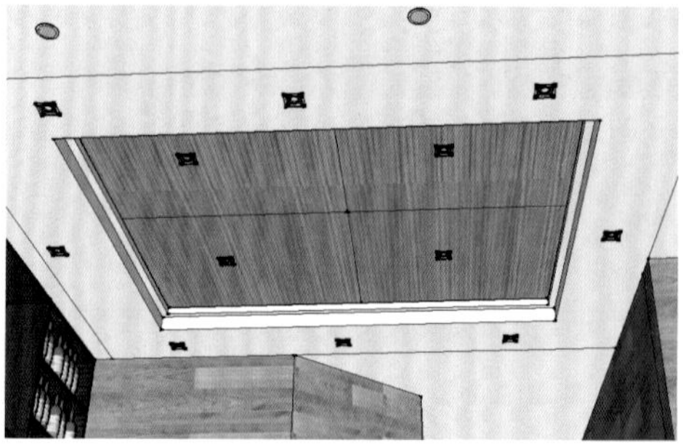

图 3-164

任务四 素材合并与效果细化

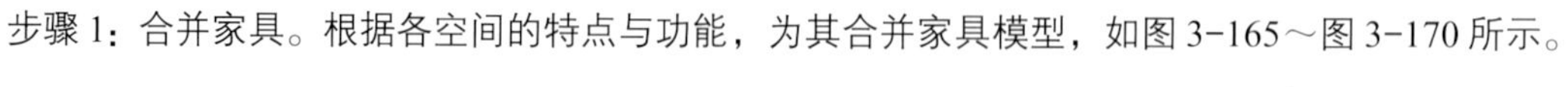
步骤 1：合并家具。根据各空间的特点与功能，为其合并家具模型，如图 3-165～图 3-170 所示。

图 3-165

图 3-166

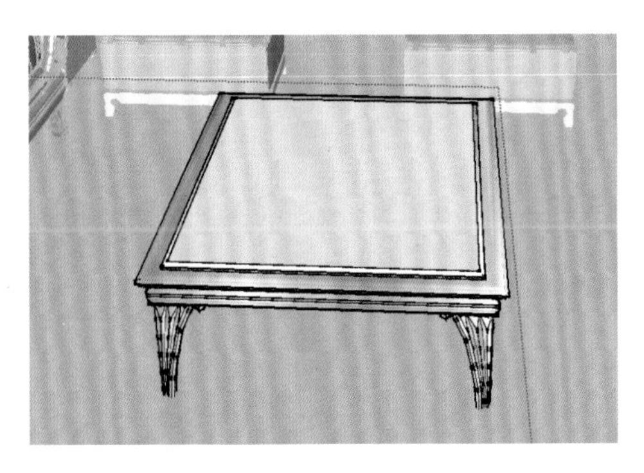

图 3-167

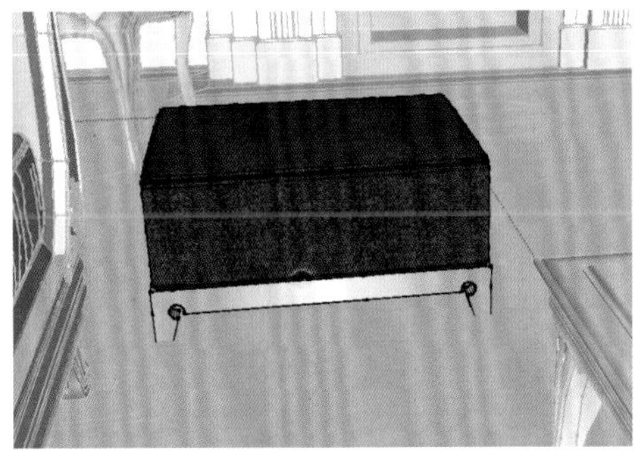

图 3-168

图 3-169

图 3-170

步骤 2：合并灯具。根据各空间特点与功能，为其合并灯具模型，如图 3-171～图 3-173 所示。

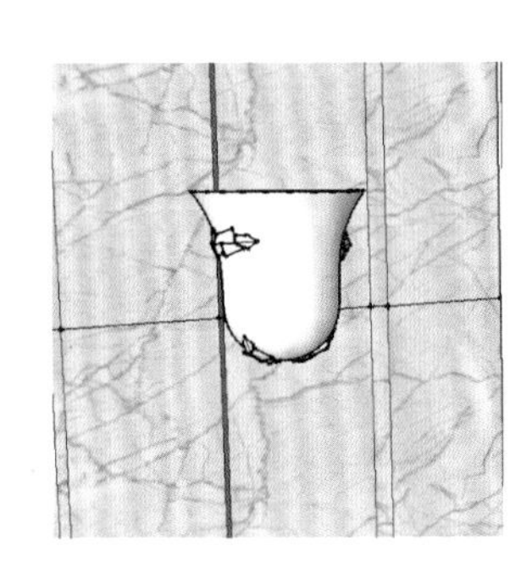

图 3-171

图 3-172

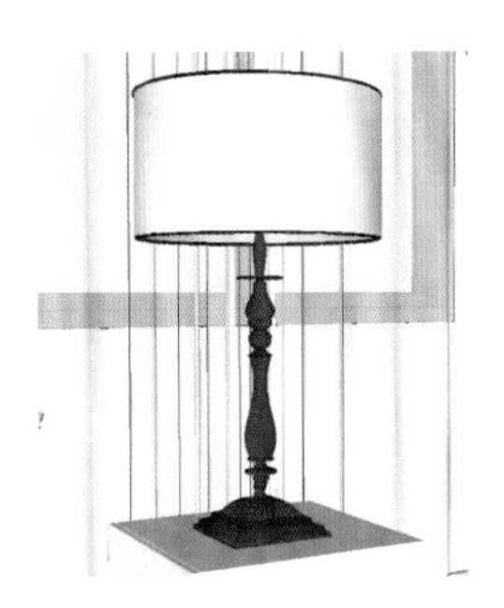

图 3-173

步骤 3：合并其他陈设及最终效果。根据各空间特点与功能，为其合并陈设模型，如图 3-174～图 3-179 所示。

图 3-174

图 3-175

图 3-176

图 3-177

图 3-178

图 3-179

最终客餐厅完成效果如图 3-180、图 3-181 所示。

图 3-180

图 3-181

评分标准

评分标准见表 3-1。

表 3-1　评分标准

序号	考核项目	考核内容及要求	配分	评分标准	得分
1	模型的制作流程	制作顺序	20	顺序错乱不得分	
2		空间的概念	10	无空间感酌情扣分	
3	模型的制作方法	视图角度的使用	5	使用不熟练酌情扣分	
4		造型与工具的综合运用	25	搭配不精准酌情扣分	
5		边做边存的良好习惯	5	不知存盘酌情扣分	
6	材质的调整	材质参数的设置正确	20	参数不完整酌情扣分	
7		材质与模型的匹配	5	赋予错误不得分	
8	作业存档与上交	作业格式完整	5	错误格式酌情扣分	
9		按时上交作业	5	不按时上交不得分	

课外强化训练

根据图 3-182 所示的 CAD 户型素材，进行室内模型设计制作，风格参考图 3-183、图 3-184。

图 3-182

图 3-183

图 3-184

项目小结

本项目以“新古典客餐厅”案例梳理完整的室内空间建模步骤，通过图纸整理与导入、户型框架制作、客餐厅界面细化、素材合并与效果细化完成整个制作流程，熟悉空间建模二维到三维转换的常用步骤，更连贯地了解相关的操作及技巧。

PROJECT FOUR

室内设计实例（二）

——新中式客房渲染

项目概述

本项目通过对 SketchUp Pro 2020 的渲染器插件 VRay for SketchUp 4.2 的特色与新增功能、安装方法、主界面结构的知识进行导入，以案例新中式客房效果图制作的 4 个任务分解，按制作顺序讲解场景渲染的流程与资源管理器中 V-Ray 材质、V-Ray 灯光、V-Ray 渲染参数的设定。通过新中式客房项目的学习，掌握 SketchUp 效果图的制作方法、V-Ray 材质的编辑、V-Ray 灯光的编辑与 V-Ray 渲染的编辑等基本技能，并运用在室内效果图的制作中。

通过本项目的实践任务了解设计师在真实项目制作中应具备的基本职业素养，培养创新设计能力，培养设计创作中的时代精神与创新精神，在表现效果上培养精益求精的工匠精神。

实战引导

1. 实战项目：新中式客房效果图渲染

某家装设计公司为某民宿做客房改造，要求改造成新中式风格，在已有模型的基础上，请利用 SketchUp 渲染器插件，完成空间材质、灯光的设置，渲染效果图成图。

2. 项目要求

（1）掌握 V-Ray 工具界面与资源管理器使用特点，V-Ray 材质与 V-Ray 灯光设置顺序合理，参数清晰明了。

（2）针对案例完成专项训练，通过项目实践掌握 V-Ray 操作流程，掌握高质量渲染出图的方法，要求严谨、认真完成任务。

问题发布

1. V-Ray 渲染器的作用和特点是什么？最新版本有哪些特色功能？

2. 为什么要给空间中物体赋予材质？如何给模型赋予材质，SketchUp 材质设置有哪些特点？

3. 空间灯光的布置原理有哪些？

4. 渲染测试参数与出图参数的原理是什么？

知识导入

4.1 VRay 渲染器的发展

知识点 83：VRay 4.2 版本介绍

SketchUp 软件虽然因操作方便快捷而被广大设计师所青睐，作为三维设计的 SketchUp 软件，早期却只能通过三维模型的装换将 SketchUp 模型导入到 3ds Max 中进行材质与光影关系的细化调整，来增强空间的真实效果。然而，一款名为“VRay for SketchUp”的渲染器，为 SketchUp 软件自身实现导出效果图方式与效果的突破提供了可能，通过此款渲染器，设计师能够直接通过 SketchUp 软件对光影效果、材质质感等进行把控，获得更有说服力的商业效果图。

知识点 84：VRay for SketchUp 4.2 特色功能

4.2 VRay for SketchUp 4.2 渲染器的特色

4.2.1 功能特色

功能特色参见二维码内容。

知识点 85：VRay for SketchUp 4.2 新增功能

4.2.2 新增功能

新增功能参见二维码内容。

4.2.3 新版特色

新版特色参见二维码内容。

知识点 86：VRay for SketchUp 4.2 新版特色

4.3 VRay for SketchUp 4.2 的安装方法

VRay for SketchUp 是一款功能强大的全局光渲染器，作为一个完全内置的正式渲染插件，在工程、建筑设计和动画等多个领域，都可以利用 VRay for SketchUp 提供强大的全局光照明和光写追踪等功能渲染出非常真实的图像。由于 VRay for SketchUp 4.2 版本通过不断地更新，在安装及许可授权、速度和质量、降噪、工作流程、场景交互式工具、批量渲染、VRay GPU、材质、纹理贴图、光源、相机、渲染元素、V-Ray 场景导入器、资源编辑器、预览 / 样本、库、内置库内容、其他 UI 改进、键盘快捷键等方面都有所改进。

本节主要讲解如何安装 VRay for SketchUp 4.2 渲染插件，具体安装步骤如下：

步骤 1：打开 VRay for SketchUp 安装文件夹，双击名称为“VRay for SketchUp 4.2”的安装文件，如图 4-1 所示。

步骤 2：在弹出的对话框中单击“I Agree”按钮，如图 4-2 所示。

步骤 3：勾选“SketchUp 2020”，并单击“Install Now”按钮，如图 4-3 所示。

步骤 4：等待软件安装，如图 4-4 所示。最后单击“Finish”，完成安装，如图 4-5 所示。

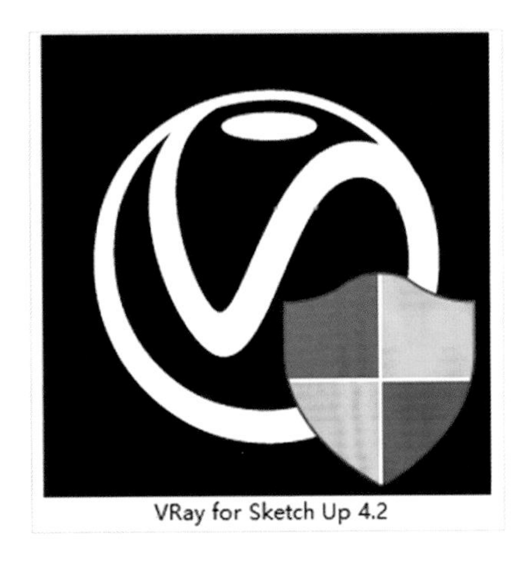

图 4-1

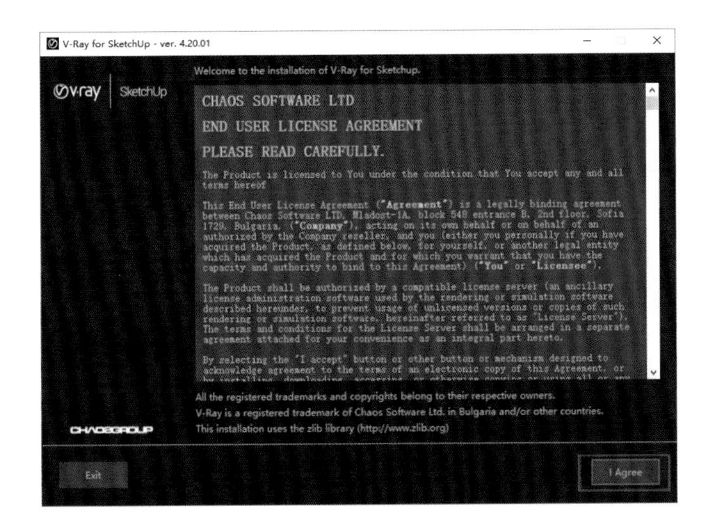

图 4-2

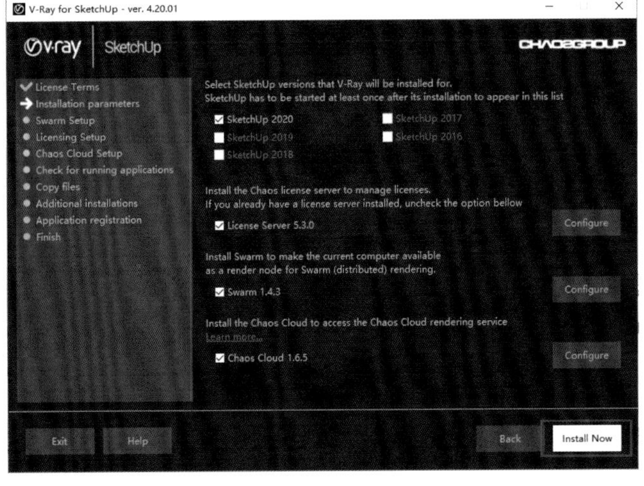

图 4-3

图 4-4

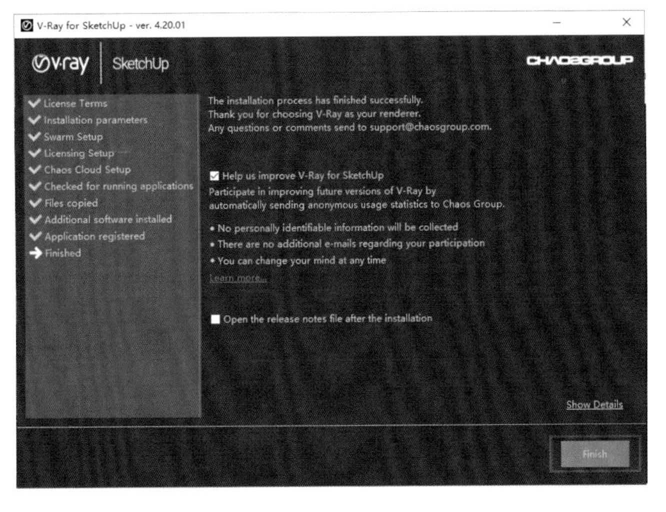

图 4-5

4.4 VRay for SketchUp 4.2 主界面结构

VRay for SketchUp 的操作界面简洁，在安装完成后，可以通过以下方法调出 VRay 相关工具栏：

步骤 1：打开 SketchUp 2020 软件后，选择“视图”→“工具栏”命令，如图 4-6 所示。

步骤 2：在弹出的“工具栏”对话框中勾选“V-Ray for SketchUp 中文版”“V-Ray 灯光工具栏”“V-Ray 实用工具栏”“V-Ray 物体工具栏”，如图 4-7 所示。单击“关闭”按钮，将 V-Ray 工具调出显示在工具栏中，如图 4-8 所示。

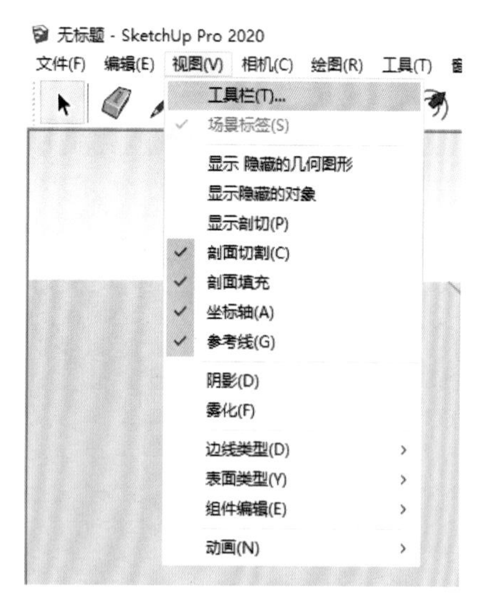

图 4-6

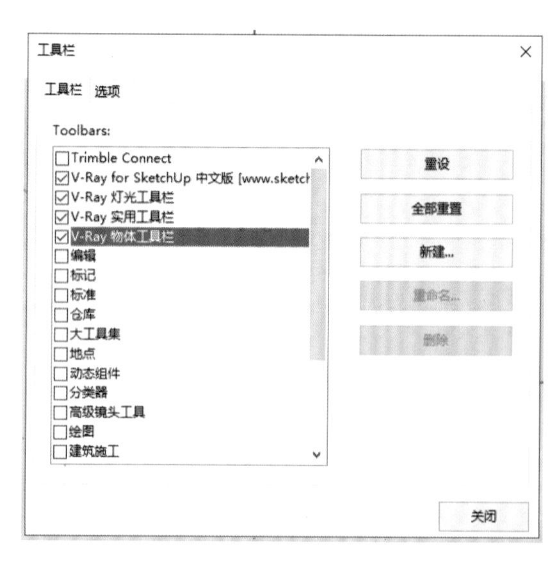

图 4-7

图 4-8

4.4.1 VRay for SketchUp 工具栏

VRay for SketchUp 工具栏如图 4-9 所示。工具按钮的名称具体介绍如下：

（1）“资源管理器”：显示资源管理器设置面板，设置材质、灯光、物体、渲染等参数。

（2）“渲染”：开始或终止非互动式渲染。

（3）“交互式渲染”：开始或终止互动式渲染。

（4）“云渲染”：进行云渲染。

（5）“视口渲染”：在视口中进行互动式渲染。

（6）“视口区域渲染”：开始或关闭视口区域渲染。可在 SketchUp 视口中选择渲染区域。

（7）“帧缓存视口”：显示 VRay 帧缓存视口。

（8）“批量渲染”：开始或停止批量渲染，开启时渲染 SketchUp 每一个场景记录的内容。

（9）“批量云渲染”：开始或停止批量云渲染，开启时云渲染 SketchUp 每一个场景记录的内容。

（10）“交互式渲染”：SketchUp 移动相机时，允许互动式渲染串口停止镜头更新。

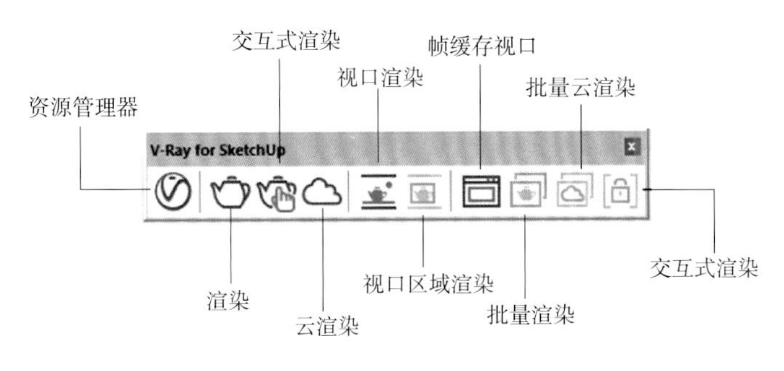

图 4-9

4.4.2　V-Ray 灯光工具栏

V-Ray 灯光工具栏如图 4-10 所示。工具按钮的名称具体介绍如下：

（1）“矩形灯”：在场景中创建一盏矩形灯。

（2）“球灯”：在场景中创建一盏球灯。

（3）“聚光灯”：在场景中创建一盏聚光灯。

（4）“IES 灯”：在场景中创建一盏光域网灯。

（5）“泛光灯”：在场景中创建一盏泛光灯。

（6）“穹顶灯”：在场景中创建一盏穹顶灯。

（7）“转换网格灯”：转换 SketchUp 组或组件物体为网格灯。

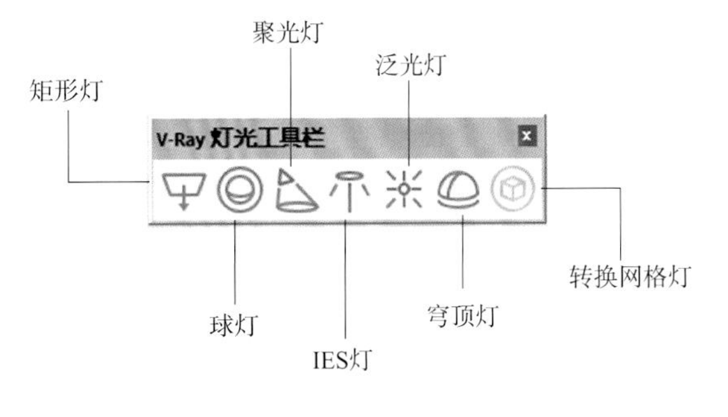

图 4-10

4.4.3　V-Ray 实用工具栏

V-Ray 实用工具栏如图 4-11 所示。工具按钮的名称具体介绍如下：

（1）“启用实体控件”：视口控件启用面。禁用时，仅使用线条显示控件。

（2）“隐藏 V-Ray 控件”：视口隐藏 VRay、毛发、无线平面和所有剖切小部件。此选项不影响渲染。

（3）“删除材质”：从当前选定的面、组或组件及其所有子对象中删除材质。

（4）“三平面投影（世界）”：修改选定对象的纹理位置。使用立体投影的纹理尺寸，独立于对象尺寸。

（5）“三平面投影（自适应）”：修改选定对象的纹理位置。使用立体投影的纹理尺寸，匹配对象的边界形成 6 面盒子的尺寸。

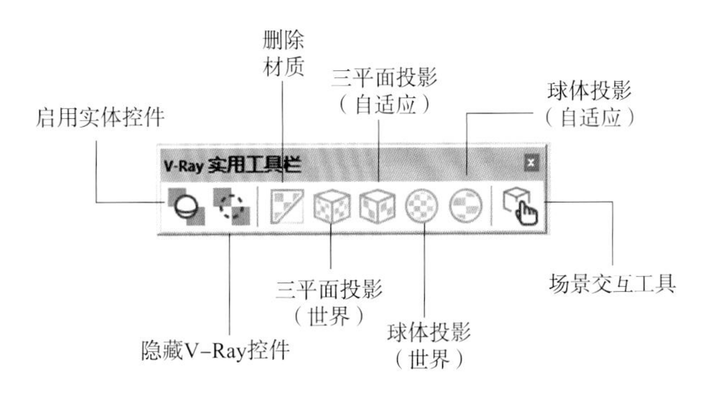

图 4-11

（6）“球体投影（世界）”：修改选定对象的纹理位置。使用球形投影的纹理尺寸，独立于对象尺寸。

（7）“球体投影（自适应）”：修改选定对象的纹理位置。使用球形投影，匹配对象的边界形成 6 面盒子的尺寸。

（8）“场景交互工具”：激活用于检查场景层次、材质和 V-ray 对象 ID 分配的工具。该工具还可以用于交互式灯光强度调整。

4.4.4 V-Ray 物体工具栏

V-Ray 物体工具栏如图 4-12 所示。工具按钮的名称具体介绍如下：

（1）“无线大平面”：创建无限大平面。

（2）“输出代理物体”：输出代理物体。

（3）“导入代理物体或 V-Ray 场景”：导入代理物体或 V-Ray 场景，以“vrmesh”“abc”“vrscene”格式导入代理物或 V-Ray 场景。

（4）“创建 V-Ray 毛发”：选择组或组件来创建 V-Ray 剖切。

（5）“创建 V-Ray 剖切”：选择组或组件来创建 V-Ray 剖切。

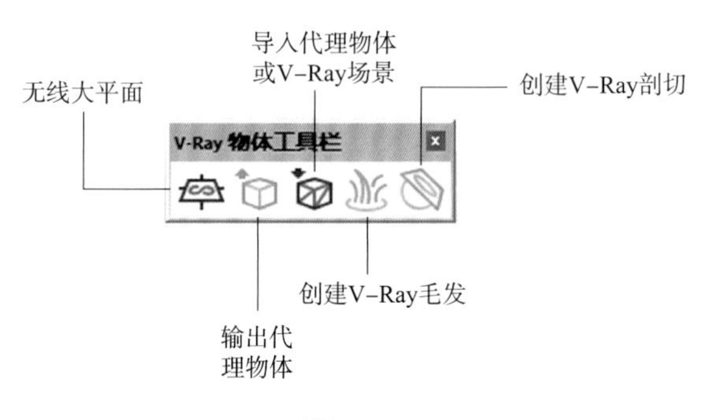

图 4-12

实战案例解析——新中式风格卧室

本案例将主要使用到“资源管理器”“设置”“渲染输出”“视图”“环境”“背景”等工具和 VRay for SketchUp 室内渲染参数设置。在模型制作过程中，注意学习模型组合与创建工具的搭配创建技巧。了解、熟悉、掌握复杂空间界面制作与渲染的具体操作方法及步骤。能够熟练应用综合命令制作模型、设置材质、渲染参数等。善于总结学习规律，养成良好的制图习惯，具备良好的职业素养与操作能力。通过本案例的实践任务，培养创新设计能力，培养设计创作中的时代精神与创新精神，在表现效果上培养精益求精的工匠精神。

任务一 测试渲染参数设置

微课：测试渲染参数设置

在布光的过程中需要大量的测试渲染，如果渲染参数都很高，会花费很长的测试时间，耽误制图进度。所以，先来了解各参数的含义和设置，逐一参数调整，为大家提供更清晰的参数设置思路。

步骤 1：打开“项目四－场景最初”文件，为场景细化灯光与材质，如图 4-13 所示。单击“资源管理器”按钮，在弹出的“渲染设置”面板中选择“设置”选项，打开“渲染设置”面板，如图 4-14 所示。

步骤 2：材质替换的设置。为了更好地对灯光进行观察与测试渲染，因此，将场景中固有材质统一替换，将“材质覆盖”后侧的开关打开，还需要激活“覆盖颜色”选项，为其设置一个适当的灰度值，如图 4-15、图 4-16 所示。

步骤 3：输出参数的设置。首先单击下侧的“渲染输出”面板。然后在“图像宽度 / 高度”右侧的数值框中输入“600”，从而完成输出图像尺寸大小的设置，如图 4-17 所示。

步骤 4：图像采样器的设置。测试渲染一般推荐使用“Catmull Rom 算法”采样器，如图 4-18 所示。

图 4-13

图 4-14

图 4-15

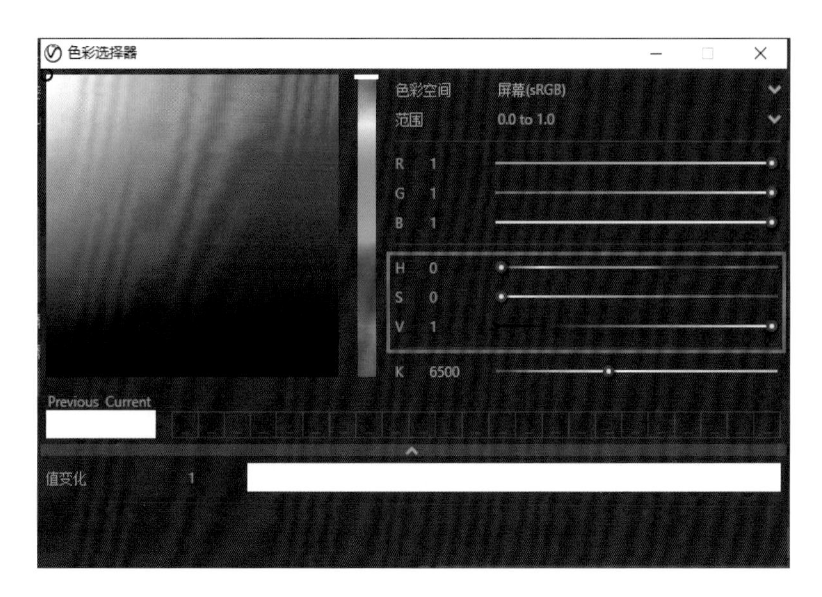

图 4-16

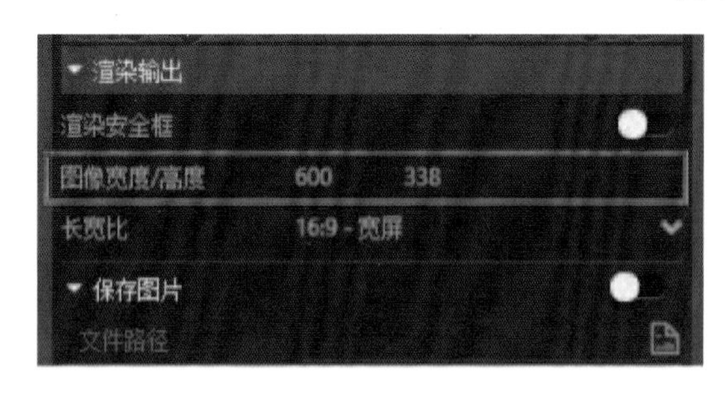

图 4-17

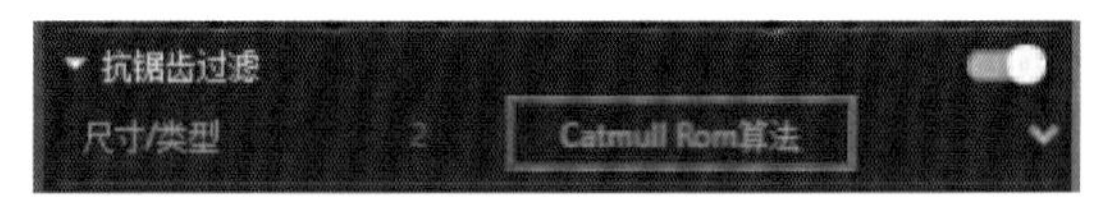

图 4-18

步骤 5：全局照明参数设置。在“全局照明”面板中将“主光线”设定为“发光贴图”，将“次级光线”设定为“灯光缓存”，如图 4-19 所示。

步骤 6：发光贴图参数的设置。设置“最小比率”为 -6，“最大比率”为 -5，“细分值”为 30，“差值”为 20，如图 4-20 所示。

图 4-19

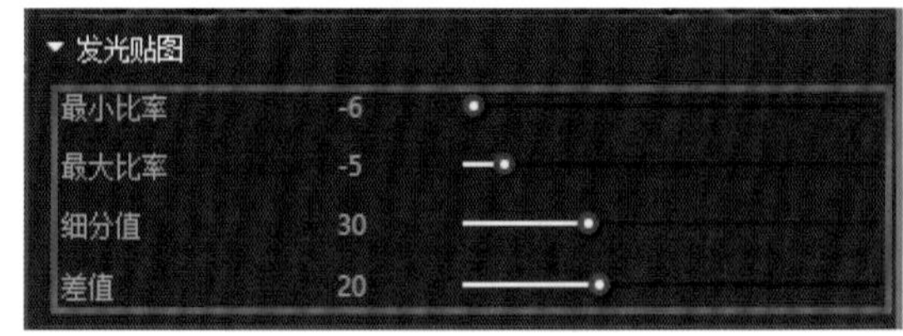

图 4-20

步骤 7：灯光缓存参数的设置。设置“细分值”为 100，“采样尺寸”为 0.02，如图 4-21 所示。

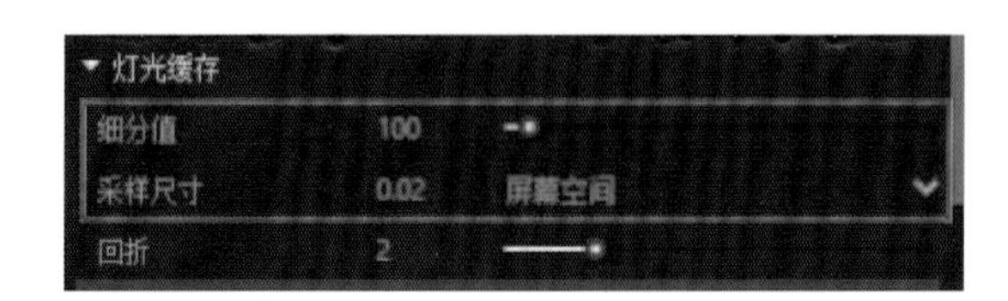

图 4-21

任务二　场景 VRay 灯光布置

为场景布置 VRay 灯光，其中包括布置室外环境光、太阳光及室内辅助灯光等，具体操作步骤如下：

步骤 1：选择“视图”→“阴影”命令，如图 4-22、图 4-23 所示，显示场景阴影效果，如图 4-24 所示。

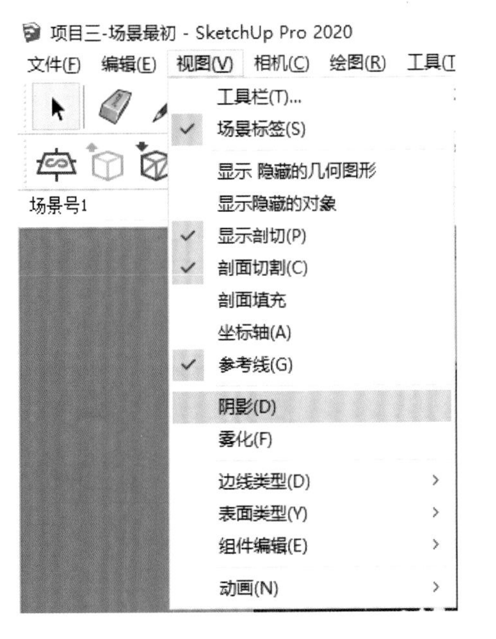

图 4-22

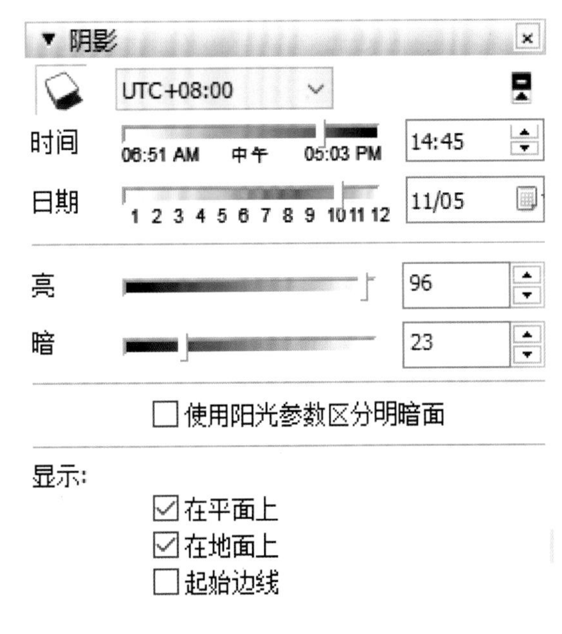

图 4-23

图 4-24

步骤 2：单击“资源管理器”中的“渲染”按钮，如图 4-25 所示。根据任务一中的测试参数开始场景的首次测试渲染，其渲染效果如图 4-26 所示，从窗外有阳光照射到房间。

图 4-25

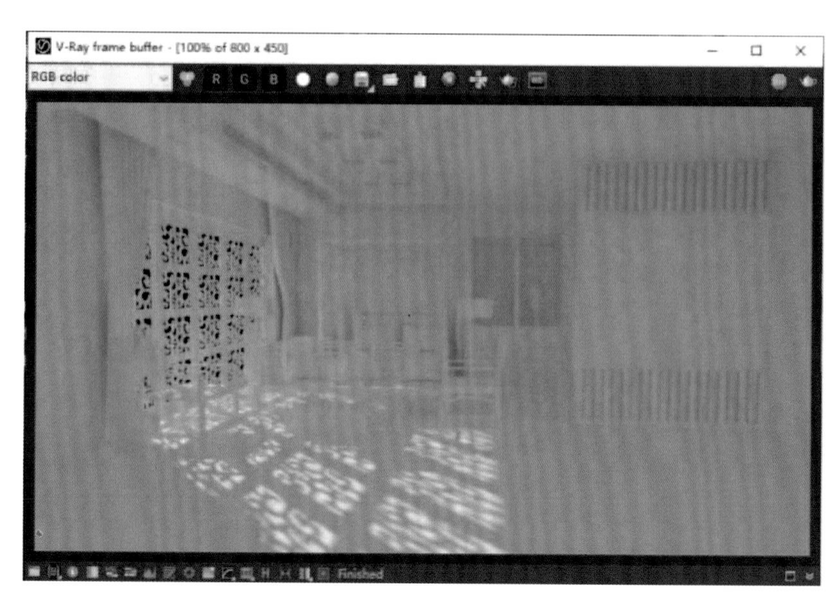

图 4-26

步骤 3：从测试效果图效果看，其场景窗外环境整体偏暗，需要提高空间照度。单击“资源管理器”按钮，弹出“渲染设置”面板，再单击“环境”面板中的按钮，设置“背景”颜色为天空蓝，并勾选“打开”选项，完成场景环境亮度设置，如图 4-27 所示。

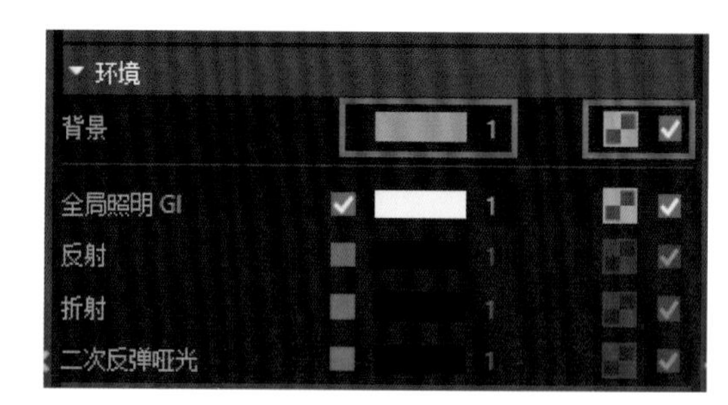

图 4-27

步骤 4：单击“渲染”按钮，开始场景的渲染，检查空间照明效果。如图 4-28 所示，效果图显示室外环境亮度基本达到模拟真实环境效果。

图 4-28

步骤 5：在工具栏中单击“矩形灯”按钮，在光线入口处放置一个与窗口大小相同的矩形光，并用移动与旋转工具调整矩形灯位置，使其向内照射并对准窗户，如图 4-29、图 4-30 所示。

步骤 6：设置灯光参数。单击“资源管理器”按钮，弹出“资源管理器”面板，再单击最上面一行的“灯光”按钮，如图 4-31 所示，在面板的光源中选择刚刚创建的“矩形灯”，右侧将弹出矩形灯的设置参数，在“参数”设置面板中将颜色和纹理设置灯光的颜色值为（R157，G200，B255）的一种淡蓝色冷色调，用来模拟天空的效果，再将“强度”设定为 20。可以在预览框里看见灯光的发光效果，与此同时发现，矩形灯自身显示为一个白色的亮片，需要将发光的矩形本身隐藏起来，在“选项”设置面板里勾选“不可见”复选框，如图 4-31、图 4-32 所示，使矩形灯发光且自身不可见。

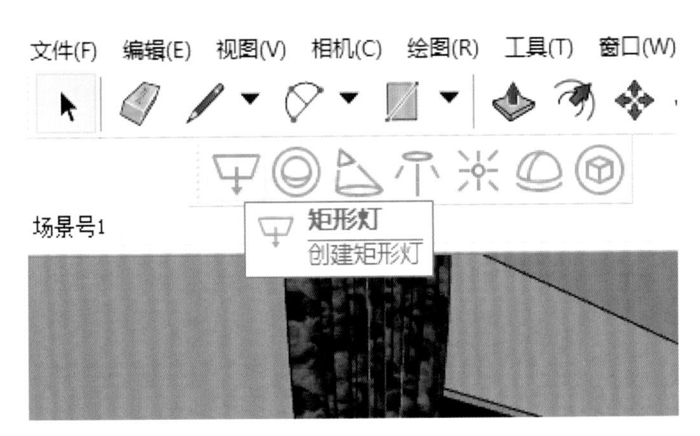

图 4-29

图 4-30

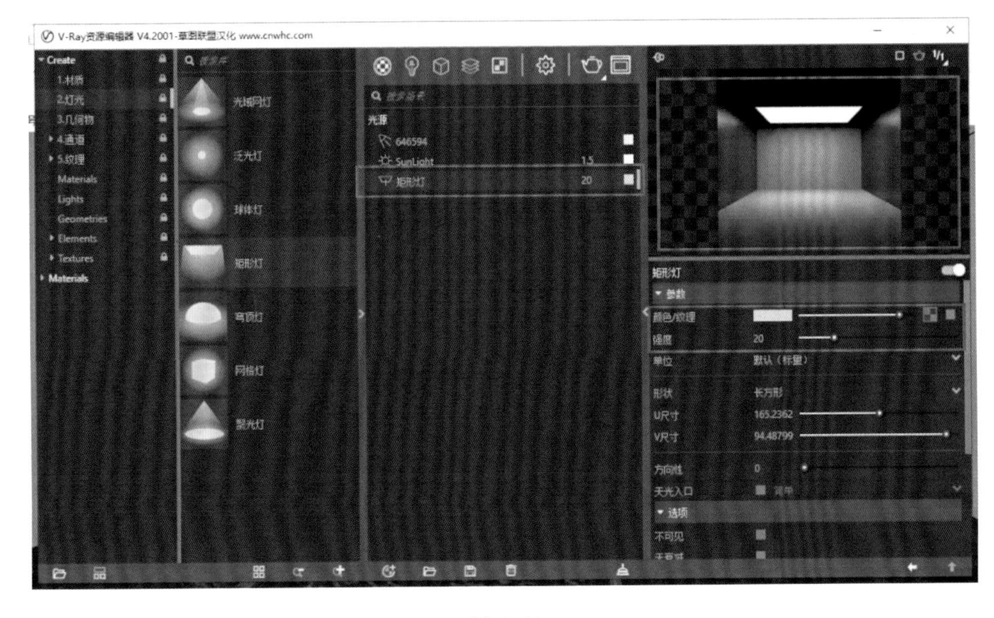

图 4-31

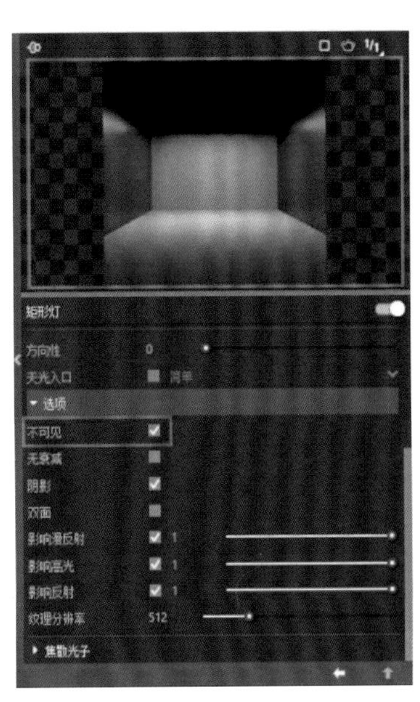

图 4-32

步骤 7：单击“渲染”按钮，从渲染后的效果看可以让补光与阳光冷暖调和，如图 4-33 所示。

图 4-33

步骤 8：单击工具栏中“IES 灯”按钮，为场景的多个位置对应添加几盏光域网光源，如图 4-34 所示。然后，在对应位置单击后，在弹出的“IES 文件”对话框中选择对应光域网文件，如图 4-35 所示。

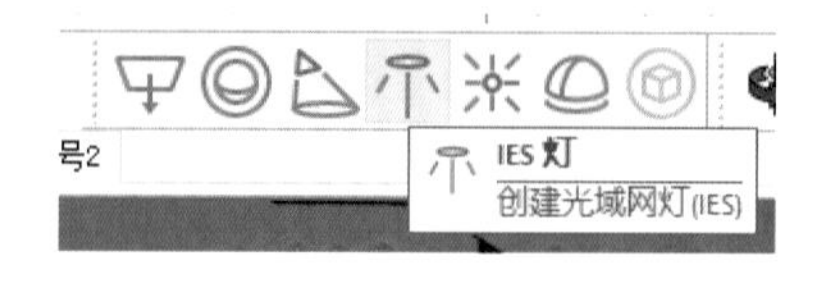

图 4-34

图 4-35

步骤 9：在视图中单击精确创建出灯的位置，如图 4-36 所示。在“资源管理器”→“灯光”面板中选中创建的 IES 灯，在右侧观察预览效果并设定颜色和强度，如图 4-37 所示。然后，选中设定好的灯光按住 Ctrl 键移动复制到每个筒灯下方，如图 4-38 所示。

步骤 10：单击“渲染”按钮，从渲染后的效果可以看出，添加光域网光源后所产生的空间照明效果，如图 4-39 所示。

图 4-36

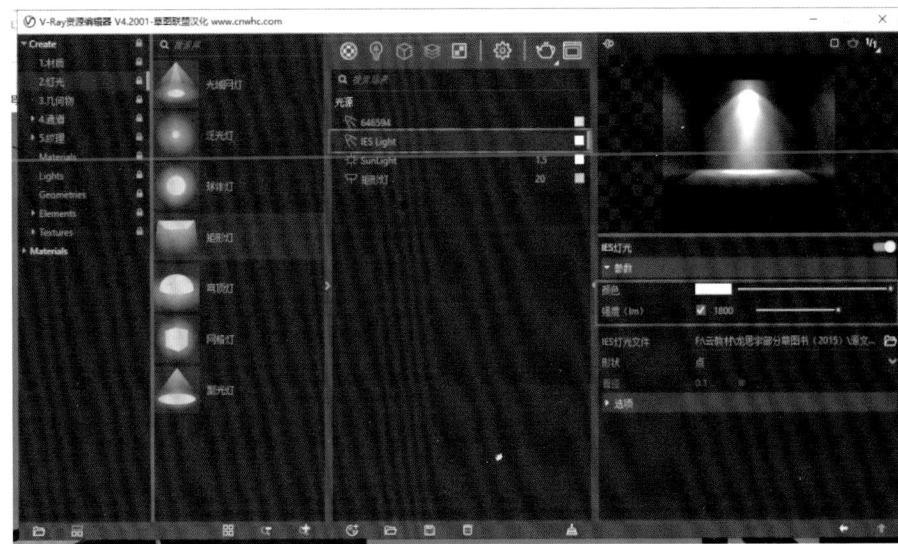

图 4-37

图 4-38

图 4-39

任务三 场景材质设置

微课：场景材质设置

场景布光完成之后，需要对场景中的材质进行调整。一般，材质调节的顺序也是先主后次，先将对场景影响大的材质参数调好，如地面、墙面、沙发和地毯等，再对个别细节材质进行调节。调节材质的时候应先将“资源管理器”→“设置”面板中的“材质覆盖”关闭，下面详解几种常用材质的参数设置。

（1）地面材质设置。

步骤 1：单击“资源管理器”按钮，打开其中的“材质”编辑器，打开左侧的附加面板，选择地板，然后在 SketchUp 的材质球中选择“通用材质”选项，单击鼠标右键，在弹出的菜单中选择“应用到选择物体”选项，如图 4-40 所示。然后在右侧的材质中重命名材质为“木地板”，如图 4-41 所示。

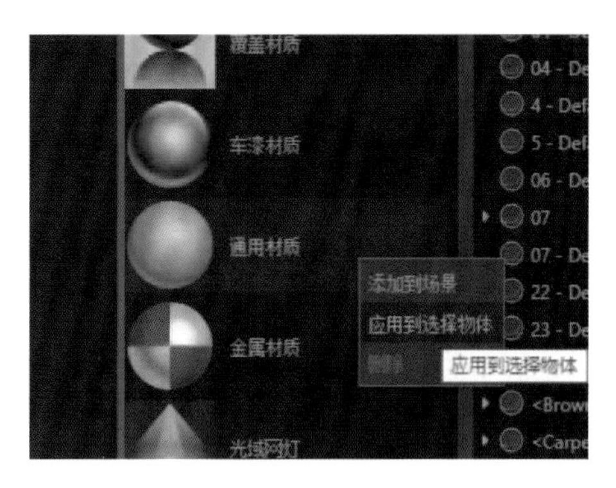

图 4-40

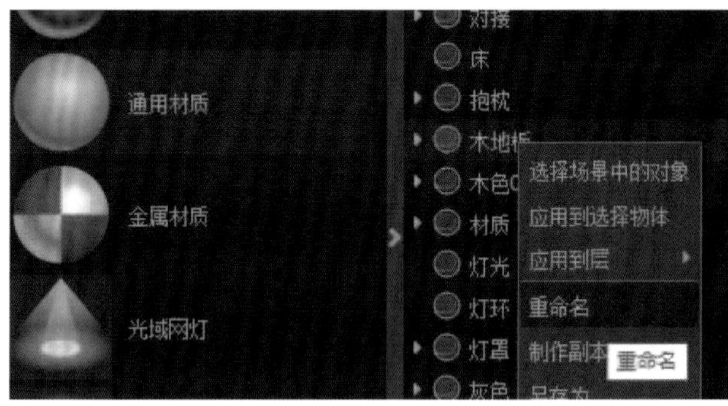

图 4-41

步骤 2：在最右侧的材质球参数中单击漫反射最右侧的纹理贴图，如图 4-42 所示。进入“色彩校正”面板，如图 4-43 所示。再次单击颜色最右侧的纹理贴图，进入“位图”面板，单击最右侧的文件夹，在打开的文件对话框中找到对应的位图贴图添加到材质，如图 4-44 所示。

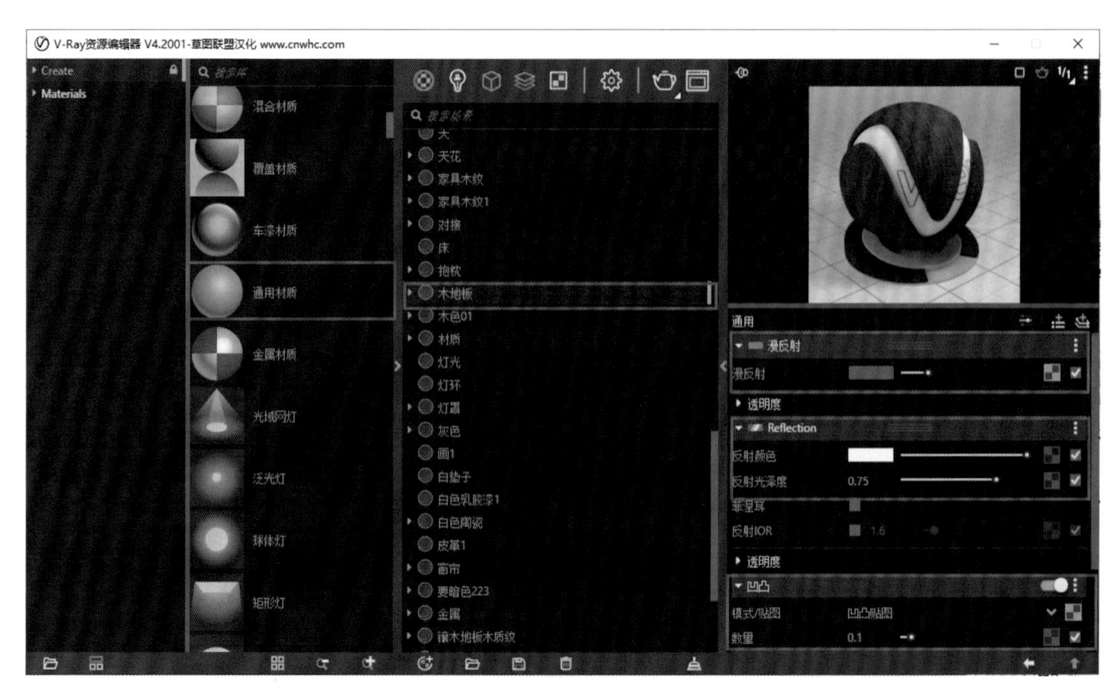

图 4-42

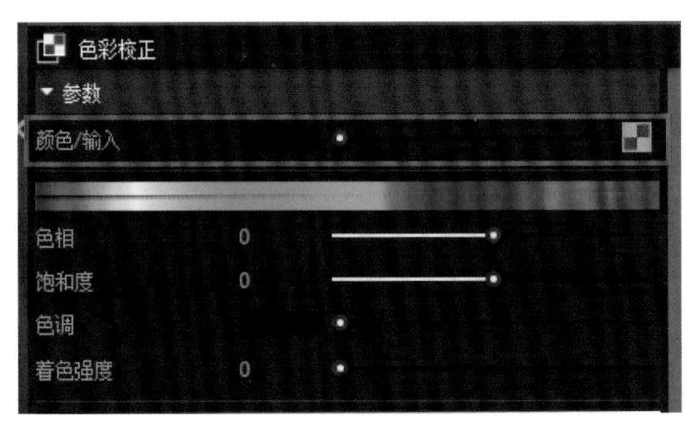

图 4-43

图 4-44

步骤 3：用同样的方法将漫反射贴图赋予“凹凸”中的“凹凸贴图”，将“数量”设置为 0.1，为地板添加凹凸纹理效果，如图 4-45、图 4-46 所示。材质最终预览如图 4-42 所示的预览框内效果。

图 4-45

图 4-46

（2）木纹材质设置。

步骤 1：单击“资源管理器”按钮，打开其中的“材质”编辑器，打开左侧的附加面板，选择茶几，然后在 SketchUp 的材质球中选择“通用材质”选项，单击鼠标右键，在弹出的菜单中选择“应用到选择物体”选项，然后在右侧的材质中重命名材质为“家具木纹”，如图 4-47 所示。

步骤 2：在最右侧的材质球参数中单击漫反射最右侧的纹理贴图，进入“色彩校正”面板，再次单击颜色最右侧的纹理贴图，进入位图面板，单击最右侧的文件夹，在打开的文件对话框中找到对应的位图贴图添加到材质，完成效果如图 4-47 所示。

步骤 3：用同样的方法将漫反射贴图赋予“凹凸”中的“凹凸贴图”，将“数量”设置为 0.1，为木纹添加凹凸纹理效果，材质最终预览如图 4-48 所示的预览框内效果。

步骤 4：在“反射”面板中将“反射颜色”设置为白色，“反射光泽度”设置为 0.85，如图 4-47 所示。

（3）地毯材质设置。

步骤 1：单击“资源管理器”按钮，打开其中的“材质”编辑器，打开左侧的附加面板，选择地毯，然后在 SketchUp 的材质球中选择“通用材质”选项，单击鼠标右键，在弹出的菜单中选择“应用到选择物体”选项，然后在右侧的材质中重命名材质为“地毯”。

步骤 2：在最右侧的材质球参数中单击漫反射最右侧的纹理贴图，进入颜色校正面板，再次单击颜色最右侧的纹理贴图，进入位图面板，单击最右侧的文件夹，在打开的文件对话框中找到对应的位图贴图添加到材质。

步骤 3：开启“置换”面板，用同样的方法将漫反射贴图赋予“模式 / 贴图”中的“贴图”，“数量”设置为 1，完成效果如图 4-48 所示，为木纹添加凹凸纹理效果。

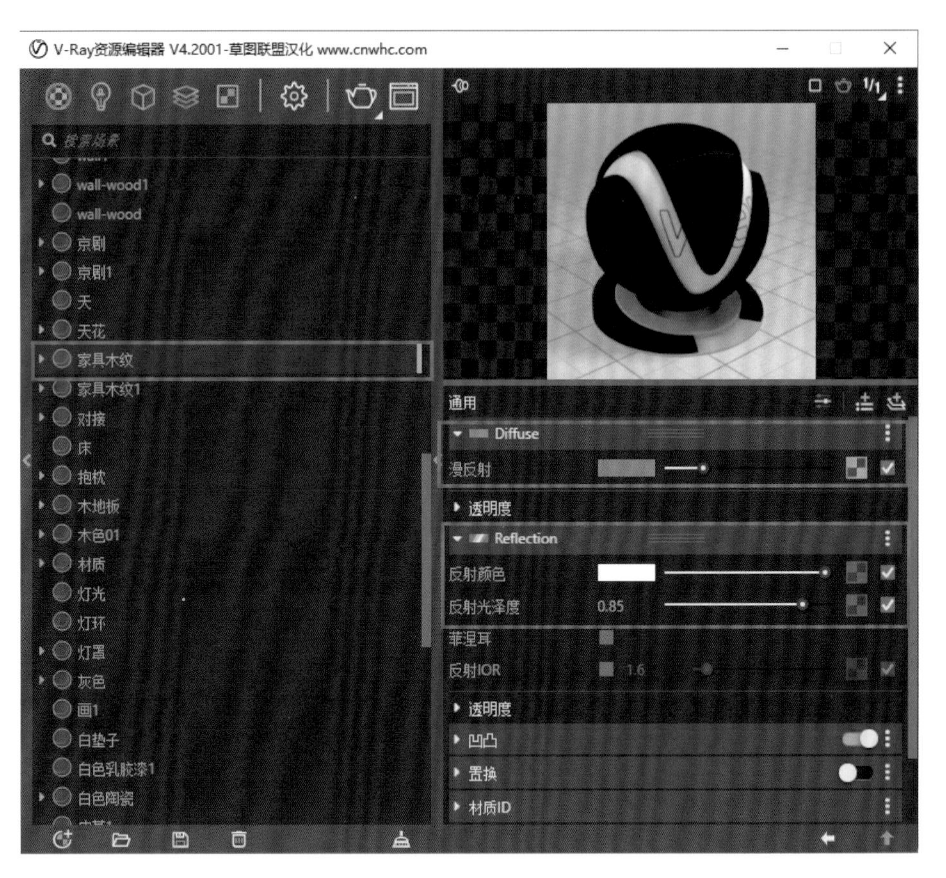
V-Ray资源编辑器 V4.2001-草图联盟汉化 www.cnwhc.com
wall-wood1
wall-wood
京剧
京剧1
天
天花
家具木纹
家具木纹1
对接
床
抱枕
木地板
木色01
材质
灯光
灯环
灯罩
灰色
画1
白垫子
白色乳胶漆1
白色陶瓷
通用
Diffuse
漫反射
透明度
Reflection
反射颜色
反射光泽度
0.85
菲涅耳
反射IOR
1.6
透明度
凹凸
置换
材质ID

图 4-47

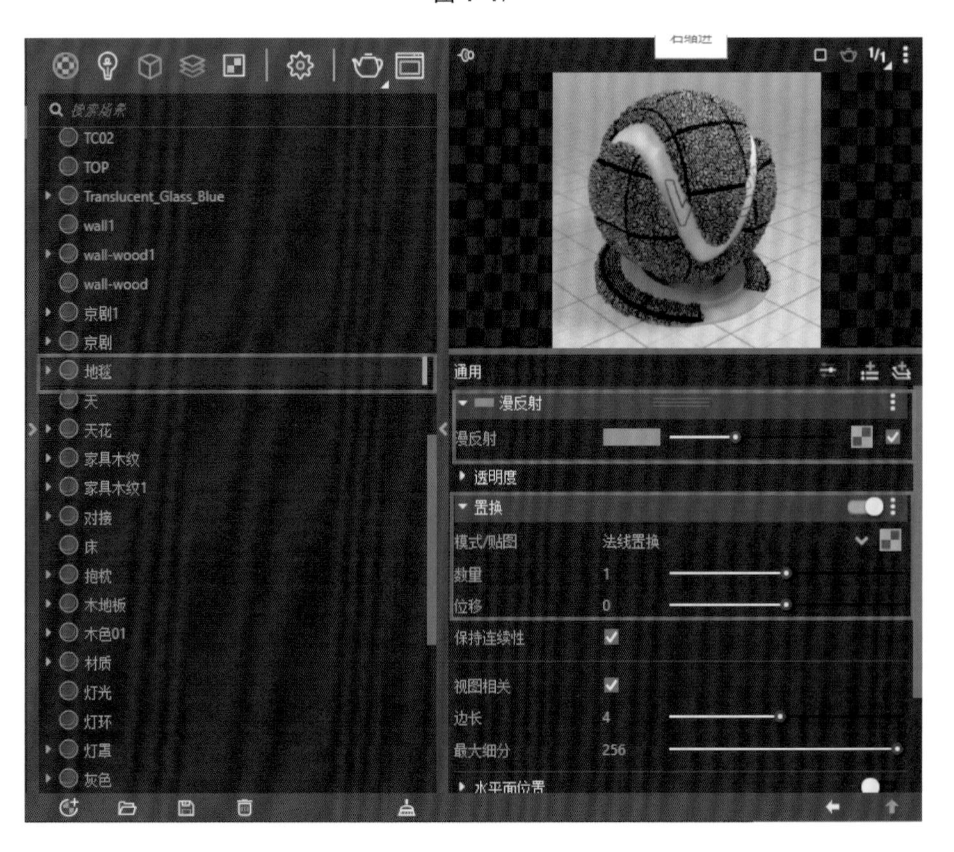
TC02
TOP
Translucent_Glass_Blue
wall1
wall-wood1
wall-wood
京剧1
京剧
地毯
天
天花
家具木纹
家具木纹1
对接
床
抱枕
木地板
木色01
材质
灯光
灯环
灯罩
灰色
通用
漫反射
漫反射
透明度
置换
模式/贴图
法线置换
数量
1
位移
0
保持连续性
视图相关
边长
4
最大细分
256

图 4-48

（4）皮革材质设置。

步骤 1：单击“资源管理器”按钮，打开其中的“材质”编辑器，打开左侧的附加面板，选择抱枕，然后在 SketchUp 的材质球中选择“通用材质”选项，单击鼠标右键，在弹出的菜单中选择“应用到选择物体”选项，然后在右侧的材质中重命名材质为“皮革”。

步骤 2：在最右侧的材质球参数中单击漫反射最右侧的纹理贴图，进入颜色校正面板，再次单击颜色最右侧的纹理贴图，进入位图面板，单击最右侧的文件夹，在打开的文件对话框中找到对应的位图贴图添加到材质。

步骤 3：用同样的方法将漫反射贴图赋予“凹凸”中的“凹凸贴图”，将“数量”设置为 0.1，为木纹添加凹凸纹理效果。

步骤 4：在“反射”面板中将“反射颜色”设置为白色，“反射光泽度”设置为 0.75，完成效果如图 4-49 所示。

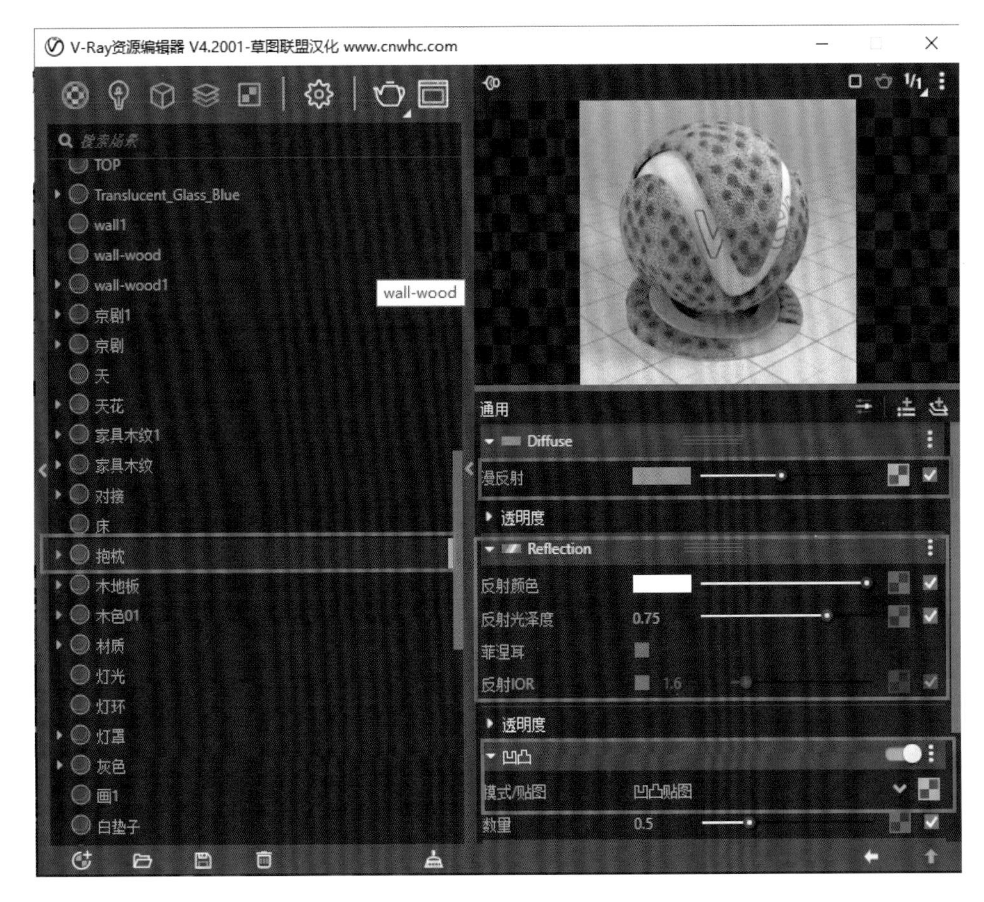

图 4-49

（5）窗帘布料材质设置。

步骤 1：单击“资源管理器”按钮，打开其中的“材质”编辑器，打开左侧的附加面板，选择窗帘，然后在 SketchUp 的材质球中选择“通用材质”选项，单击鼠标右键，在弹出的菜单中选择“应用到选择物体”选项，然后在右侧的材质中重命名材质为“窗帘”。

步骤 2：在最右侧的材质球参数中单击漫反射最右侧的纹理贴图，进入颜色校正面板，再次单击颜色最右侧的纹理贴图，进入位图面板，单击最右侧的文件夹，在打开的文件对话框中找到对应的布纹理位图贴图添加到材质。

步骤 3：用同样的方法将漫反射贴图赋予“凹凸”中的“凹凸贴图”，将“数量”设置为 0.3。

步骤 4：在“反射”面板中将“反射颜色”设置为白色，“反射光泽度”设置为 0.75，完成效果如图 4-50 所示。

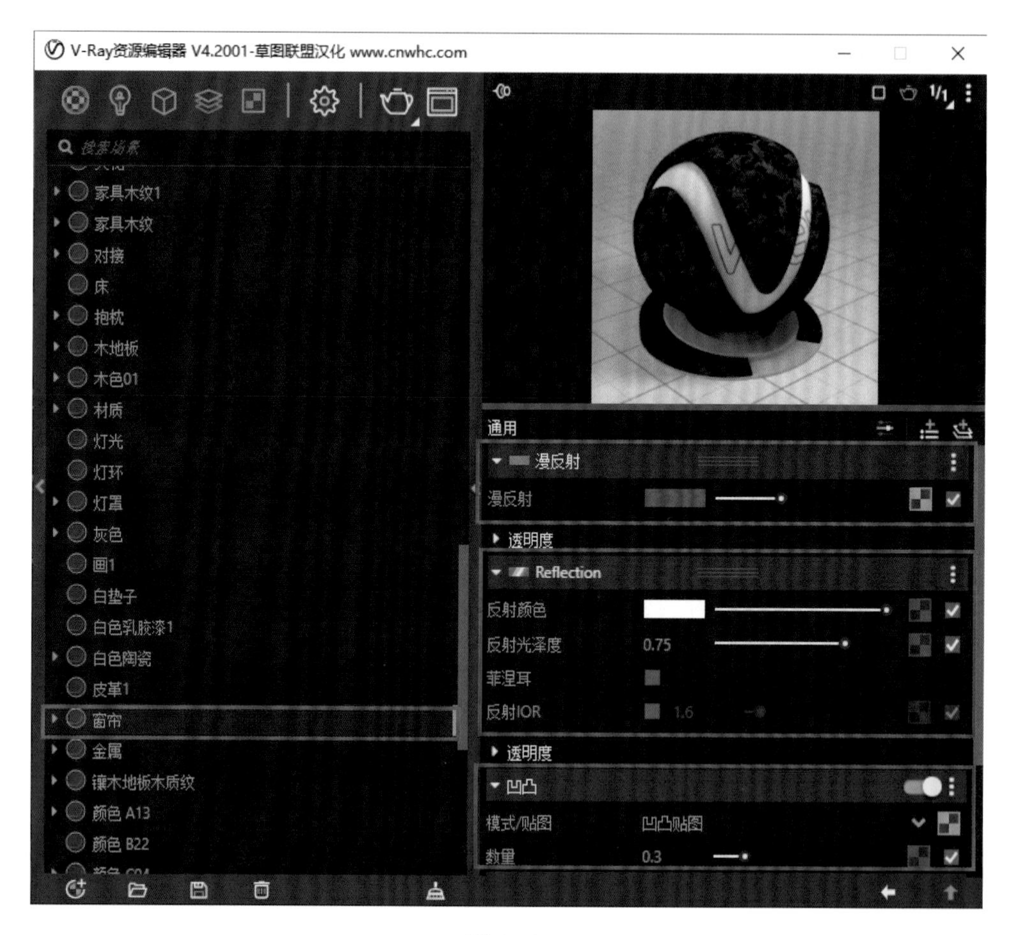

图 4-50

（6）陶瓷材质设置。

步骤 1：单击“资源管理器”按钮，打开其中的“材质”编辑器，打开左侧的附加面板，选择花瓶，然后在 SketchUp 的材质球中选择“通用材质”选项，单击鼠标右键，在弹出的菜单中选择“应用到选择物体”选项，然后在右侧的材质中重命名材质为“白色陶瓷”。

步骤 2：单击“漫反射”后的颜色选框，颜色设置为白色。

步骤 3：在“反射”面板中将“反射颜色”设置为白色，“反射光泽度”设置为 0.9，并勾选“菲涅耳”复选框，完成效果如图 4-51 所示。

（7）不锈钢材质设置。

步骤 1：单击“资源管理器”按钮，打开其中的“材质”编辑器，打开左侧的附加面板，选择金属装饰，然后在 SketchUp 的材质球中选择“通用材质”选项，单击鼠标右键，在弹出的菜单中选择“应用到选择物体”选项，然后在右侧的材质中重命名材质为“不锈钢 - 光滑”。

步骤 2：单击漫反射后的颜色复选框，颜色设置为 170 左右的灰度值。

步骤 3：在“反射”面板中将“反射颜色”设置为白色，“反射光泽度”设置为 0.96，并勾选“菲涅耳”“反射 OR”复选框，“反射 OR”参数设置为 50，完成效果如图 4-52 所示。

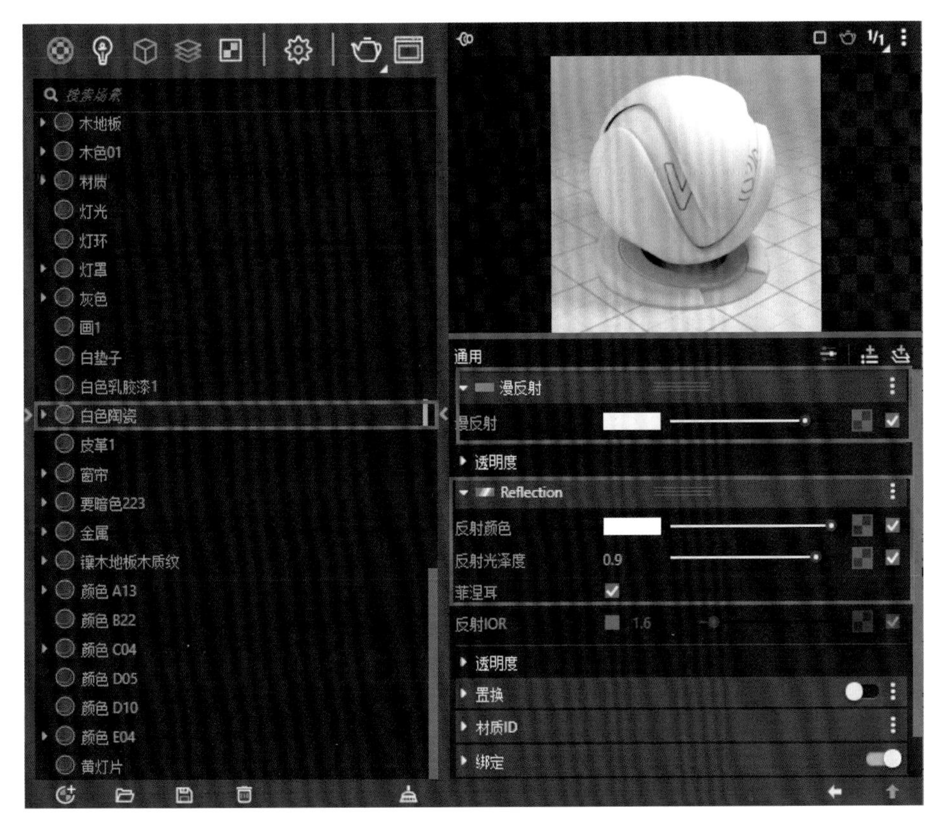
搜索场景
木地板
木色01
材质
灯光
灯环
灯罩
灰色
画1
白垫子
白色乳胶漆1
白色陶瓷
皮革1
窗帘
要暗色223
金属
镶木地板木质纹
颜色 A13
颜色 B22
颜色 C04
颜色 D05
颜色 D10
颜色 E04
黄灯片
通用
漫反射
漫反射
透明度
Reflection
反射颜色
反射光泽度
0.9
菲涅耳
反射IOR
1.6
透明度
置换
材质ID
绑定

图 4-51

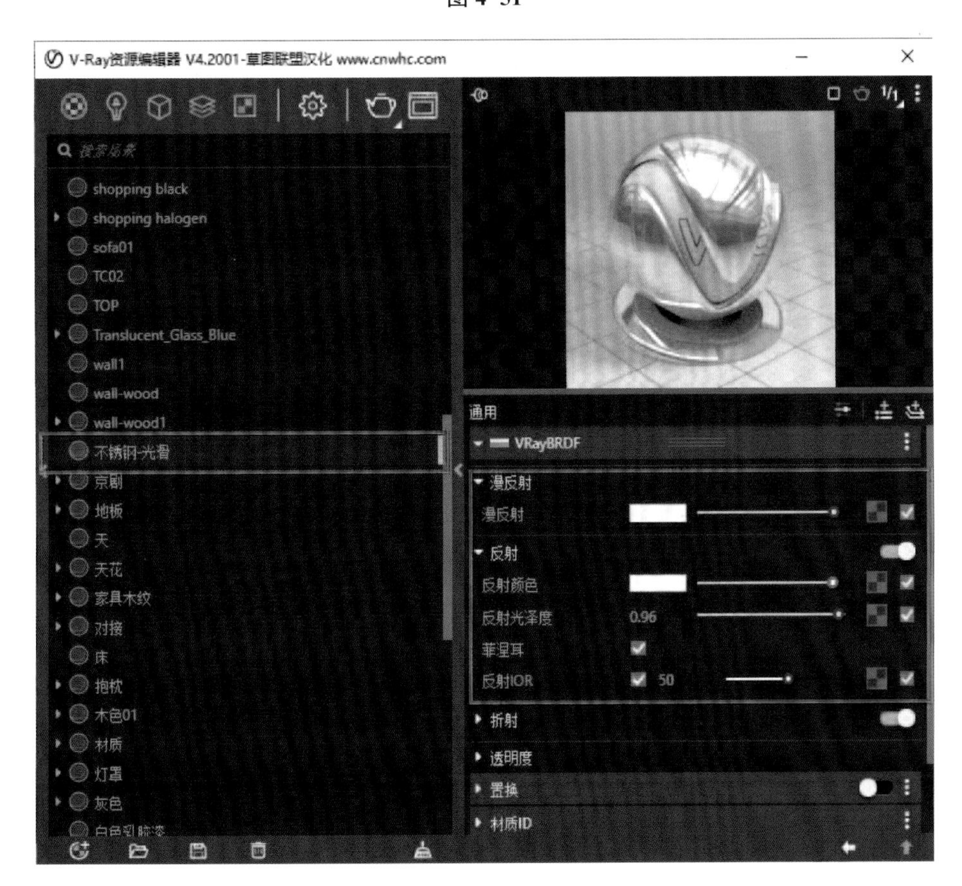
V-Ray资源编辑器 V4.2001-草图联盟汉化 www.cnwhc.com
搜索场景
shopping black
shopping halogen
sofa01
TC02
TOP
Translucent_Glass_Blue
wall1
wall-wood
wall-wood1
不锈钢-光滑
京剧
地板
天
天花
家具木纹
对接
床
抱枕
木色01
材质
灯罩
灰色
通用
VRayBRDF
漫反射
漫反射
反射
反射颜色
反射光泽度
0.96
菲涅耳
反射IOR
50
折射
透明度
置换
材质ID

图 4-52

（8）灯罩材质设置。

步骤 1：单击“资源管理器”按钮，打开其中的“材质”编辑器，打开左侧的附加面板，选择灯罩，然后在 SketchUp 的材质球中选择“通用材质”选项，单击鼠标右键，在弹出的菜单中选择“应用到选择物体”选项，然后在右侧的材质中重命名材质为“灯罩”。

步骤 2：在最右侧的材质球参数中单击漫反射最右侧的纹理贴图，进入颜色校正面板，再次单击颜色最右侧的纹理贴图，进入位图面板，单击最右侧的文件夹在打开的文件对话框中找到对应的图贴图添加到材质，完成效果如图 4-53 所示。

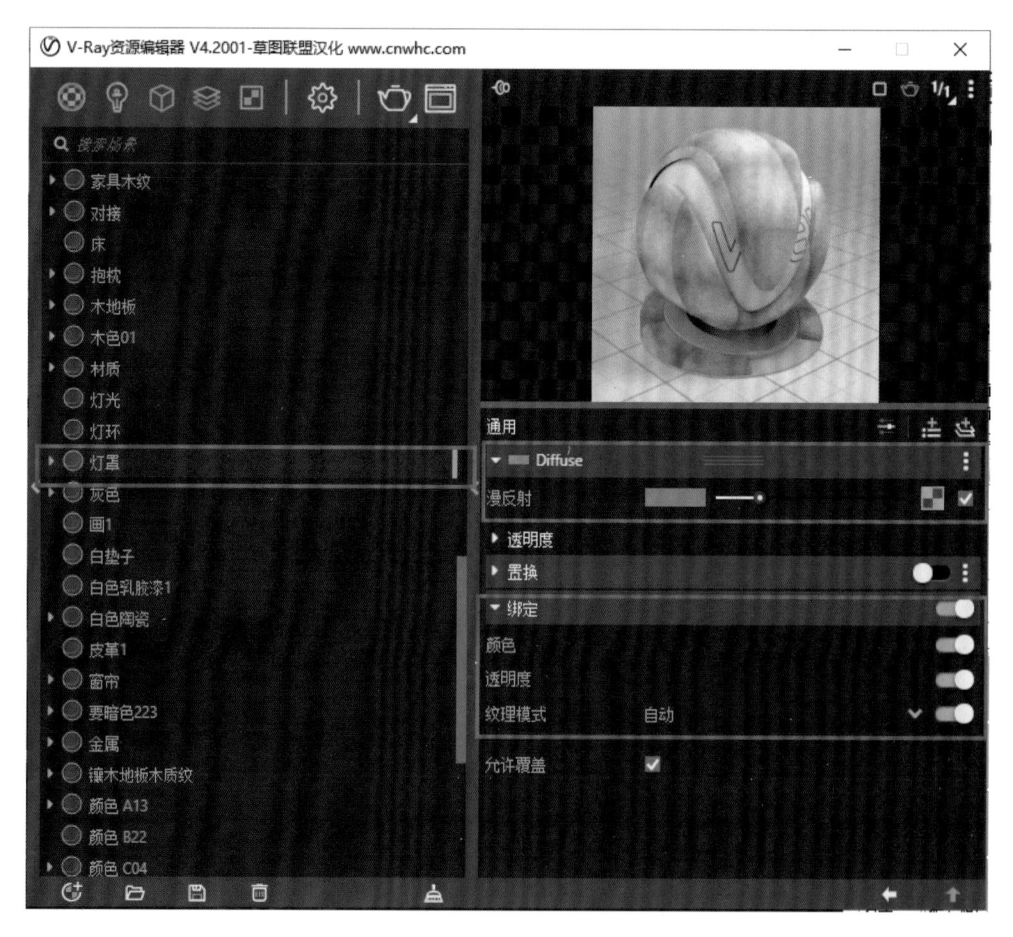

图 4-53

（9）天花材质。

步骤 1：单击“资源管理器”按钮，打开其中的“材质”编辑器，打开左侧的附加面板，选择天花，然后在 SketchUp 的材质球中选择“通用材质”选项，单击鼠标右键，在弹出的菜单中选择“应用到选择物体”选项，然后在右侧的材质中重命名材质为“天花”。

步骤 2：在最右侧的材质球参数中单击漫反射最右侧的纹理贴图，进入颜色校正面板，再次单击颜色最右侧的纹理贴图，进入“位图”面板，单击最右侧的文件夹，在打开的文件对话框中找到对应的图贴图添加到材质，完成效果如图 4-54 所示。

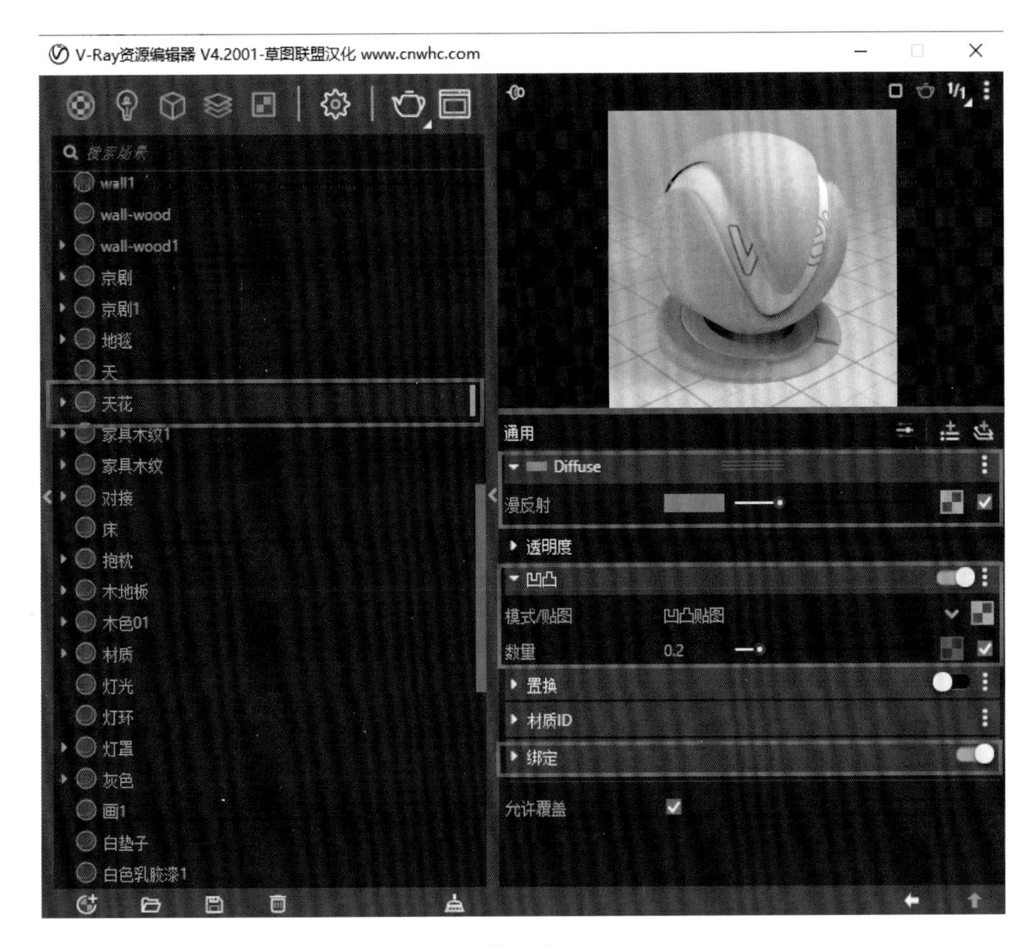

图 4-54

任务四　设置参数渲染出图

步骤 1：单击“资源管理器”按钮，在弹出的渲染设置面板中选择“设置”选项，打开渲染设置面板，将“渲染”下拉面板参数设置如图 4-55 所示。

步骤 2：单击展开“相机设置”面板，在“类型”中选择“标准”选项，开启“曝光”，曝光值设置为 15，参数设置如图 4-56 所示。

微课：设置参数渲染出图

图 4-55

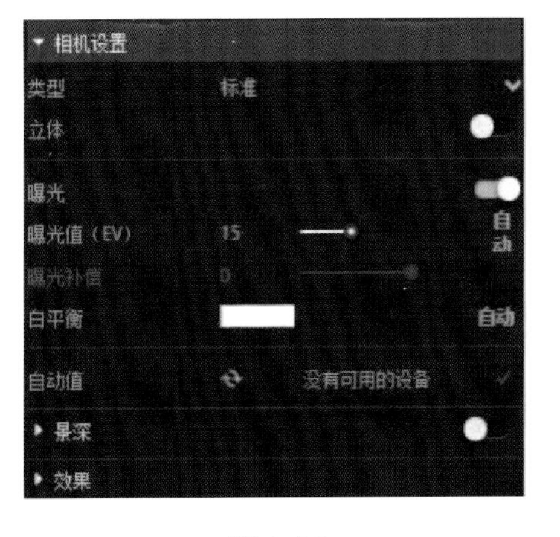

图 4-56

步骤 3：单击下侧的“渲染输出”面板，然后在“图像宽度 / 高度”右侧的宽度数值框中输入“1 500”，根据固定的长宽比将自动匹配出高度，从而完成输出图像尺寸大小的设置，如图 4-57 所示。

步骤 4：单击下侧的“保存图片”面板，打开“保存图片”对话框，如图 4-58 所示。在文件路径中选择保存路径，设定文件名与保存类型，如图 4-59 所示。

图 4-57

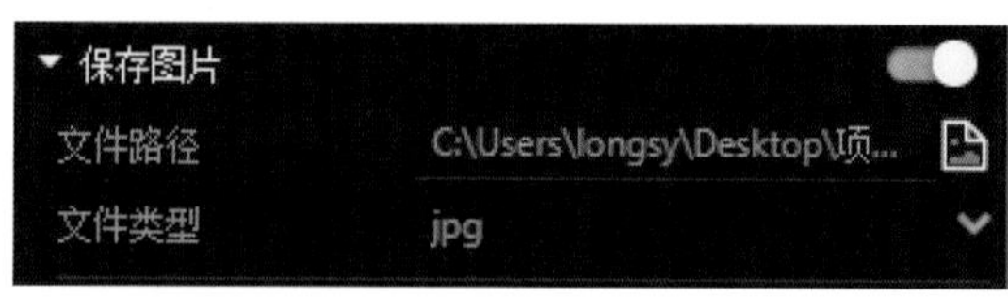

图 4-58

步骤 5：打开“环境”面板，勾选“背景”与“全局照明 GI”复选框，如图 4-60 所示。

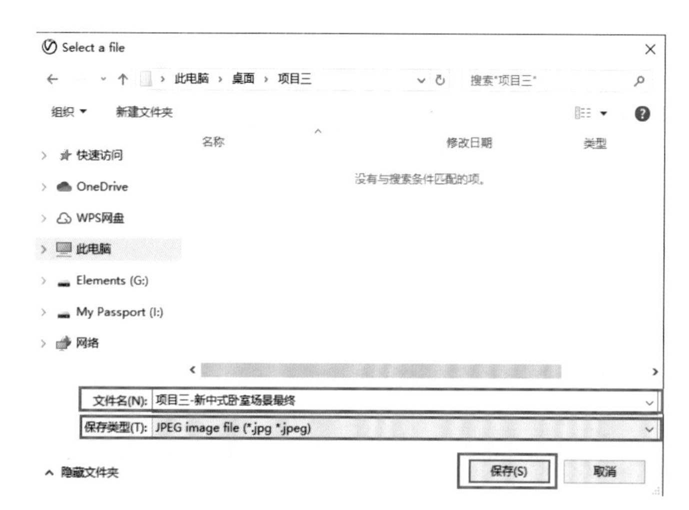

图 4-59

图 4-60

步骤 6：打开“渲染参数”面板，将“渲染质量”面板中的“噪点限制”设置为 0.05，“阴影比率”设置为 6，如图 4-61 所示。

步骤 7：打开“最佳优化”面板，将“自适应灯”设置为 8，“透明深度”设置为 50，“最大光线强度”设置为 20，如图 4-62 所示。

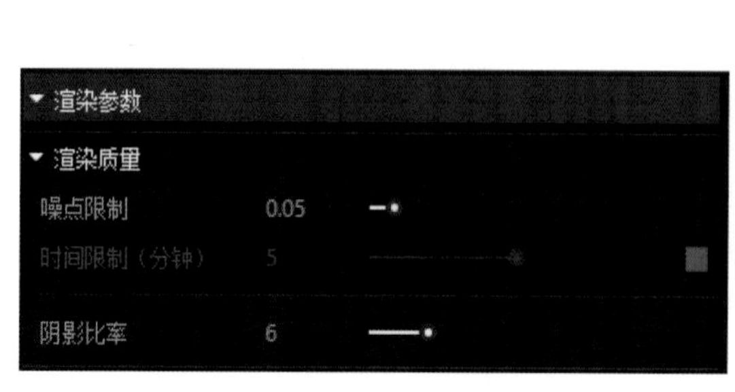

图 4-61

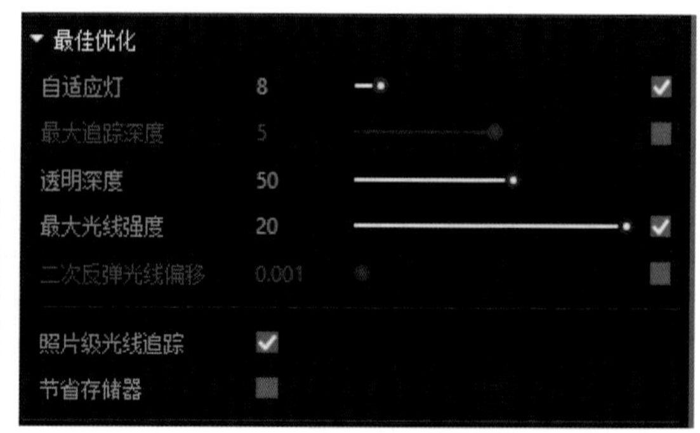

图 4-62

步骤 8：图像采样器的设置。开启“抗锯齿过滤”，在“尺寸 / 类型”中选择“Catmull Rom 算法”采样器，如图 4-63 所示。

步骤 9：打开“色彩映射”面板，分别将“子像素钳制”与“高光燃烧”设置为 1，如图 4-64 所示。

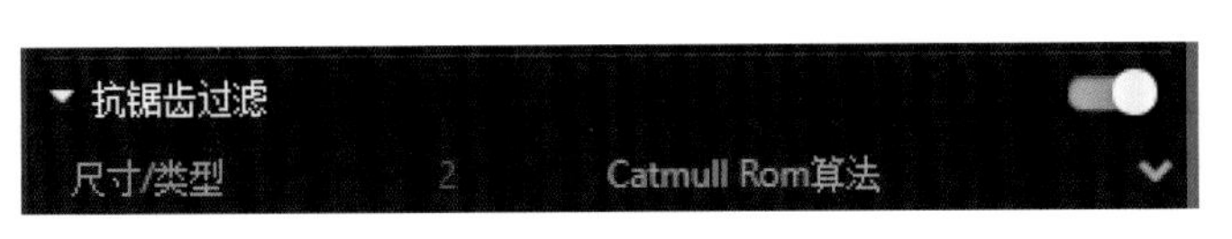

图 4-63

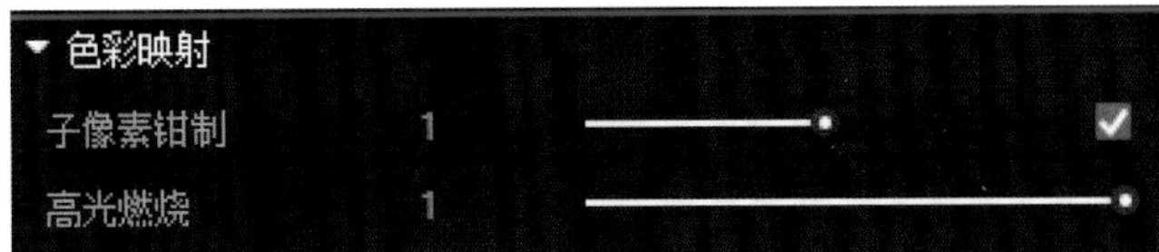

图 4-64

步骤 10：全局照明参数设置。打开“全局照明（GI）”面板，将“主光线”设置为“发光贴图”，将“次级光线”设置为“灯光缓存”，如图 4-65 所示。

步骤 11：“发光贴图”参数的设置。“最小比率”设置为 -3，“最大比率”设置为 0，“细分值”设置为 50，“差值”设置为 20，如图 4-65 所示。

步骤 12：“灯光缓存”参数的设置。“细分值”设置为 1 000，“采样尺寸”设置为 0.001，如图 4-66 所示。

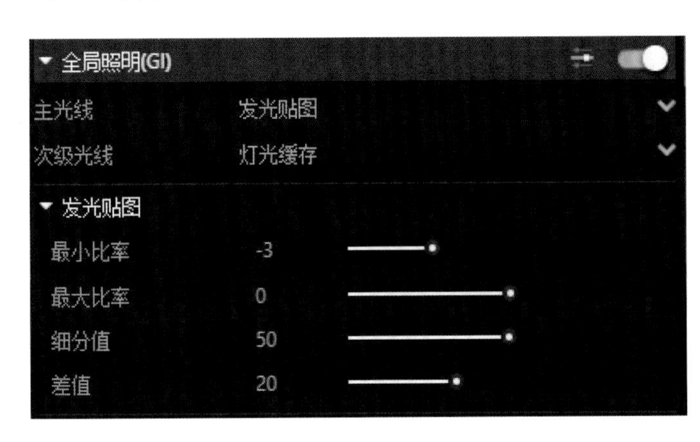

图 4-65

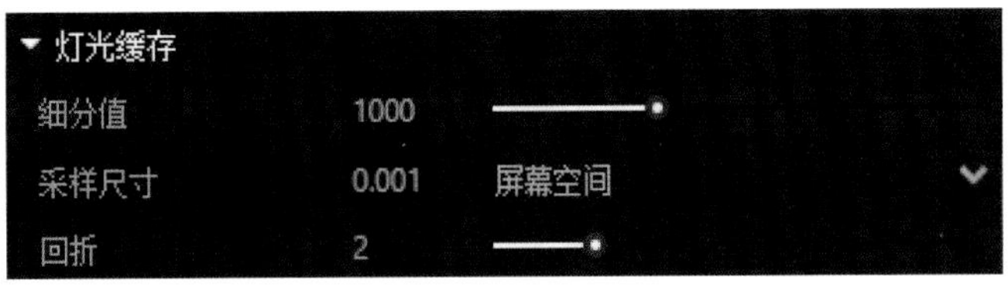

灯光缓存
细分值　1000
采样尺寸　0.001　屏幕空间
回折　2

图 4-66

步骤 13：设置完相关的参数后，单击 VRay for SketchUp 工具栏上的“渲染”按钮，开始对最终效果图进行渲染，渲染结果如图 4-67 所示。

图 4-67

评分标准

评分标准见表 4-1。

表 4-1 评分标准

序号	考核项目	考核内容及要求	配分	评分标准	得分
1	渲染器的调用	渲染器界面的熟练调用	5	使用不熟练不得分	
2	测试渲染参数	测试渲染参数设置正确	10	测试渲染参数设置是否合理有效	
3	灯光与材质的调整	灯光布置正确	10	顺序错乱不得分	
4		灯光参数的设置正确	20	参数设置错误不得分	
5		材质参数的设置正确	20	参数不完整酌情扣分	
6		材质与模型的匹配	10	赋予错误不得分	
7	出图渲染参数	边做边存的良好习惯	5	不知存盘酌情扣分	
8		出图渲染参数设置正确	10	出图渲染参数时间和质量的搭配是否合理	
9	作业存档与上交	作业格式完整	5	错误格式酌情扣分	
10		按时上交作业	5	不按时上交不得分	

课外强化训练

根据自拟素材完成客厅的灯光材质布置与渲染，参考效果图如图 4-68、图 4-69 所示。

图 4-68

图 4-69

项目小结

本项目完整地介绍了 SketchUp Pro 2020 的渲染器插件 VRay for SketchUp 4.2 的操作方法，通过对 VRay for SketchUp 4.2 工具栏、界面及灯光、材质、渲染参数的设置，对三维模型进行了渲染，使效果图具有较强的表现力与真实感。

PROJECT FIVE

项目五 室内设计实例（三）——现代风格一室两厅综合制作

项目概述

本项目通过完整的一室两厅一厨一卫的现代风格住宅空间建模与效果图制作，来学习 SketchUp Pro 2020 的室内整体建模方法、渲染器插件 VRay for SketchUp 4.2 的材质及渲染出图。学生应掌握 SketchUp Pro 2020 的一体建模的方法和技巧，能够综合使用 SketchUp Pro 2020 的绘图工具、编辑工具快速建立室内场景，并完善各界面的造型制作。注意导入模型的合并与使用，把握整体的空间比例关系，注意出图的角度设置，学会 VRay for SketchUp 4.2 的 V-Ray 材质、V-Ray 灯光、V-Ray 渲染参数的设定。通过本项目的学习，巩固 SketchUp 效果图的制作技能。

通过本项目的实践任务了解设计师在真实项目制作中应具备的基本职业素养，培养设计表现的职业能力与责任意识，培养创新意识与原创精神，培养责任心和良好的团队合作精神。

实战引导

1．实战项目：现代风格客厅效果图渲染

某装饰设计公司承接了一住宅房设计项目，业主要求设计为现代风格，并要求先开始户型设计并快速表现主空间效果图。请以设计师视角完成户型整体设计，并完成户型鸟瞰布局与客厅效果图制作。

2．项目要求

（1）掌握 SketchUp 一体建模方法，熟练使用渲染器插件功能。

（2）针对案例完成专项训练，通过项目实践室内设计流程，掌握设计与高质量渲染出图的方法，要求严谨、认真完成任务。

问题发布

1．SketchUp 的快速表现的方式有哪些？表现形式有哪些特色？

2．SketchUp 的一体建模要注意什么事项？

3．SketchUp 的出图角度要注意什么？

实战案例解析——现代风格一室两厅综合制作

本项目将主要使用综合命令与工具完成现代风格一室两厅综合制作。在制作过程中，应深入了解 SketchUp 建模与渲染的特点及优势。熟练综合应用制作与设计建模的表现方法与步骤。培养耐心细致的制图习惯、严谨的学习态度、灵活运用命令与工具的能力，创新性自主寻找便捷操作技巧。

微课：全套户型框架制作

任务一 全套户型框架制作

（1）户型图导入。

步骤 1：打开 SketchUp 文件，选择建筑模板为毫米或设置单位为毫米，如图 5-1、图 5-2 所示。

图 5-1

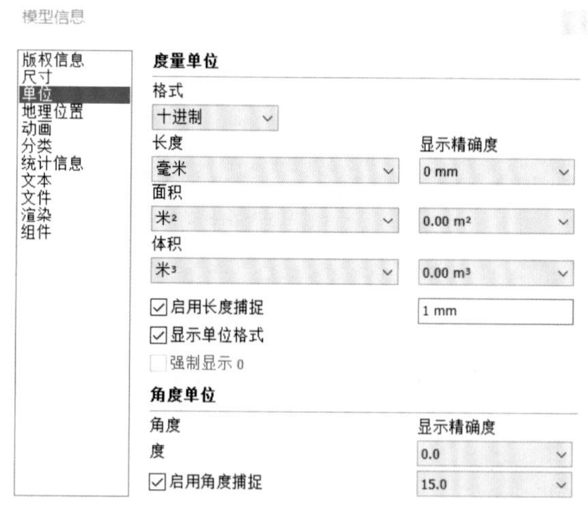

图 5-2

步骤 2：切换到顶视图，然后打开配套资源文件，把户型图导入 SketchUp 文件中，如图 5-3 所示。

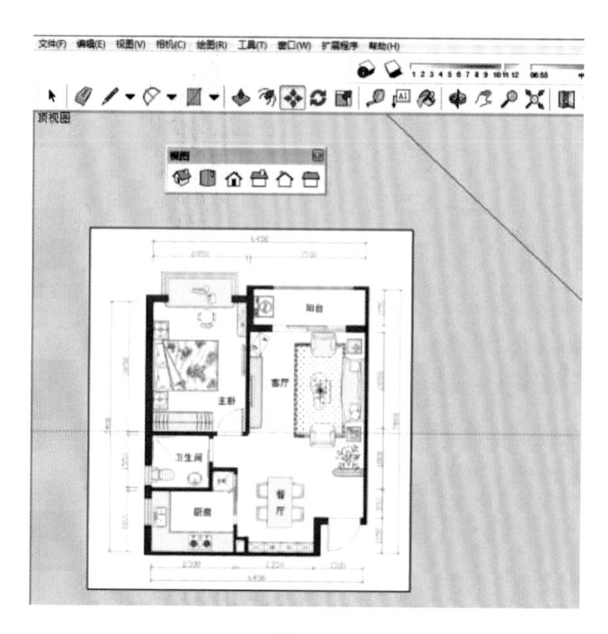

图 5-3

步骤 3：使用缩放工具，使图片的尺寸与实际尺寸相吻合。如测量图片的主卧的门洞为 267 mm，如图 5-4 所示；而实际尺寸一般为 800 mm，此时需要将图片选取，使用缩放工具缩放（800 除以 267）约 3 倍，如图 5-5 所示。

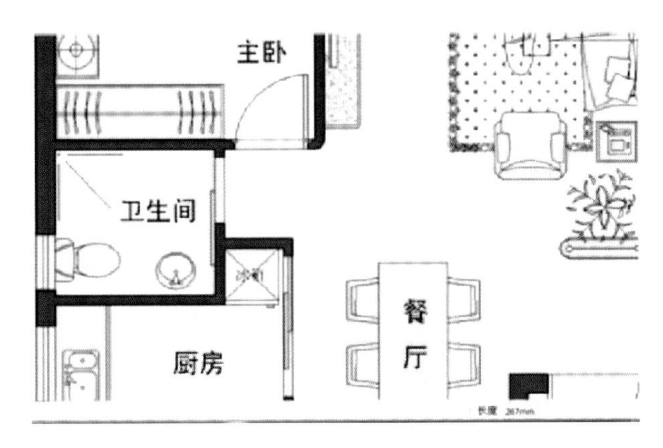

图 5-4

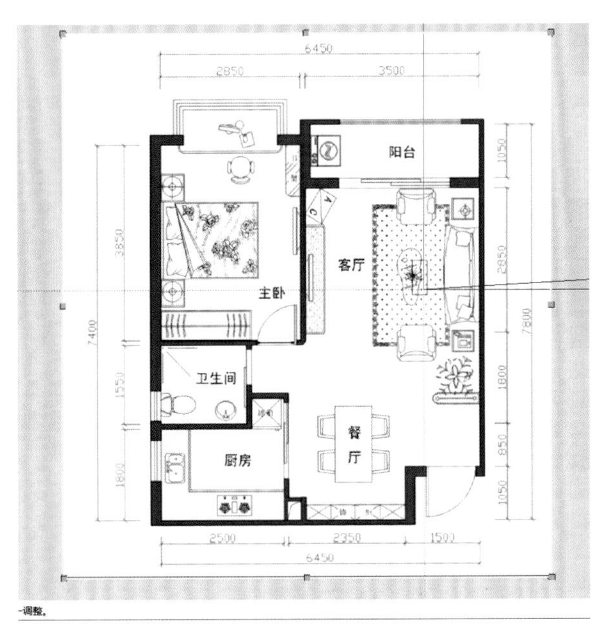

图 5-5

（2）制作户型基本墙体。

步骤 1：使用“直线”工具沿图描绘墙体，绘制直线时输入参数长度值（以取整数为佳），避免随意绘制，且所有的线都在平面上，如图 5-6 所示。窄墙厚度为 120 mm，宽墙厚度为 240 mm。

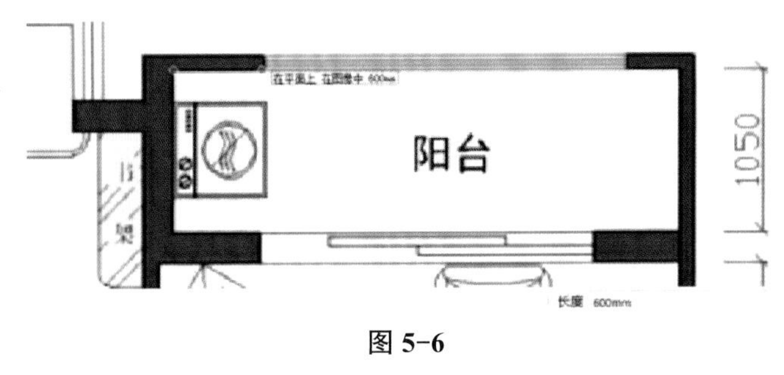

图 5-6

步骤 2：注意墙线之间的相互关系，预留门窗洞位置等细节描图，多余的线面可同时删除。绘制的最终效果如图 5-7、图 5-8 所示。

步骤 3：使用“推 / 拉”工具，推出墙体高度（高 3 000 mm），如图 5-9、图 5-10 所示。

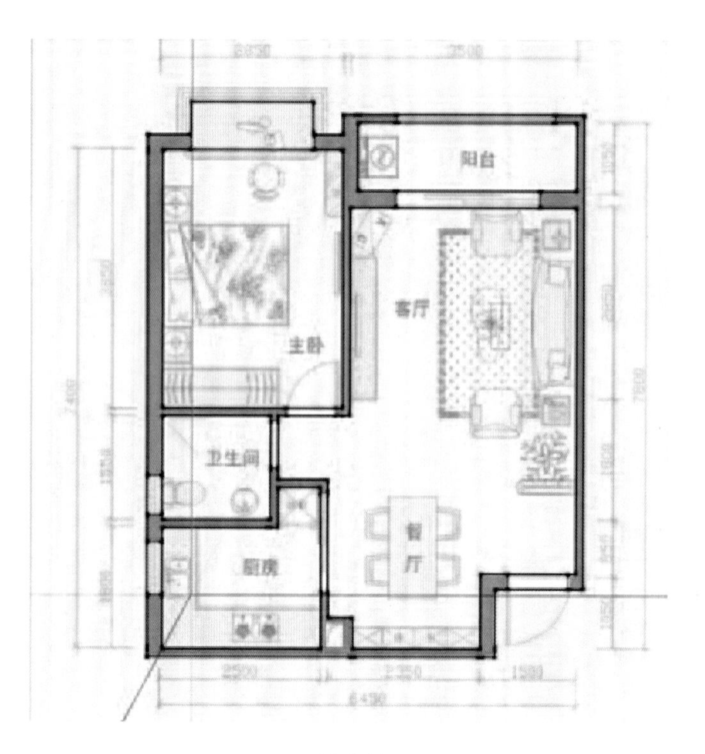

图 5-7

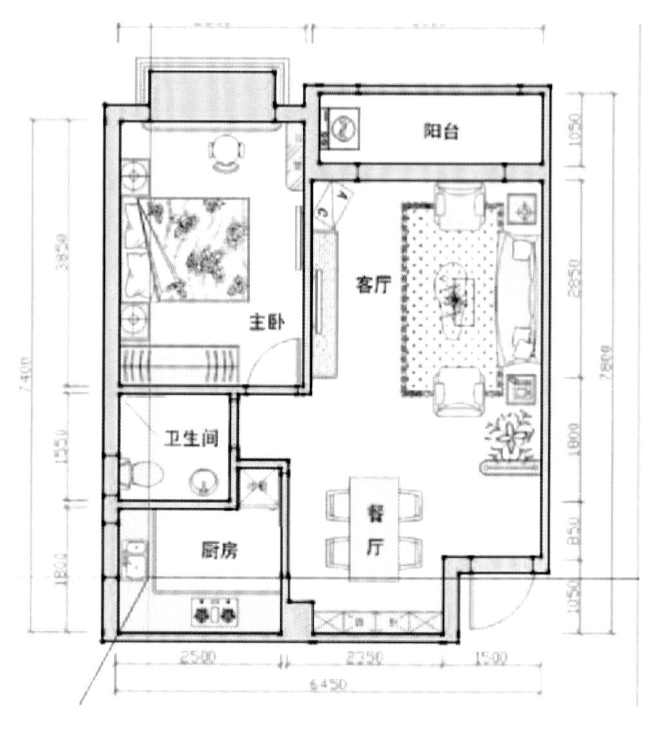

图 5-8

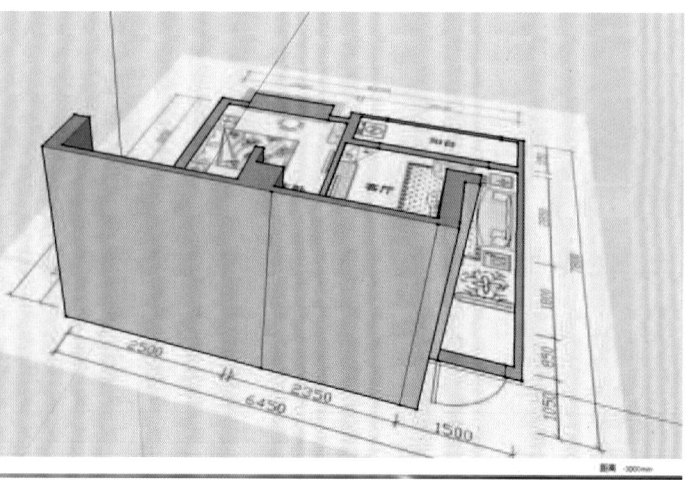

图 5-9

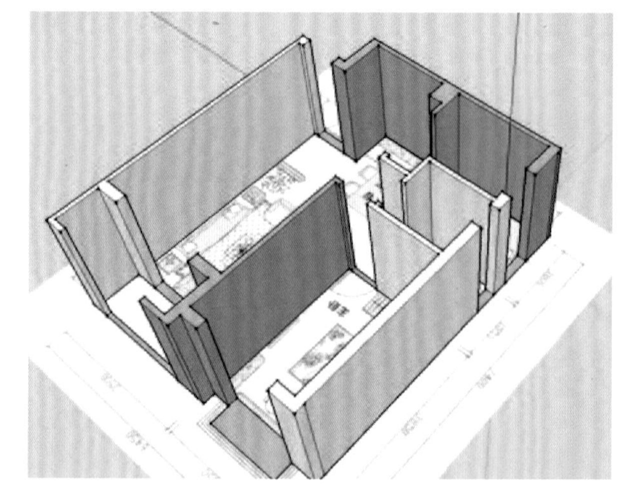

图 5-10

（3）创建窗洞与门洞 。

步骤 1：使用矩形工具补顶部梁，如图 5-11、图 5-12 所示。

步骤 2：绘制完相关封闭面域，并将非墙体面域删除，如图 5-13 所示。

步骤 3：使用“推 / 拉”工具制作窗台（高 1 000 mm）和上梁（下 450 mm），如图 5-14 所示。然后删除多余线条，如图 5-15 所示。其他窗洞和门洞以此方法制作。

步骤 4：飘窗制作。选择飘窗外缘线，如图 5-16 所示；向外偏移 120 mm，如图 5-17 所示。连接飘窗墙线，删除多余线条，如图 5-18 所示。

步骤 5：选择飘窗相关线面，向上移动复制（600 mm），并复制一个相同的飘窗顶，如图 5-19、图 5-20 所示。

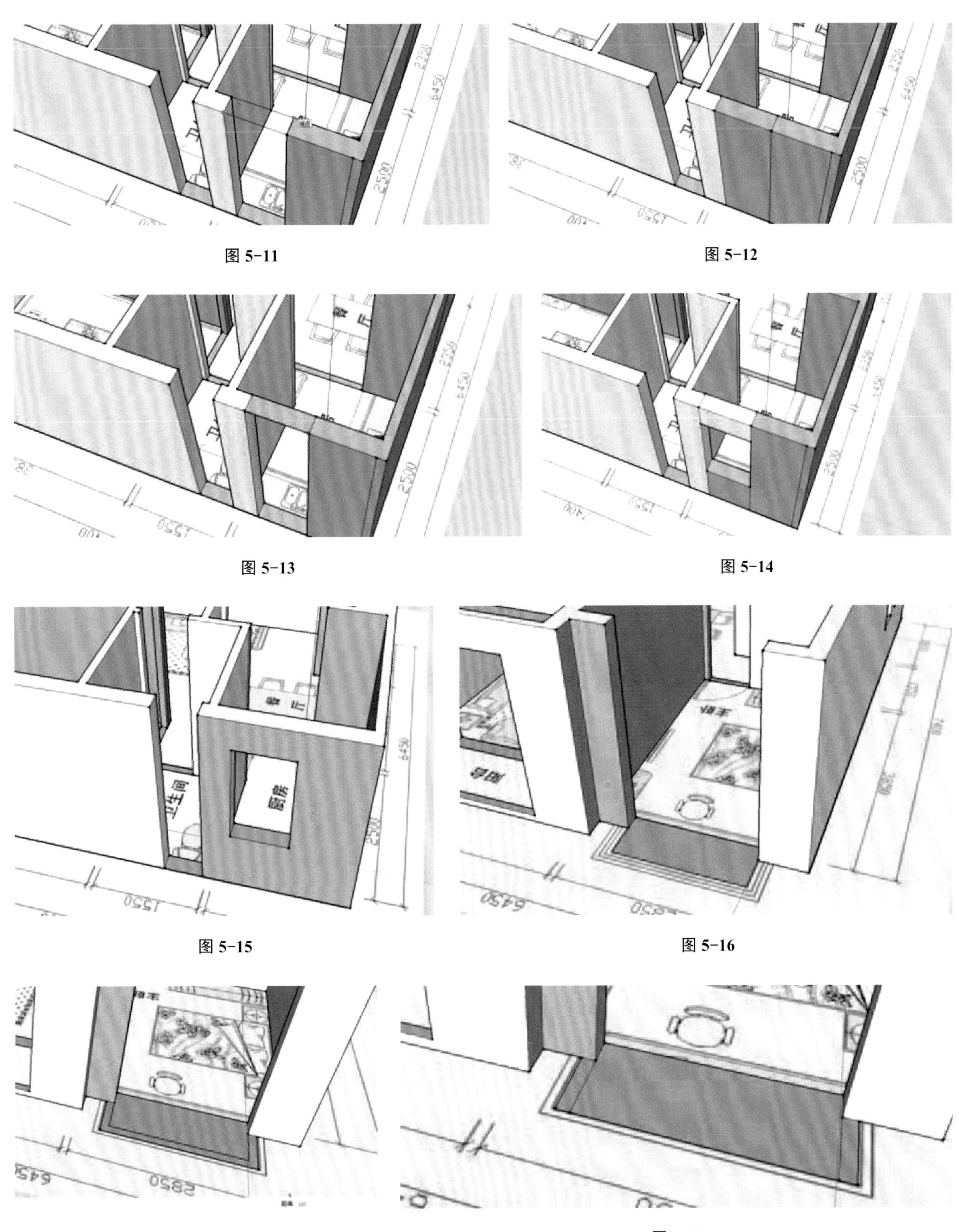

图 5-11

图 5-12

图 5-13

图 5-14

图 5-15

图 5-16

图 5-17

图 5-18

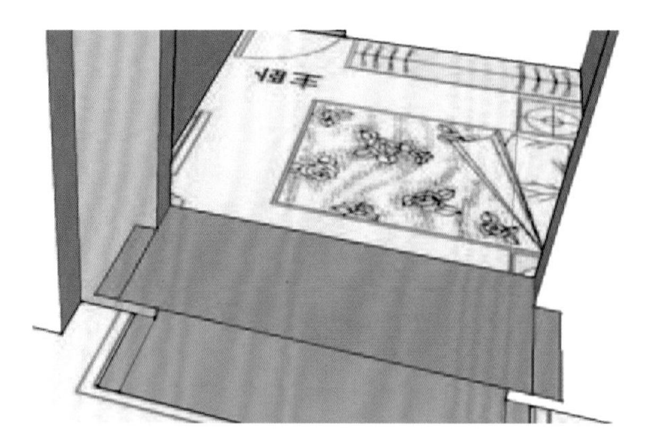

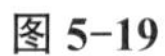
图 5-19

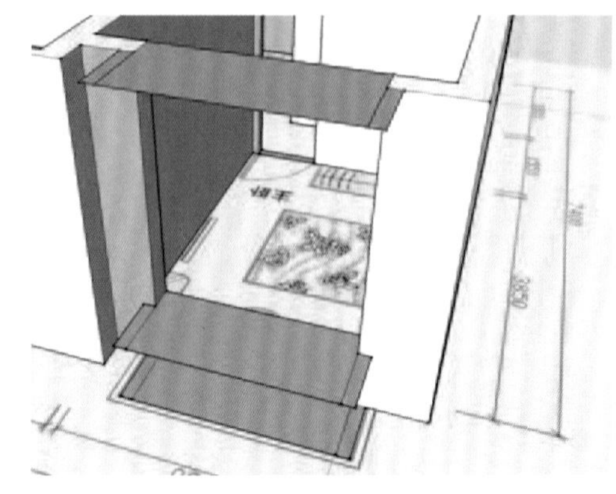

图 5-20

步骤 6：使用“推 / 拉”工具，制作两边的墙和顶，如图 5-21 所示。

步骤 7：最终完善整体墙结构，删除多余面、线，如图 5-22 所示。

步骤 8：把建好的墙体结构创建组件，方便以后编辑及材质赋予，如图 5-23 所示。

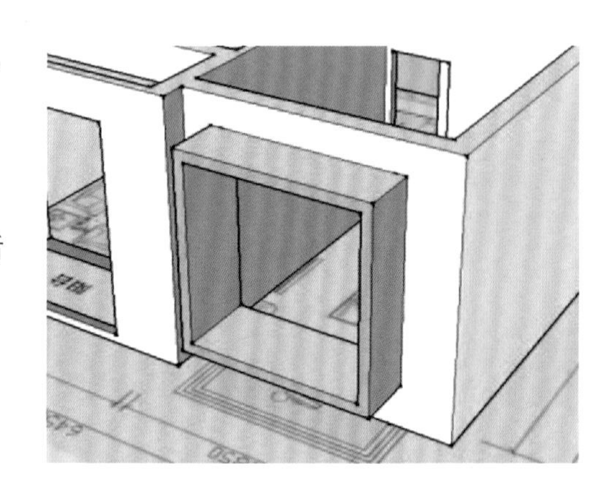

图 5-21

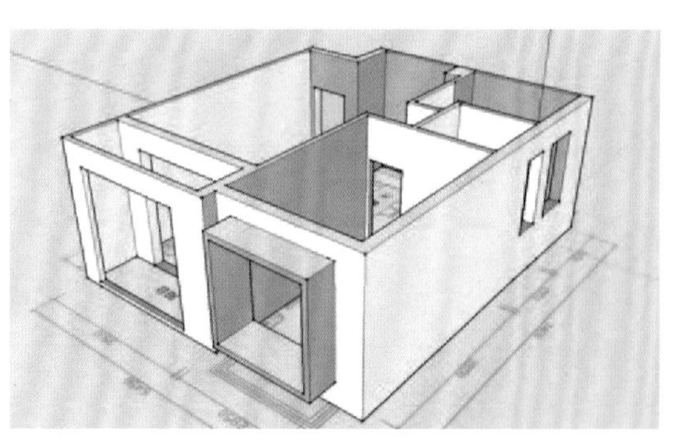

图 5-22

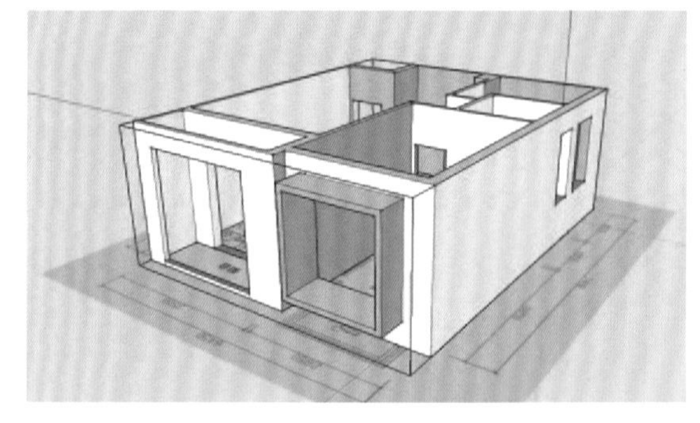

图 5-23

任务二 布置门窗

（1）布置门模型 。

步骤 1：门框制作，使用矩形捕捉门洞大小绘制门体，如图 5-24 所示。

步骤 2：使用选择工具，双击矩形，选中四边及面，如图 5-25 所示；然后单击鼠标右键，在弹出的菜单中选择“创建组件”命令，如图 5-26 所示。

步骤 3：双击进入组件，选择门框三边，如图 5-27 所示；使用“偏移”工具，向内偏移 80 mm，如图 5-28 所示；使用“推 / 拉”工具，推出 160 mm 门框厚度，如图 5-29 所示；删除中间的面，如图 5-30 所示。

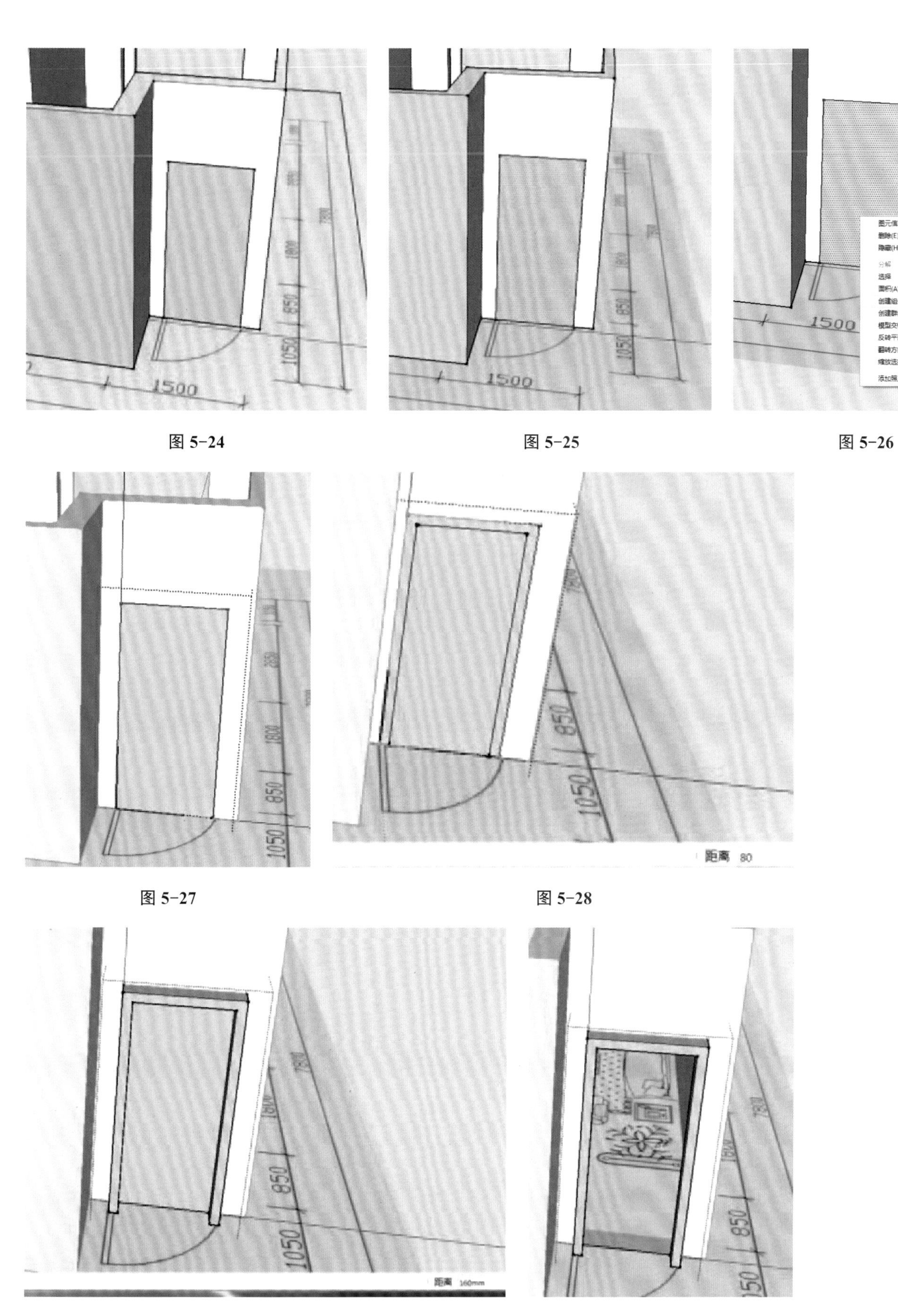

图 5-24

图 5-25

图 5-26

图 5-27

图 5-28

图 5-29

图 5-30

步骤 4：门扇制作。退出门框组件，利用“矩形”工具捕捉门框内结构，如图 5-31 所示；然后双击门扇的边及面创建门扇的组件。

图 5-31

步骤 5：双击进入门扇组件，使用“编辑”工具绘制门扇的造型，如图 5-32（使用“偏移”工具向内偏移 180 mm）、图 5-33（使用“直线”工具捕捉中点分割门扇造型）、图 5-34（使用偏移工具向内偏移 30 mm）、图 5-35（删除多余的线条）所示。

步骤 6：使用“推 / 拉”工具和“路径跟随”工具使门扇立体，如图 5-36（推出 20 mm）、图 5-37（推出 10 mm）、图 5-38（按 Ctrl 键缩放 0.85）所示。其他 3 个依次按上述步骤执行，如图 5-39 所示。

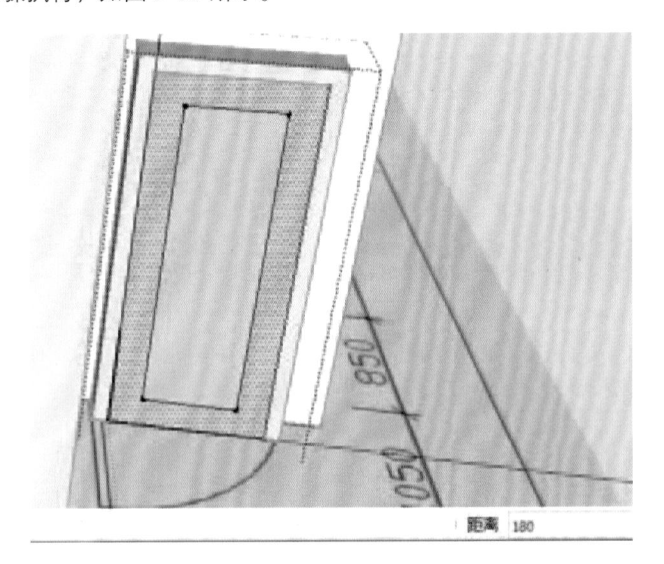

图 5-32

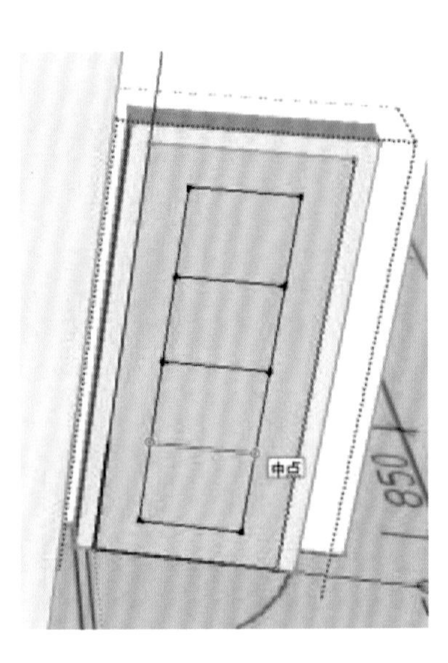

图 5-33

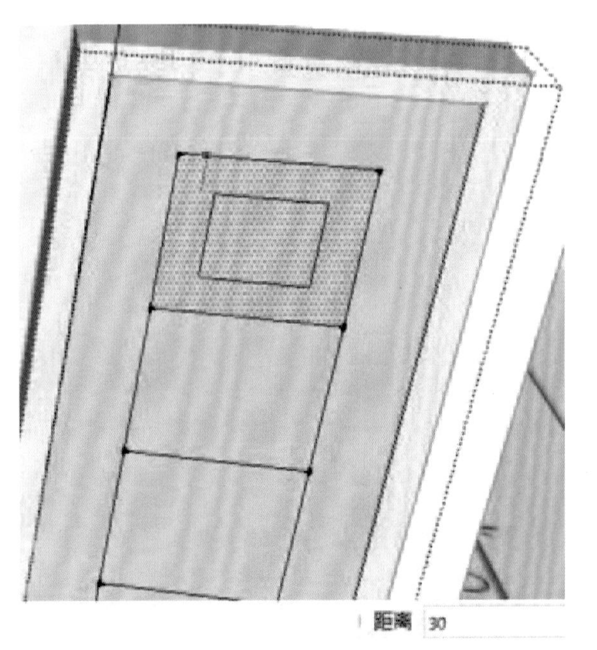

图 5-34

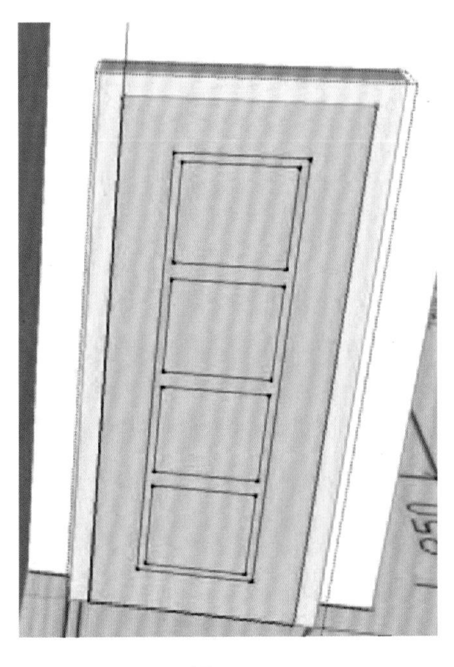

图 5-35

图 5-36

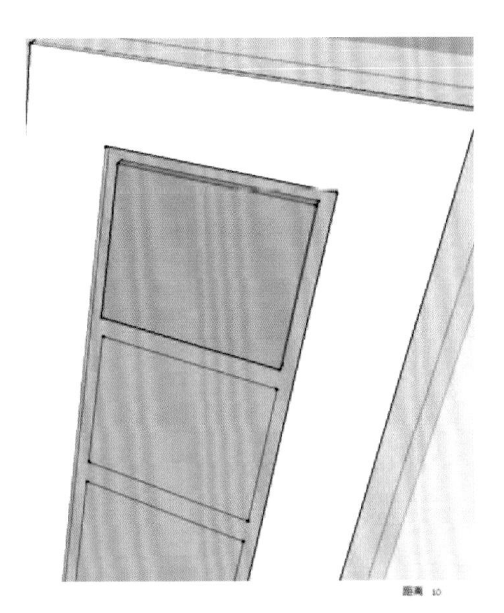

图 5-37

图 5-38

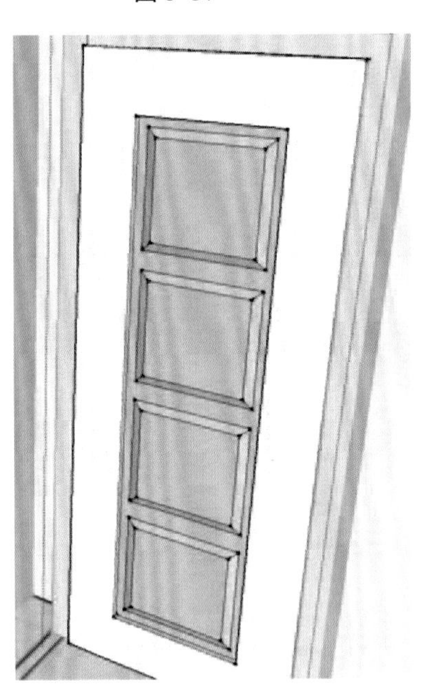

图 5-39

步骤 7：反面门扇造型制作。在组内选择所有门扇内容，移动复制一个门扇，然后旋转 180°，如图 5-40 所示；捕捉参考点将两个门扇合为一体，如图 5-41 所示；删除多余的线条，门扇制作完成，如图 5-42 所示。

步骤 8：利用“旋转”工具和“移动”工具调整门扇的位置，如图 5-43、图 5-44 所示。

步骤 9：选择门框和门扇组件，创建套门大组件，然后将其移动到合适的位置，如图 5-45 所示。

技巧提示

其他门的做法与上述门的做法相似，也可以直接插入上述所做的套门组件，然后对其单独处理，修改编辑相应的套门大小和样式。

图 5-40

图 5-41

图 5-42

图 5-43

图 5-44

图 5-45

（2）窗户布置。

步骤 1：外框制作。使用矩形捕捉窗洞大小绘制窗框，参考前述门框制作，此处不再赘述。

步骤 2：使用选择工具，双击矩形，选中四边及面；然后单击鼠标右键创建组件，参考前述门框制作，此处再不赘述。

步骤 3：使用偏移工具，偏移 50 mm；然后删除多余的面，如图 5-46 所示。

步骤 4：推出窗框厚度 50 mm。

步骤 5：窗扇制作。使用矩形捕捉窗框内缘大小绘制窗扇大小并成组件，参考前述门扇制作，此处不再赘述。

步骤 6：进入组件编辑窗扇造型，如图 5-47 所示。

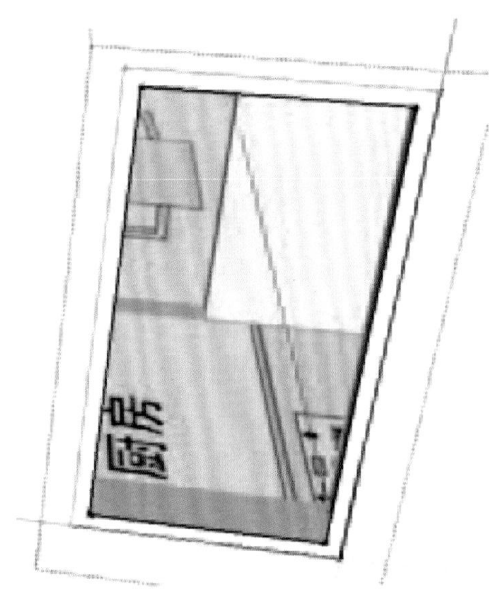

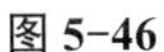

图 5-46

图 5-47

步骤 7：使用“推 / 拉”工具，推出框内框厚度 20 mm；然后使用“油漆桶”工具给玻璃的面赋予半透明材质，如图 5-48 所示。

步骤 8：反面窗扇造型制作与门扇制作方法一致，此处不再赘述。

步骤 9：将窗框与窗扇的位置，窗体与墙的位置调整，如图 5-49 所示。

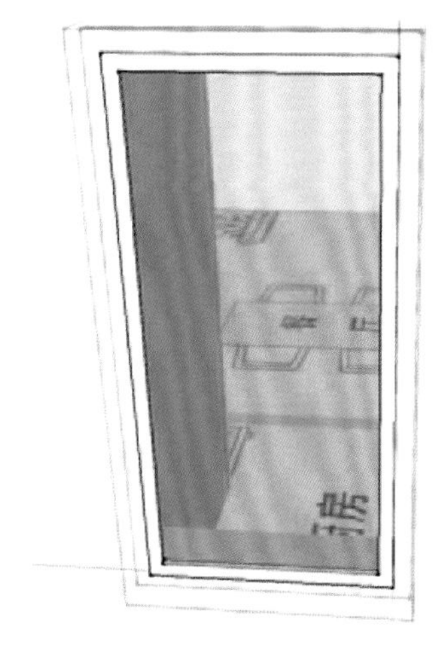

图 5-48

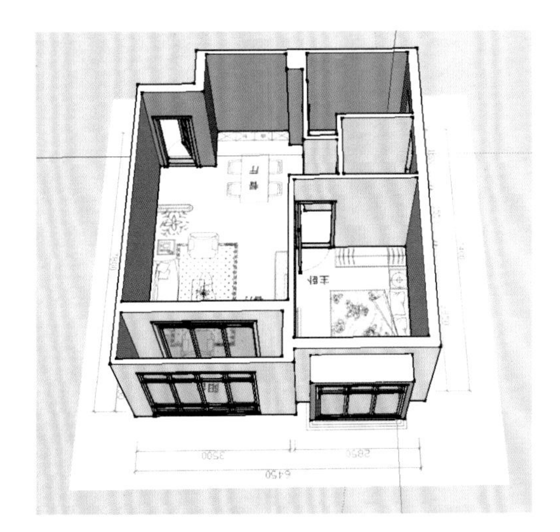

图 5-49

技巧提示

其他窗户的做法与上述窗户的做法相似，也可以直接插入上述所做的套窗组件，打开风格中的X光模式，把组件设定为唯一，使用“移动”工具修改单扇窗体长度、高度大小，多扇的可以在组内使用“移动复制”工具完善窗户不同的样式。推拉门制作方式与此基本一致。

微课：场景界面细化

任务三 场景界面细化

（1）吊顶制作。

步骤1：使用“矩形”工具捕捉顶，如图5-50所示。然后删除多余的线条，如图5-51所示。

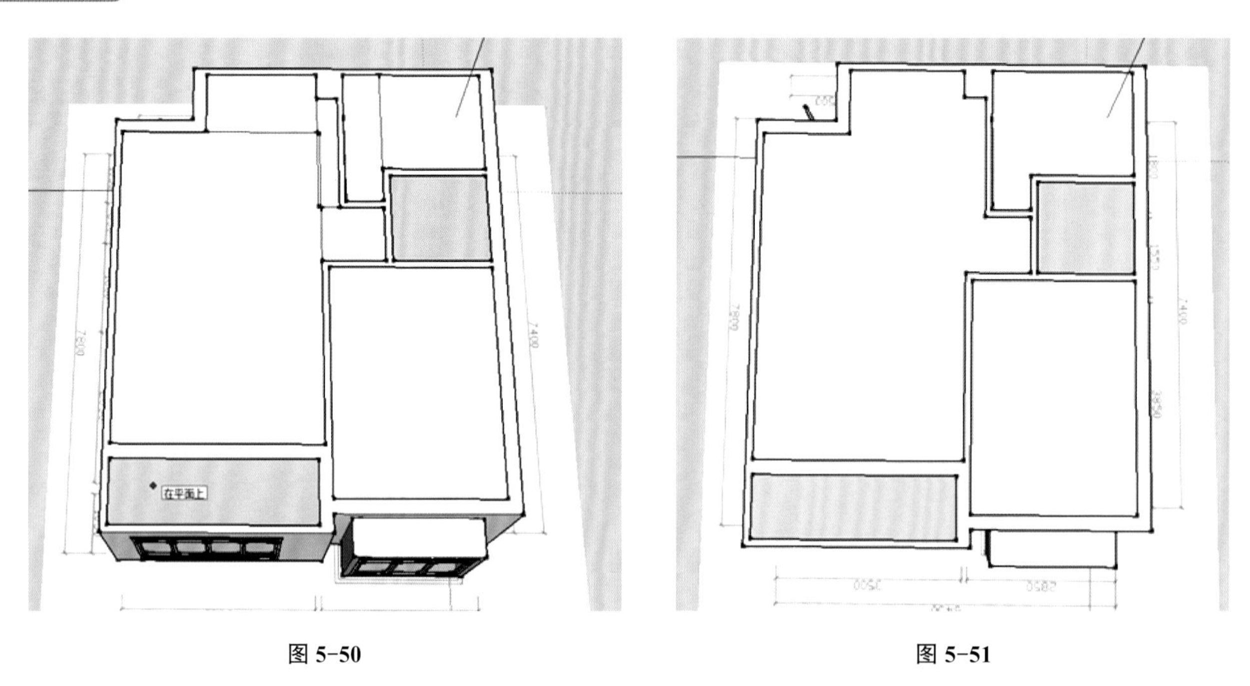

图 5-50

图 5-51

步骤2：选中所有顶面创建组件，如图5-52所示。

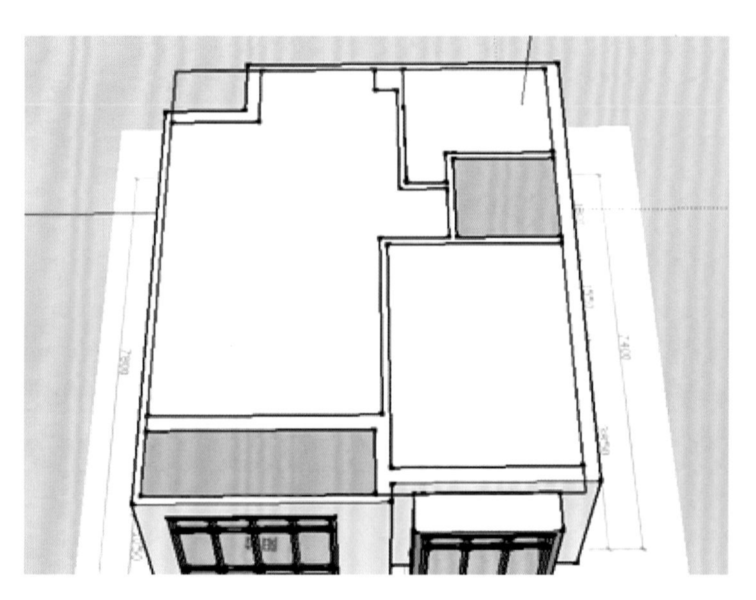

图 5-52

步骤 3：双击进入顶组件，对顶造型进行编辑设计。厨卫下吊 600 mm，如图 5-53 所示；客餐厅局部周边下吊 300 mm，如图 5-54 所示。

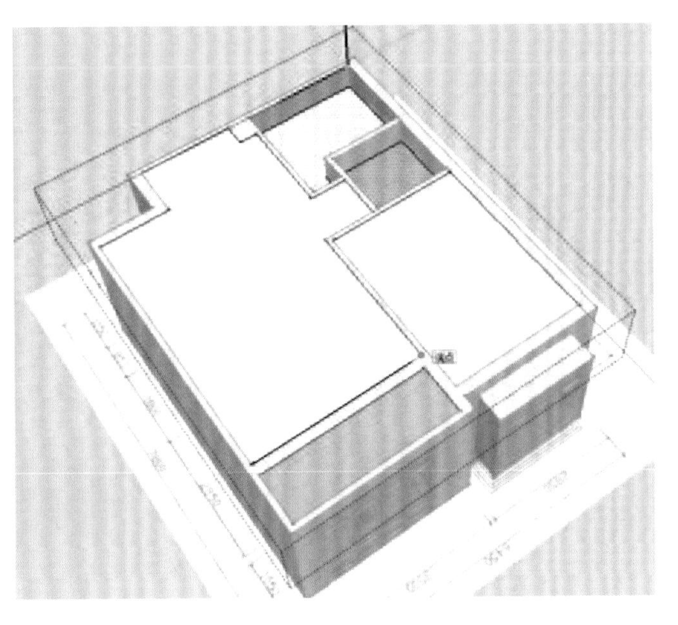

图 5-53

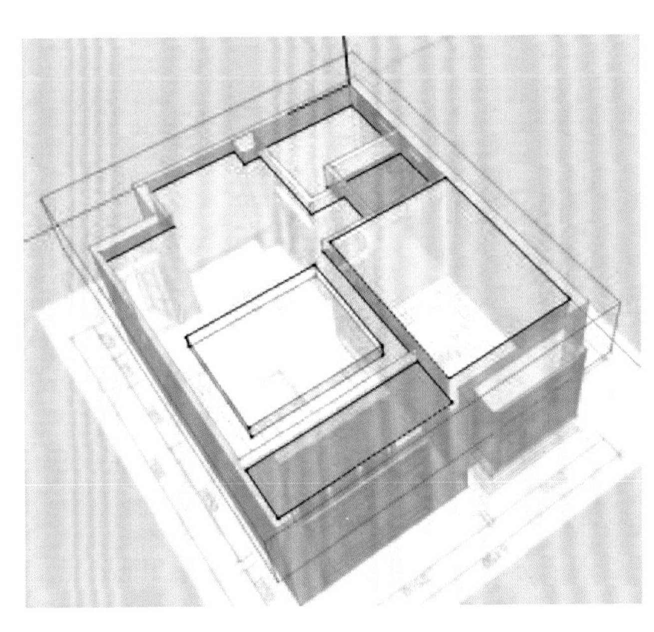

图 5-54

步骤 4：角线制作，首先绘制角线横截面，如图 5-55 所示；然后将截面粘贴入顶组件中，移动到需要做角线的位置，如图 5-56 所示；使用“路径跟随”工具制作角线，如图 5-57 所示。

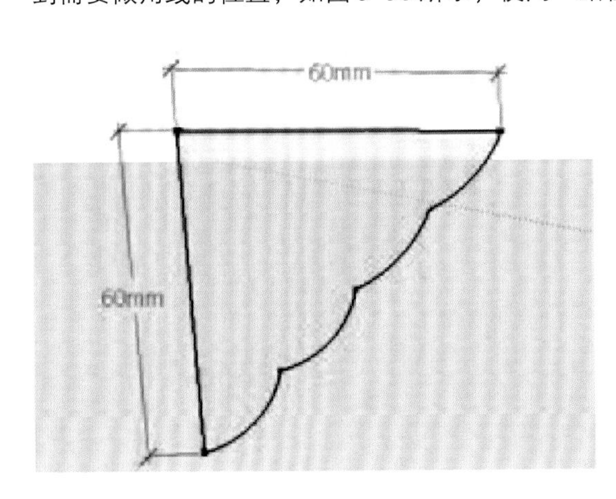

图 5-55

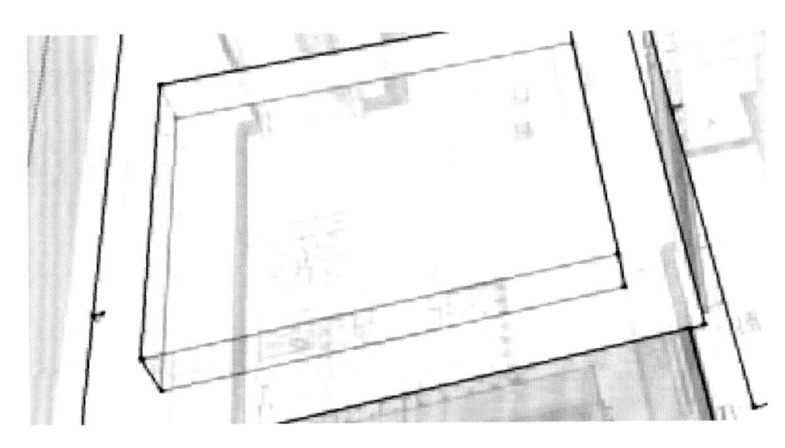

图 5-56

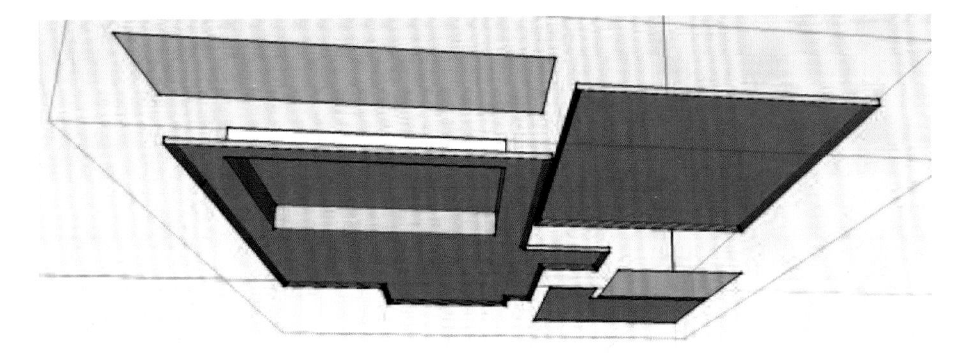

图 5-57

（2）地面及踢脚线制作。

地面同顶的制作方式类似，这里不再重复，地面完成效果如图 5-58 所示。

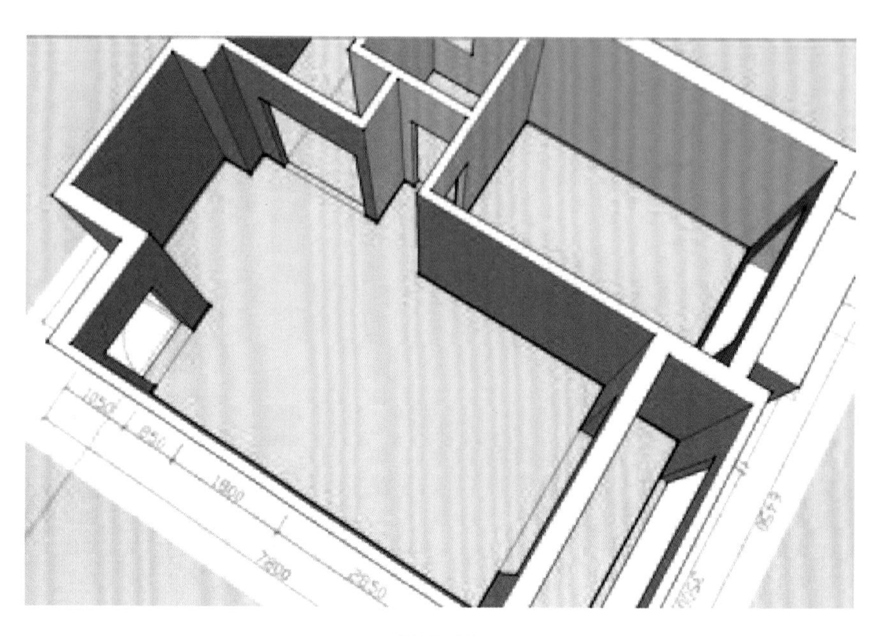

图 5-58

（3）背景墙制作。

步骤 1：使用“矩形”工具捕捉电视背景墙，然后创建组，如图 5-59 所示。

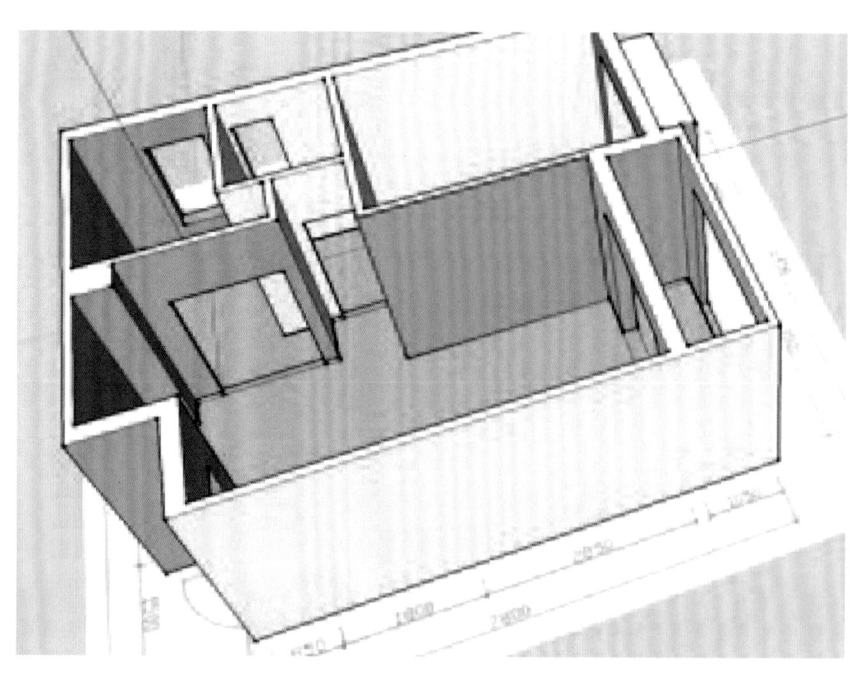

图 5-59

步骤 2：隐藏墙体，进入组件对背景墙进行造型设计。先选择上边移动 300 mm，去除吊顶部分，如图 5-60 所示。

步骤 3：对背景墙进行造型设计，如图 5-61 所示。

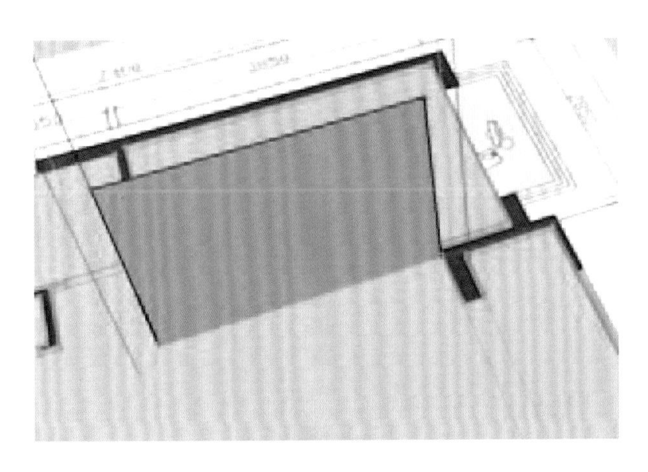

图 5-60

图 5-61

步骤 4：使用“推 / 拉”工具使背景墙具有立体感，背景墙模型完成，如图 5-62 所示。

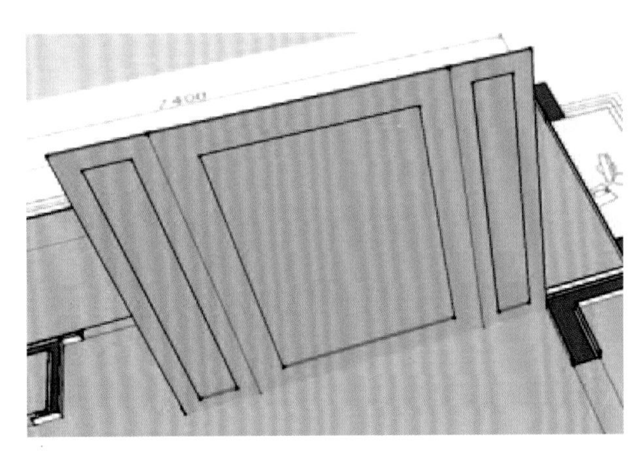

图 5-62

任务四　素材合并与效果细化

这里家具模型不再一一制作，可以调用合适的模型导入场景中。但是值得注意的是导入之前需要将调用的模型成组，以便使用编辑，提高作图效率。家具模型可以从互联网中寻找下载，也可以从本书配套资源中获得。

模型导入后，可以打开 X 光模式，按照底图的家具布置方案摆好家具。家具布置完成后，建模工作基本完成，如图 5-63 所示。

图 5-63

任务五　灯光布置

步骤 1：在布置灯光前，首先对场景进行测试，如图 5-64 所示。

图 5-64

步骤 2：布置主光源：窗光布置。在窗口绘制大于窗的矩形灯，然后选择面光源，单击鼠标右键，在弹出的菜单中选择“调整 Vray 灯光参数”，如图 5-65 所示。

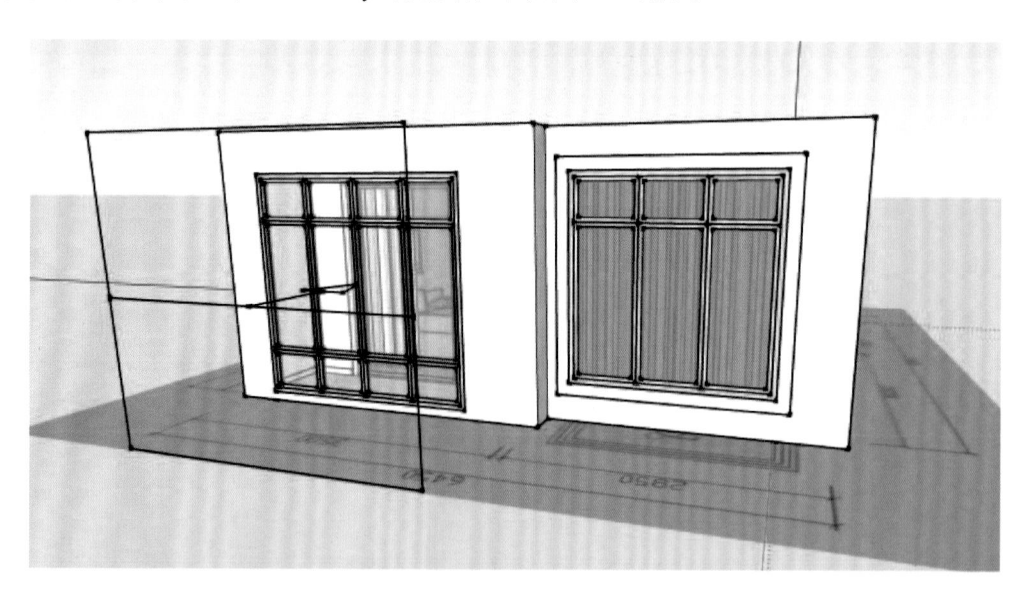

图 5-65

步骤 3：顶部吊灯，背景墙筒灯布置。单击工具栏中的“IES 灯”按钮，为场景的多个位置对应添加几盏光域网光源，在视图中单击精确创建出灯的位置，如图 5-66 所示。

步骤 4：灯光测试。初步测试时，可以按照项目四的初测参数调整，此处不再赘述。初测结果如图 5-67 所示。

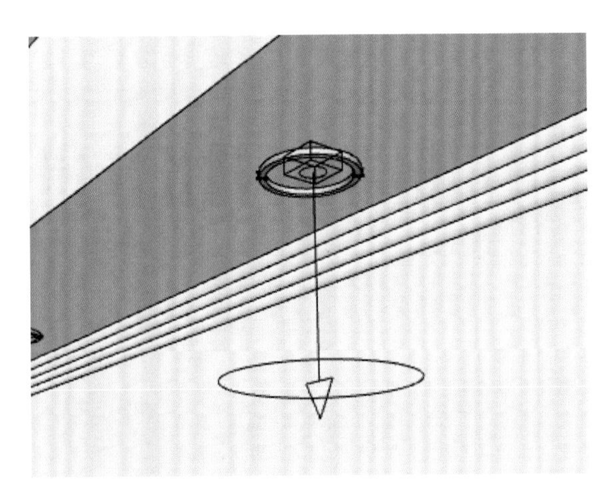

图 5-66

图 5-67

任务六　材质赋予与渲染设置及出图

此任务内容参照前面的学习内容，依次在油漆桶赋予材质贴图，调整贴图位置，然后进入 VRay 中对照前面的内容调整材质的各项物理参数，此处不再赘述。材质贴图可以从互联网上下载，也可以从本书配套资源中获得。

初步测试完成后，需要根据图纸需求渲染最终的场景，最终渲染要调整渲染参数面板，我们一般对图形采样、DMC 采样、输出、发光贴图、灯光缓冲几个地方调整，具体参数参考项目四的任务四，此处不再赘述。

任务七　Photoshop 后期处理

效果图渲染出图后，一般都要对它们进行 Photosthop 后期处理，以增加效果图的质感，提高场景亮度、对比度等。渲染效果图如图 5-68 所示。整体效果图比较灰暗，对比度不够强烈。

步骤 1：复制效果图图层，然后调节色阶，如图 5-69 所示。

步骤 2：调节曲线，增强对比度，如图 5-70 所示。再次调整色阶，如图 5-71 所示。

步骤 3：此时效果图渲染仍不够细致，有颗粒时，可以复制调节好的图层对它进行高斯模糊，如图 5-72 所示。

步骤 4：调整完成后另存为 tif 格式。

注意：在处理图片时要认真分析图片缺陷，对它们进行调整，除以上步骤外，在 Photoshop 软件中还可以为场景添加装饰物、更换物件颜色或调整场景的色调等。后期处理能制作出更为精致的效果图，弥补草图渲染中的不足。

图 5-68

图 5-69

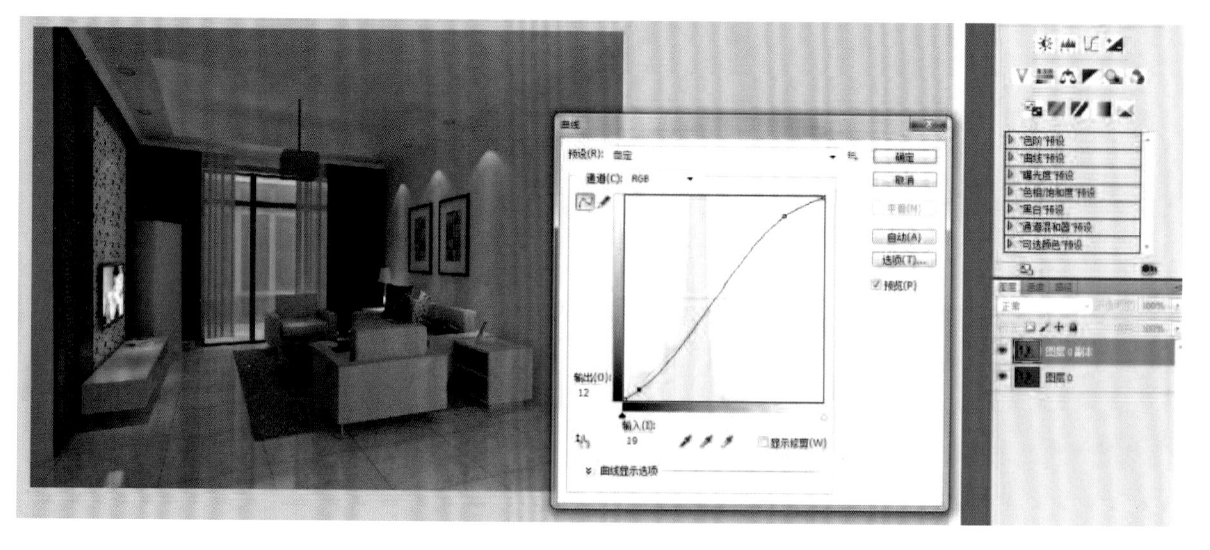

图 5-70

图 5-71

图 5-72

评分标准

评分标准见表 5-1。

表 5-1　评分标准

序号	考核项目	考核内容及要求	配分	评分标准	得分
1	模型的制作流程	制作顺序	20	顺序错乱不得分	
2		空间的概念	10	无空间感酌情扣分	
3	模型的制作方法	视图角度的使用	5	使用不熟练酌情扣分	
4		造型与工具的综合运用	15	搭配不精准酌情扣分	
5		边做边存的良好习惯	5	不知存盘酌情扣分	
6	材质与灯光的调整	材质参数的设置正确	10	参数不完整酌情扣分	
7		灯光布置与参数正确	10	错误不得分	
8	渲染参数	测试渲染参数设置正确	5	测试渲染参数设置是否合理有效	
9		出图渲染参数设置正确	10	出图渲染参数时间和质量的搭配是否合理	
10	作业存档与上交	作业格式完整	5	错误格式酌情扣分	
11		按时上交作业	5	不按时上交不得分	

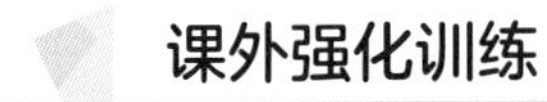

课外强化训练

根据图 5-73 所示的 CAD 四室两厅户型素材，进行室内模型设计制作，效果风格参考图 5-74～图 5-77。

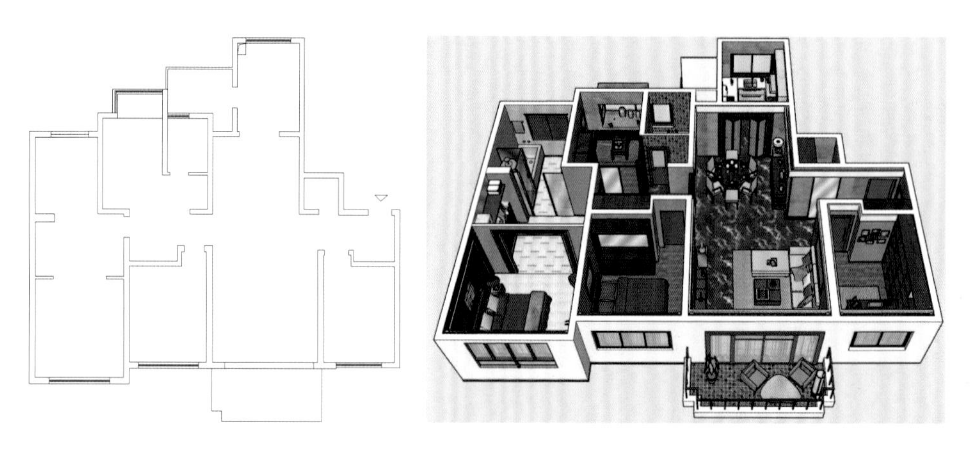

图 5-73　　图 5-74

图 5-75

图 5-76

图 5-77

项目小结

本项目完整地介绍了 SketchUp 的一体建模方法，渲染器插件 VRay for SketchUp 的操作方法，通过对 VRay for SketchUp 工具栏、界面及灯光、材质、渲染参数的设定，对三维模型进行了渲染，使效果图具有较强的表现力与真实感。

PROJECT SIX

项目六 建筑景观实例
——法院建筑景观漫游动画

项目概述

本项目讲解了法院建筑景观漫游动画的制作，学生应掌握 SketchUp 的建筑建模方法及漫游工具的使用。掌握 SketchUp 建筑景观的建模方法和技巧，能够灵活使用 SketchUp 的绘图工具、编辑工具，快速建立室外场景，并完善各界面的细节制作。注意模型的导入与合并使用，把握好整体的空间比例关系。学会使用 SketchUp 的漫游工具，为建筑场景制作漫游动画。

通过本项目的实践任务了解设计师在真实项目制作中应具备的基本职业素养，培养设计表现的职业能力与责任意识，培养创新意识与原创精神，培养责任心和良好的团队合作精神。

实战引导

1．实战项目：法院建筑景观漫游动画制作

某设计公司承接了某法院办公楼建筑景观漫游动画制作，规划用地面积为 6 046 m^2（9.07 亩）。基地西向临街城市主干道，基地北高南低、西高东低。客户要求建筑满足其现在的人员需求，而且要考虑以后的发展趋势。建筑使用空间要留有余地，并且在建筑形式上要有一定的时代前瞻性，请以设计师角度利用 SketchUp 建模与漫游工具完成设计任务。

2．项目要求

（1）掌握 SketchUp 建筑建模与漫游工具使用的特点，展现建筑主体的基本特征，建筑配景、绿化及景观效果制作，顺序合理，设计表现清晰明了。

（2）针对案例完成专项训练，通过项目实践景观漫游动画设计流程，掌握动画场景设计技巧与制作方法，要求严谨、认真完成任务。

问题发布

1．SketchUp 的漫游动画表现形式有哪些特色？

2．建筑景观设计建模的要点与步骤是什么？

3．SketchUp 建筑景观场景表现的方法有哪些？

知识导入

6.1 场景及“场景”管理器

完成一个方案之后，往往需要从不同角度来观察所建模型。通过页面管理器可以很方便地在一个文件内储存不同角度的模型，在推敲方案或给甲方看图时能迅速找到相关角度观察。通过场景来管理模型还有一个好处就是存储模型的时候，文件体积不会变大。

SketchUp 中的场景主要用于保存视图和创建动画，场景可以储存显示设置、图层设置、阴影和视图等。通过绘图窗口上方的场景和号标签可以快速切换场景显示。

选择“窗口”→“场景”命令，在弹出的“场景”管理器中可以添加和删除场景页面，也可以对场景页面进行属性修改，如图 6-1、图 6-2 所示。

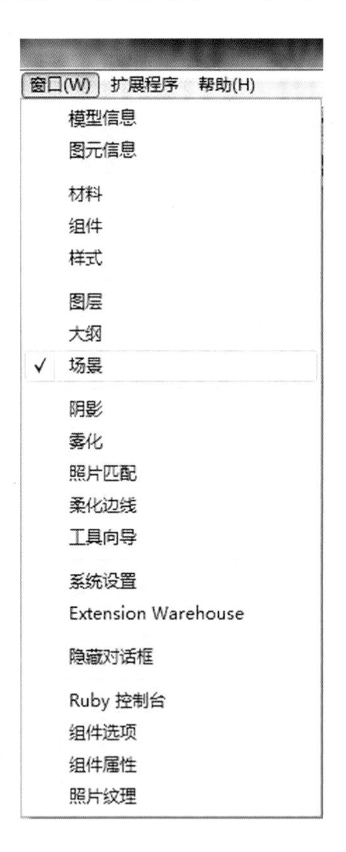

图 6-1

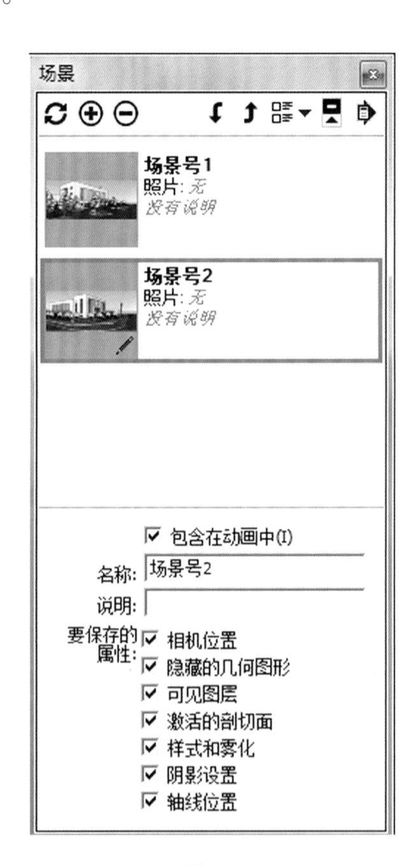

图 6-2

“场景”管理器中的“更新”场景按钮：如果对场景进行了改变，则需要单击该按钮进行更新。只有单击“更新”按钮后，场景的预览图才可以显示出来，也可以在场景号标签上单击鼠标右键，然后在弹出的菜单中选择“更新”场景命令。在场景标号上单击鼠标右键所弹出的命令，在场景对话框内都可以找得到，如图 6-3 所示。

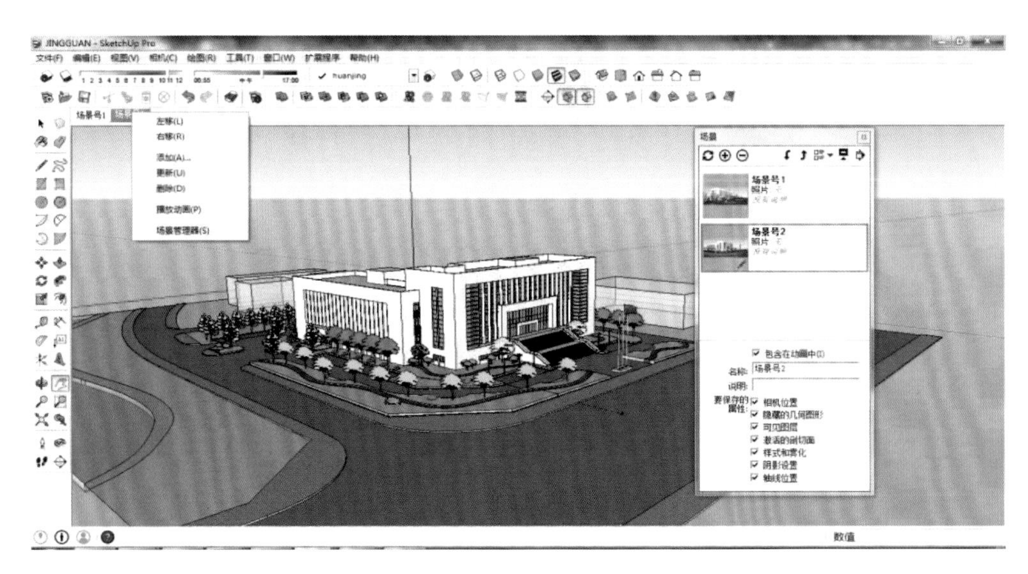

图 6-3

6.2 动画

SketchUp 的动画主要通过场景页面来实现，在不同页面场景之间可以平滑的过渡雾化、阴影、背景和天空等效果，也可以导出动画短片再放入其他专业视频剪辑软件当中编辑。SketchUp 的动画制作过程简单、成本低，被广泛用于概念性设计成果展示。

6.2.1 幻灯片演示

对于设置好页面的场景可以采用幻灯片的形式进行演示。首先设置一系列不同视角的页面，并尽量使得相邻页面之间的视角与视距不要相差太远，数量也不易太多，只选择能充分表达设计意图的代表性页面即可。然后选择“视图”→“动画”→“播放”命令，如图 6-4 所示，弹出“动画”对话框，单击“播放”按钮，即可播放页面的展示动画，单击“停止”按钮即可暂停幻灯片播放，如图 6-5 所示。

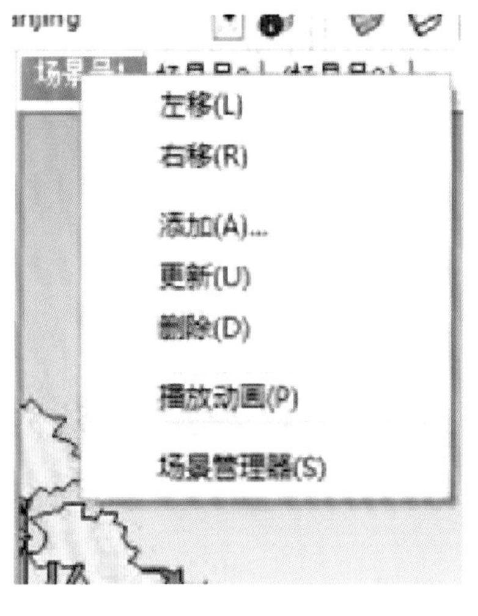

图 6-4

图 6-5

6.2.2 页面切换时间和延迟时间的设置

选择“视图”→“动画”→“设置”命令，在弹出的“模型信息”管理器中选择“动画”选项，在这里可以设置页面的切换时间和定格时间，如图 6-6、图 6-7 所示。为了使动画播放流畅，一般将场景延时设置为 0 s。

图 6-6

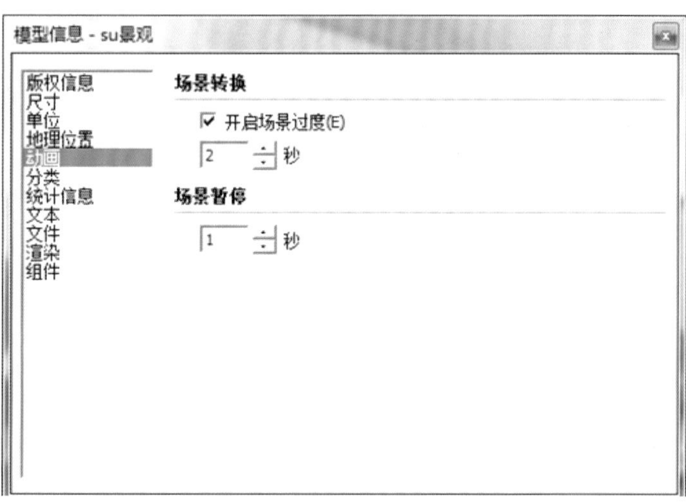

图 6-7

6.2.3 导出 AVI 格式的动画

对于简单的模型，采用幻灯片播放还能保持平滑动态显示，但在处理复杂模型的时候，如果要保持画面流畅，就需要导出动画文件了。因为采用幻灯片播放时，每秒显示的帧数取决于计算器的及时运算能力。

想要导出动画文件，可以选择“文件”→“导出”→“动画”命令，然后在弹出的“输出动画”对话框中设置导出格式为“AVI 文件（*.avi）”，再对导出选项进行设置即可，如图 6-8、图 6-9 所示。

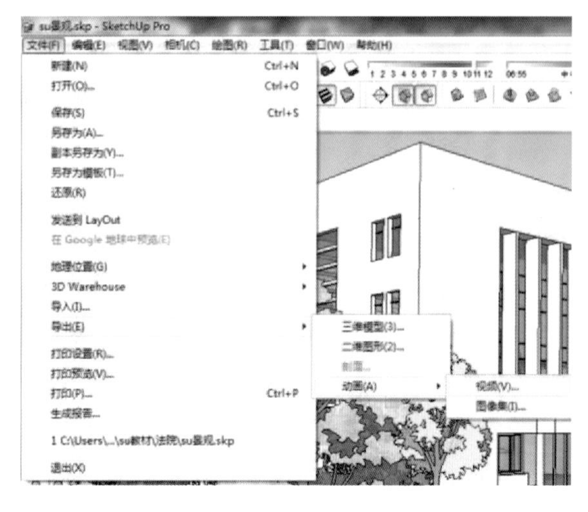

图 6-8

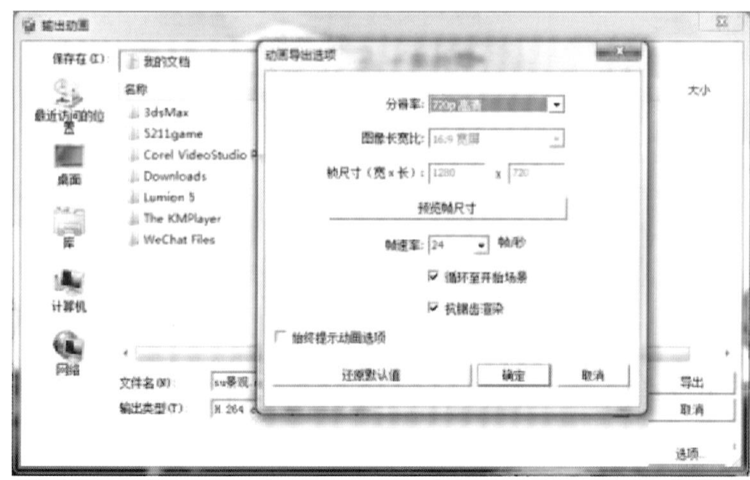

图 6-9

6.3 制作方案展示动画

除将多个页面导出动画外，还可以将其他功能结合起来制作动画，例如，将剖面与页面功能结合生成剖切动画，将阴影与页面结合生成阴影动画等。

阴影动画是运用 SketchUp 的“阴影设置”和“页面”功能而成的，可以带来建筑阴影随时间变化而变化的视觉动画效果。

6.4 批量导出场景页面图像

当场景页面设置较多时，可以对其进行批量导出，方便一起处理，节省出图效率。

6.5 插件获取和安装

SketchUp 的插件也称作脚本，是用 ruby 语言编写的实用程序，文件后缀名为 .rb。通常，一个插件只有一个 .rb 文件，但复杂的插件可能会有多个 .rb 文件，并带有自己的文件夹和图标。安装插件，只需要将相应插件复制到 SketchUp 的插件文件夹下即可。有的插件是以安装程序的方式安装的，只需双击安装即可。

6.6 建筑插件集（SUAPP）

SUAPP 中文建筑插件集是一款针对 SketchUp 开发功能强大的工具集。它包含大量的使用功能，大大加快了 SketchUp 的建模能力。

6.6.1 SUAPP 插件的基本工具栏

在 SUAPP 插件的快捷菜单上，有 24 种常用的工具，方便用户操作使用，如图 6-10 所示。

图 6-10

6.6.2 右键扩展菜单

为了方便操作，SUAPP 在单击鼠标右键弹出的菜单中扩展了其他几项常用功能，如图 6-11 所示。功能都可以在“扩展程序”中 SUAPP 的下拉菜单中找到。

图元信息(I)
删除(E)
隐藏(H)
选择
面积(A)
模型交错
对齐视图(V)
对齐轴(X)
反转平面
确定平面的方向(O)
缩放选择
设置为自定纹理
只选择边(B)
只选择面(U)
选同向面(F)
隐藏其他(J)
反向选择(Q)
镜像物体(M)
切换图层到：
玻璃幕墙(W)
超级退出(`)
添加照片纹理

知识点 93- 插件制作玻璃幕墙实例详解

图 6-11

6.7 Label Stray Lines（标注线头）插件

知识点 94- 标注线头插件实例详解

标注线头是一个最基本的封面插件，它可以查找导入的 CAD 图纸哪里有线条不封闭的地方。此种方法适合简单的图纸，对于大场景的 CAD 图纸不建议使用此种插件，可以采用 SUAPP 中的“生成面域”命令，效率会提高不少。

6.8 Pathcopy（路径复制）插件

知识点 95- 路径复制插件实例详解

SketchUp 自身带的复制命令，只能在直线上进行复制，对于曲线和空间上的复制很难实现。Pathcopy（路径复制）插件可以协助很好地完成在曲线上的复制。该插件安装完成之后，可以在扩展程序中打开该插件。当单击插件后，鼠标就会变成一个红色的方块和小箭头。

6.9 Joint Push Pull（组合表面推拉）插件

Joint Push Pull（组合表面推拉）插件是一个功能强大的推拉工具，比 SketchUp 自身的推拉工具方便使用许多。它可以直接在曲面上进行推拉操作，可视编辑版可以在对插件操作的时候及时看到操作对象的变化，且更加直观。该插件工具栏下有六种推拉方式，即法线推拉（N）、向量推拉（V）、联合推拉（J）、投影推拉（X）、倒角推拉（R）、智能推拉（F）。

6.9.1 联合推拉

“联合推拉”工具是 Joint Push Pull 插件中最有特点的一个，也是最经常用到的一个。它不但可以对多个平面进行推拉，关键在于还能对曲面进行推拉，推拉后得到的仍是一个完整的曲面，这点大大弥补了草图本身曲面建模的不足。

6.9.2 法线推拉

法线推拉是曲面推拉的一种，是将各个曲面朝着各自法线推拉，如图 6-12 所示。

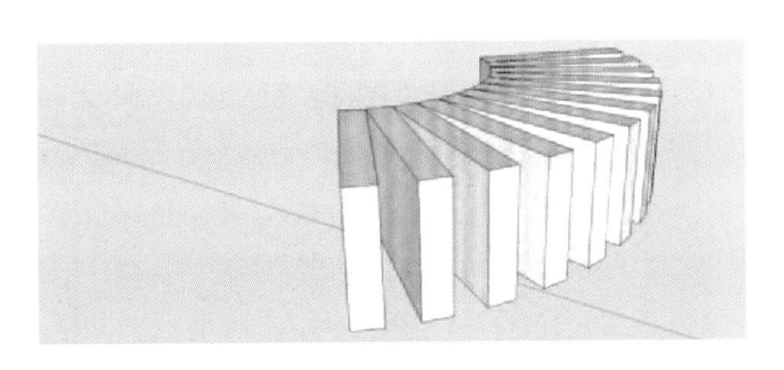

图 6-12

6.10 Round Corner（倒圆角）插件

倒圆角插件可以将物体进行倒圆角操作，弥补了 SketchUp 在曲面功能上的不足。

6.11 Sun Shine（日照大师）插件

6.11.1 Sun Shine（日照大师）简介

Sun Shine（日照大师）是目前唯一结合 SketchUp 设计的符合中国建筑设计规范的建筑日照软件。在进行建筑设计的时候都要符合国家相关规范，日照大师插件能够很好地模拟建筑的光照时间，方便用户对方案进行调整。它具有以下特点：

（1）符合日照计算的规则。计算结果符合标准，并与其他日照软件计算结果相同。

（2）采用独创的 Mass Matrix（复杂矩阵）算法，大大加快了计算速度，并进行了 GPU 优化，可以在很短的时间内计算上万个面的场景，远远超过其他日照分析软件。简单模型只用极短的时间就能得到结果。对于复杂的模型，也可以在几分钟内得出结果，方便建筑师在 SketchUp 上反复调整方案。可以计算比较复杂的场景，如果采用固态硬盘，还可以提高 20%~30% 的速度。

（3）利用 OpenGL 技术，三维显示计算结果，可以旋转和缩放，也可以显示超大的模型，转换观察角度没有停滞感，用户体验好，界面简单，一目了然。

6.11.2 安装与配置

SketchUp 的模型往往细致而复杂，分析日照需要较高性能的计算机。推荐计算机配置见表 6-1。

表 6-1 推荐计算机配置

操作系统	处理器	内存	显卡	SketchUp 版本
winXP/win7，32/64 位	大于 2.4 GHz	4~8 G	AMD-HD5750/ NVIDIA-GTS450 以上	6，7，8，2013，2014

双击“SketchUpSunShineMaster_2.0.0_setup”，依次进入安装程序的欢迎页面和协议页面，选择需要安装的 SketchUp 版本 。依次安装加密锁的驱动和 Directx9 驱动。安装结束后，建议重新启动计算机，如图 6-13～图 6-18 所示。

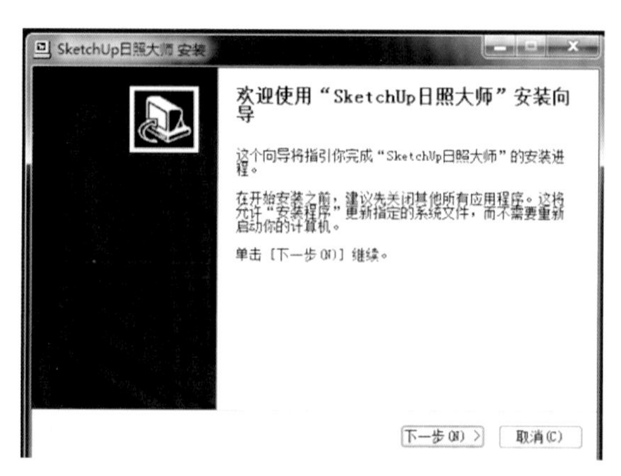

图 6-13

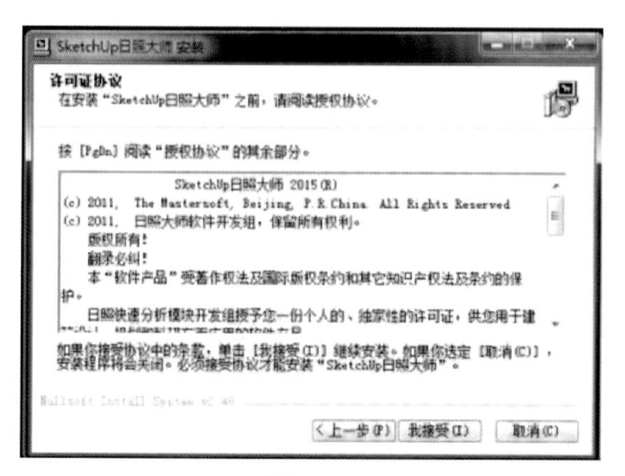

图 6-14

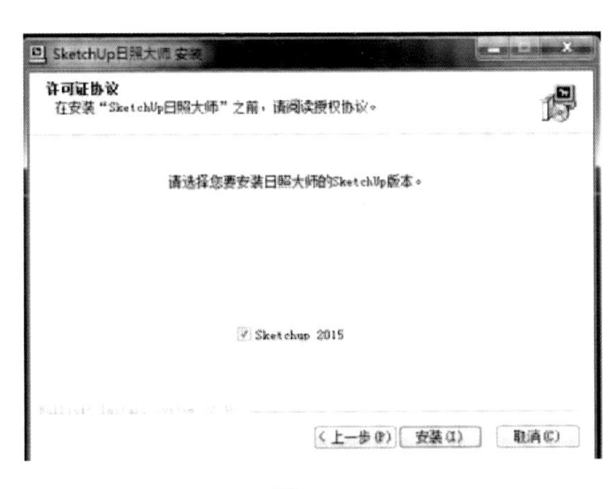

图 6-15

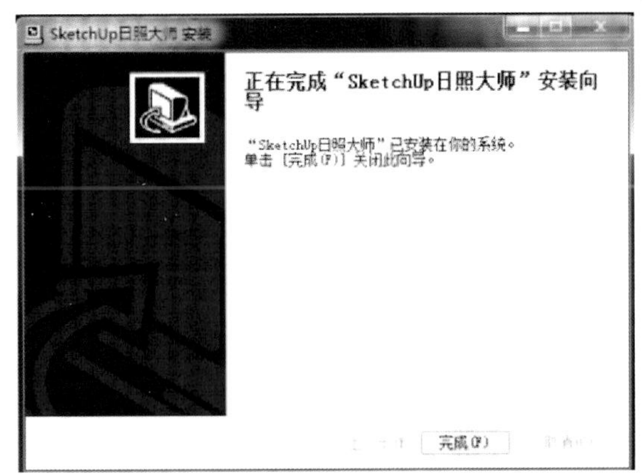

图 6-16

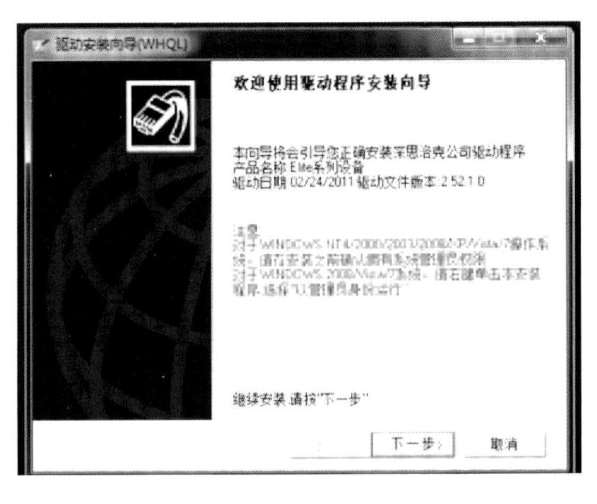

图 6-17

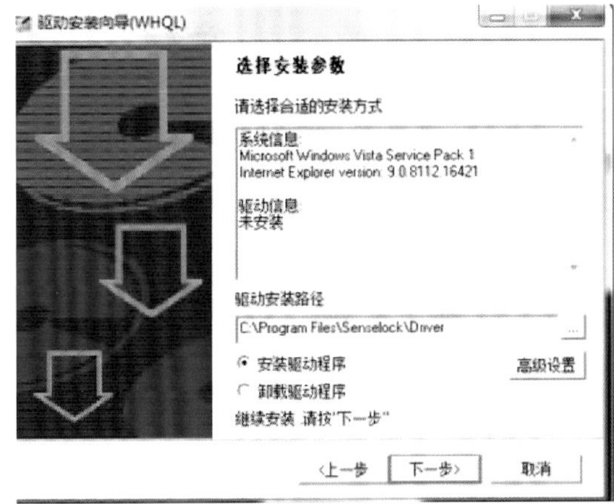

图 6-18

6.11.3　参数设置

单击日照大师插件工具栏上左边的“日照参数设置”按钮，弹出日照大师参数栏，如图6-19所示。

知识点 99- 日照参数设置详解

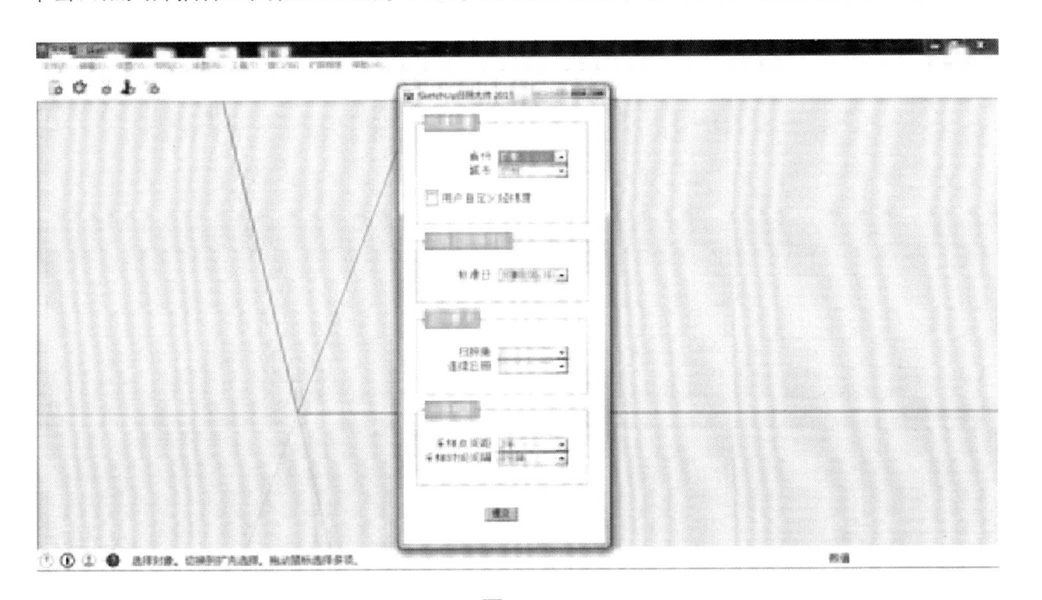

图 6-19

6.11.4 日照分析

1. 检查模型

计算日照前，要对模型的正反面和模型大小进行检查。

（1）“模型正反面”：为了计算速度，日照大师只计算正面的三角面，反面的三角面默认是透明的，所以，必须将模型的正反面统一才能正确计算出日照时长。

（2）“模型大小”：主要是用测量工具检查模型是否为要求的尺寸。

2. 计算日照

“选择计算面”：日照计算时要求计算周围建筑物、山体等对计算建筑物的影响。选中场景中所有物体为遮挡物，以避免遗漏。

单击工具栏上的“计算日照”按钮，或者选择“扩展程序”→ SketchUp“日照分析”命令。模型越大所需要的计算时间越长，这个时候不要进行其他操作，避免计算机死机。

当显示窗口显示百分之百时，计算完成。

3. 观察

按住鼠标中键可以变换视角，观察各个区域的日照时长。

实战案例解析——法院建筑景观漫游动画制作

本案例将主要使用到 SketchUp 建筑建模与漫游工具。在学习过程中应了解并掌握建筑主体基本特征，建筑配景、绿化及景观效果制作过程与步骤。熟悉景观漫游动画设计流程，掌握动画场景设计技巧与制作方法。善于总结学习规律，养成良好的制图习惯，具备良好的职业素养与操作能力。

微课：导入 SketchUp 前的准备工作

任务一 导入 SketchUp 前的准备工作

（1）了解项目背景。行政办公类建筑在人们生活中一直占有很大的比重，传统的行政办公建筑高大、威严、冷漠的建筑形态已经深入普通民众的脑海。行政办公建筑作为重要的公共建筑，有着悠久的历史背景。不同时期由社会背景的不同决定了行政办公建筑及其环境设计应有不同的表现形式与发展目的。在当前民众参与的广泛性与可持续发展的背景下，要求行政办公建筑环境在形式和内容上应与之相匹配。亲民、可持续成为本设计方案的侧重点。

（2）分析图纸。在建模之前，要对 CAD 图纸认真分析，对方案有一个清楚的认识。看懂图纸是进行建模之前必须要做的，否则容易发生模型建到一半发现图纸有问题，那时模型的修改就相当麻烦。

（3）整理图层。拿到 CAD 图纸之后，首先要在 CAD 里面进行相关操作，方便在草图里建模。

步骤 1：z 轴归零。由于 CAD 使用习惯的不同，会导致 z 轴不归零的情况发生，这时候直接导入 SketchUp 中，z 轴方向上线条会比较乱，给操作带来很大的麻烦。从俯视图看上去，是没有问题的，但是从侧视图可以看出，CAD 里面 z 轴方向上没有归零。这个时候在 SketchUp 里面进行操作就非常麻烦。所以，在 CAD 里面进行的一步就是将 z 轴归零。可以借助“插件工具箱”插件轻松实现，如图 6-20、图 6-21 所示。

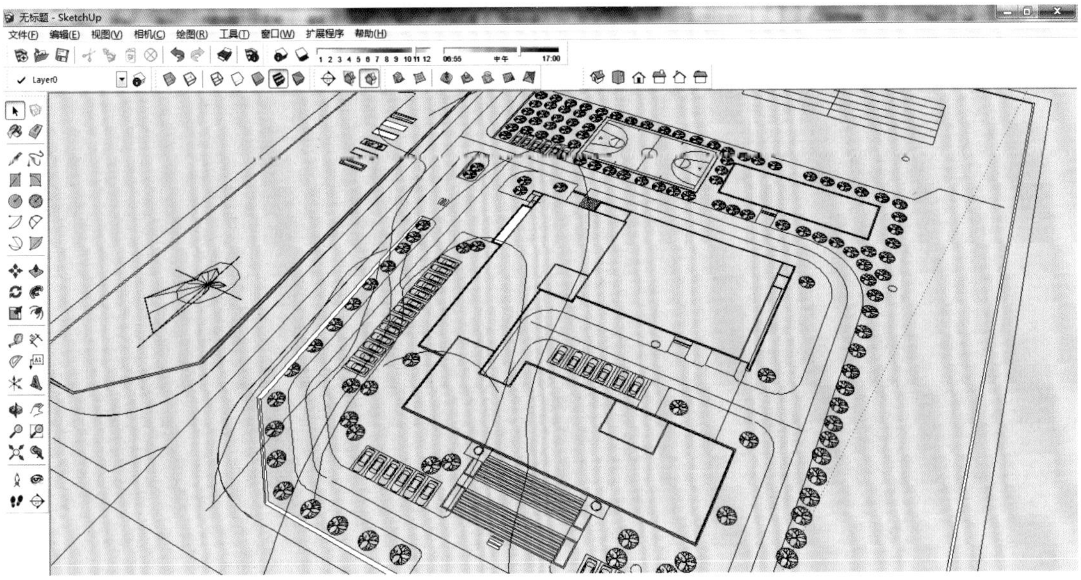

图 6-20

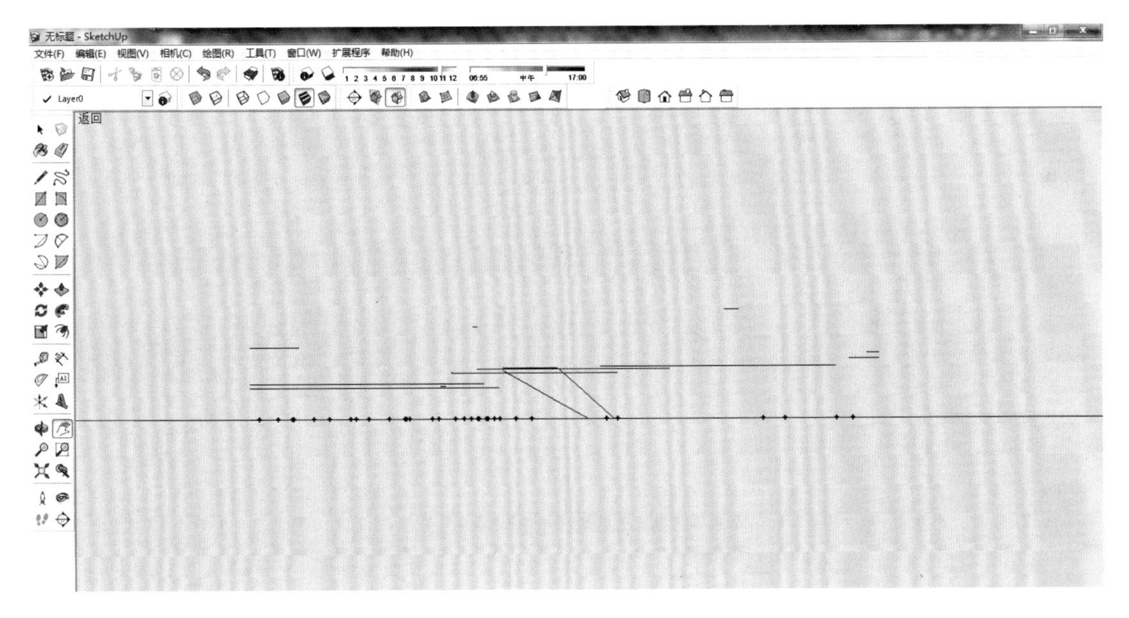

图 6-21

步骤 2：在 CAD 里，ap 加载使用程序，找到“插件工具箱”插件，单击“加载”按钮然后关闭窗口即可，如图 6-22 所示。

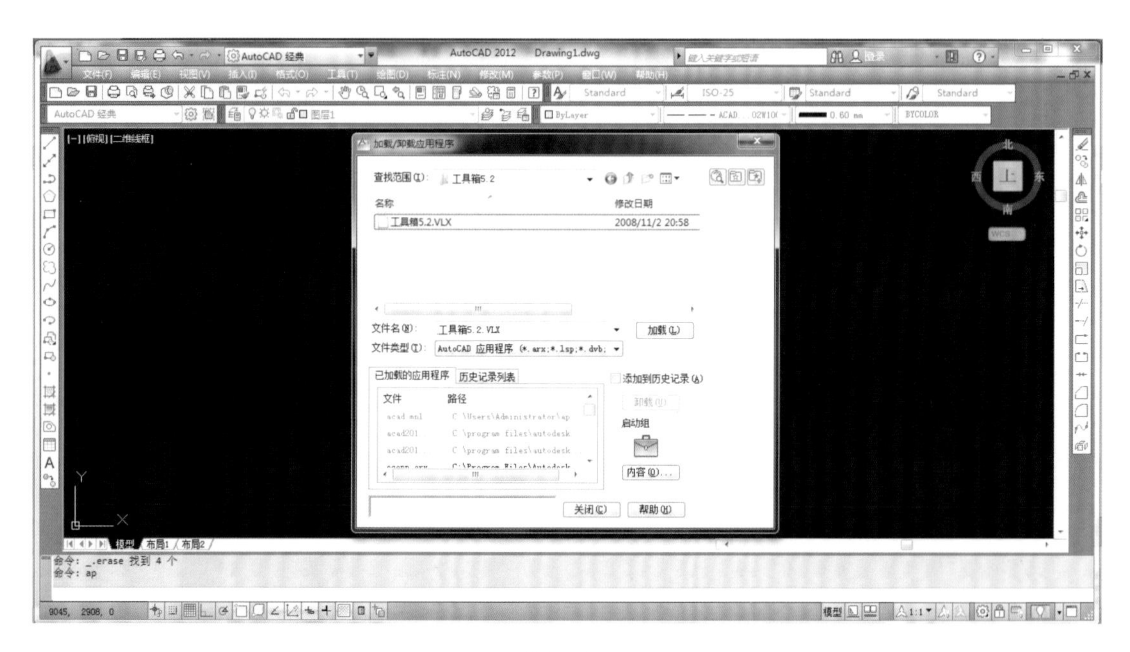

图 6-22

步骤 3：在 CAD 里面输入 yy，调出“插件工具箱”面板，并展开。找到“z 轴归零”命令，可以将 CAD 图纸的 z 轴归零，如图 6-23 所示。

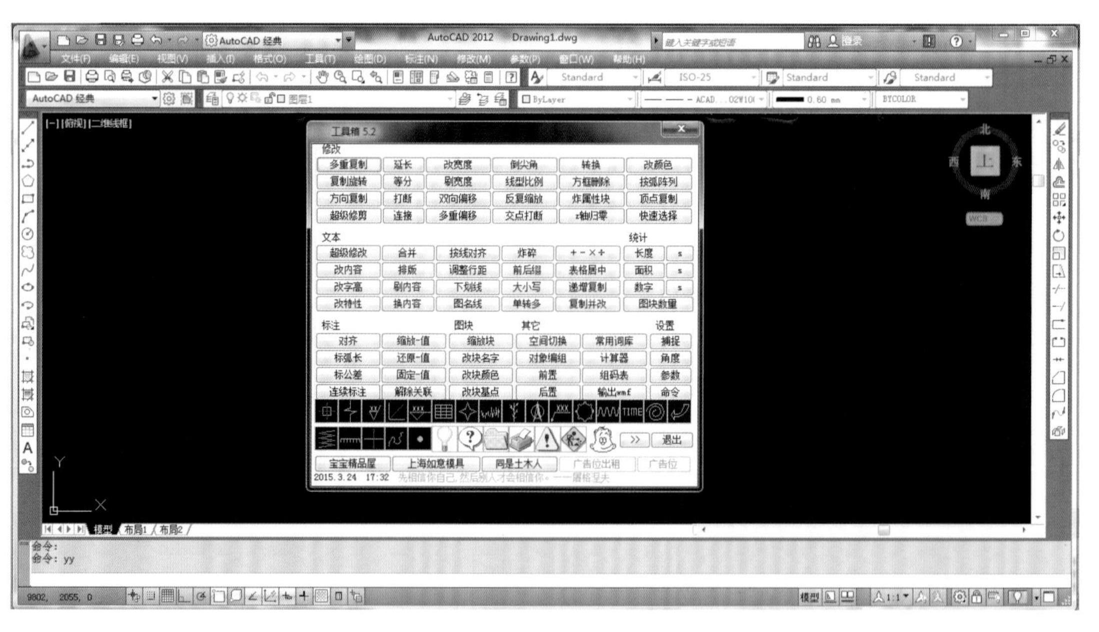

图 6-23

步骤 4：打开图纸之后，将 CAD 多余的线条删除。只需要把建筑底面图纸整理好，然后用 pu 命令将多余的图层清理，并将所有图层都归到 0 图层。清理后只剩下 0 图层，如果遇到不能清理的图层，可以将图形炸开然后归到 0 图层。或者将图形粘贴到新建的图层，再进行同样的操作，基本都可以归到同一个图层，如图 6-24、图 6-25 所示。

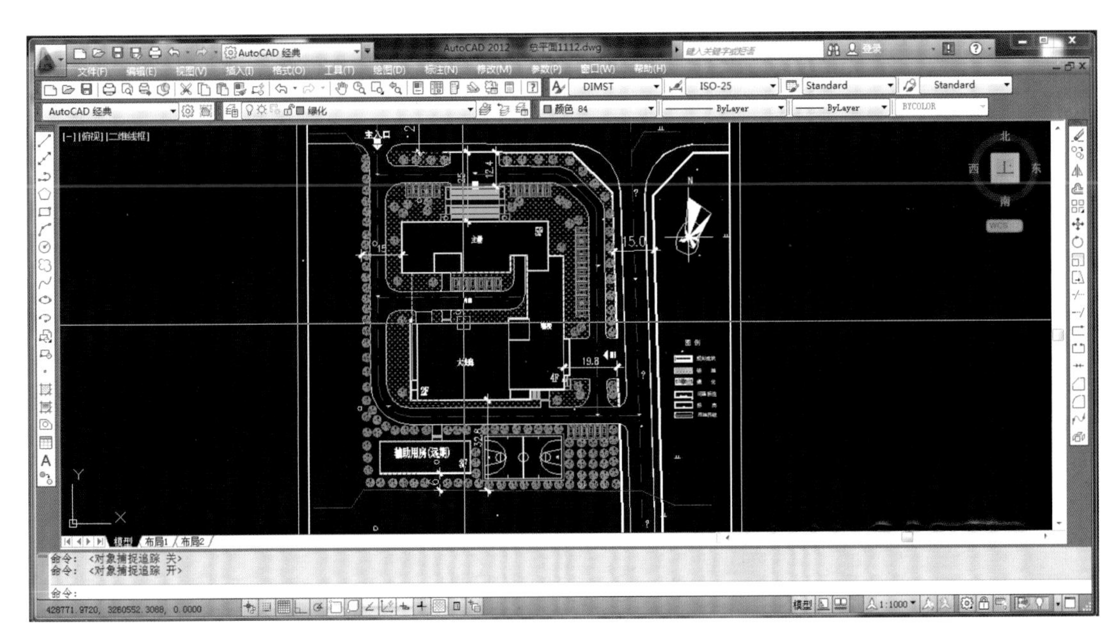

图 6-24

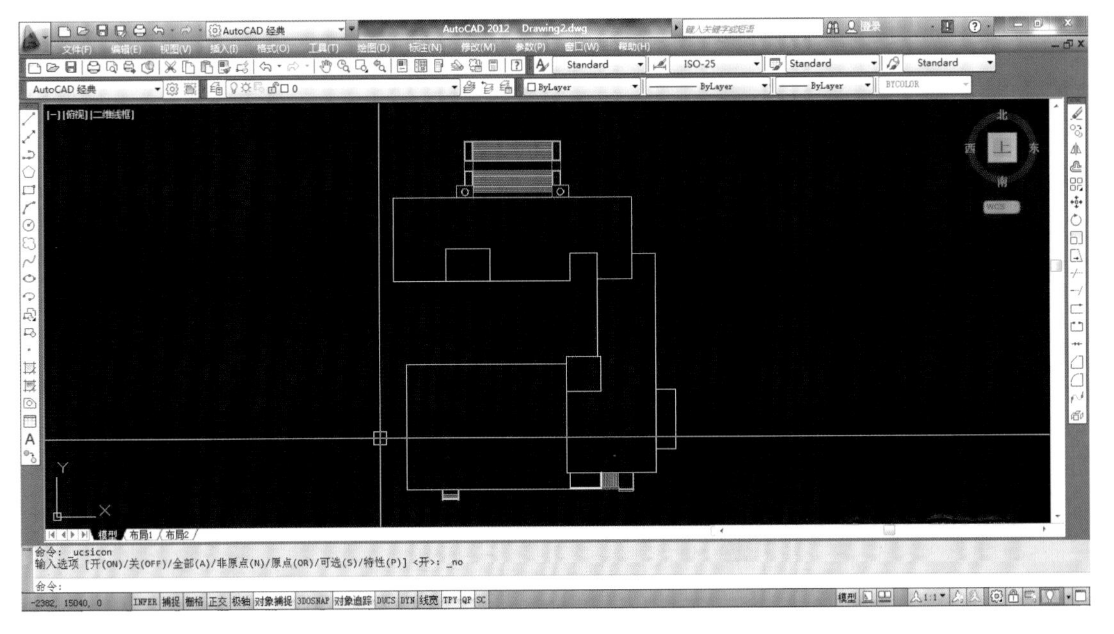

图 6-25

任务二　建筑模型制作

SketchUp 里建模方式有多种，可以将平面图纸和立面图纸分别导入，放置在不同的图层，参照建模。这次采用 box 方式建模，就是将底面导入，然后拉起模型大体块，最后参照 CAD 建模。对于立面差异大的模型，建议采用将各个立面导入不同图层，然后参照建模的方式。对于立面相近的建筑，可以采用 box 方式建模。先做出体块，然后用组建方式复制出立面细节即可。

微课：建筑模型制作

（1）将 CAD 图纸导入 SketchUp。

步骤 1：选择“文件”→“导入”命令，并在弹出“打开”对话框中选择文件类型中选择为“AutoCAD（*.dwg，*.dxf）”文件类型（注意：如果安装的不是专业版本则不能导入 CAD 格式的文件，需要下载专业版的才可以），如图 6-26、图 6-27 所示。

图 6-26

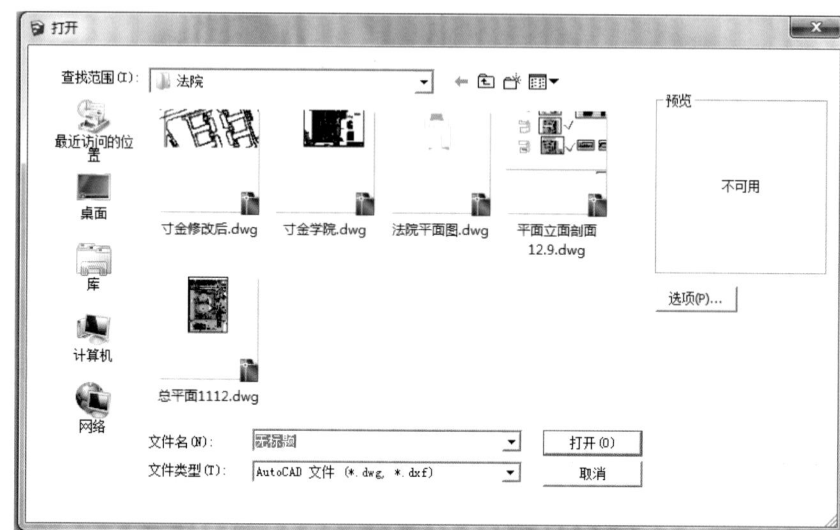

图 6-27

步骤 2：在选项处注意，勾选 3 个选项，并将“单位”设置为毫米（因为在 CAD 作图是按照毫米的尺寸，如果导入发现没有勾选毫米，那么使用“缩放”命令也可以纠正尺寸），如图 6-28、图 6-29 所示。

（2）界面细化处理。封面是 SketchUp 建模前的重要一步，SketchUp 软件的特点就是画线成面，拉面成块。所以，基础就是要把面封完整，后期再进行拉块的步骤就会相对容易。

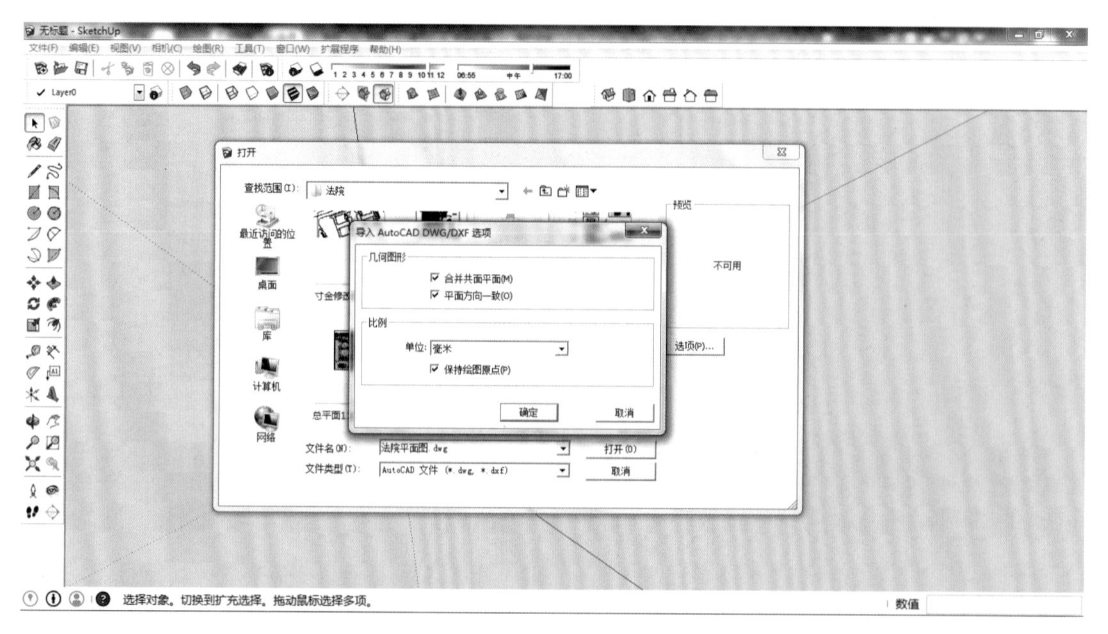

图 6-28

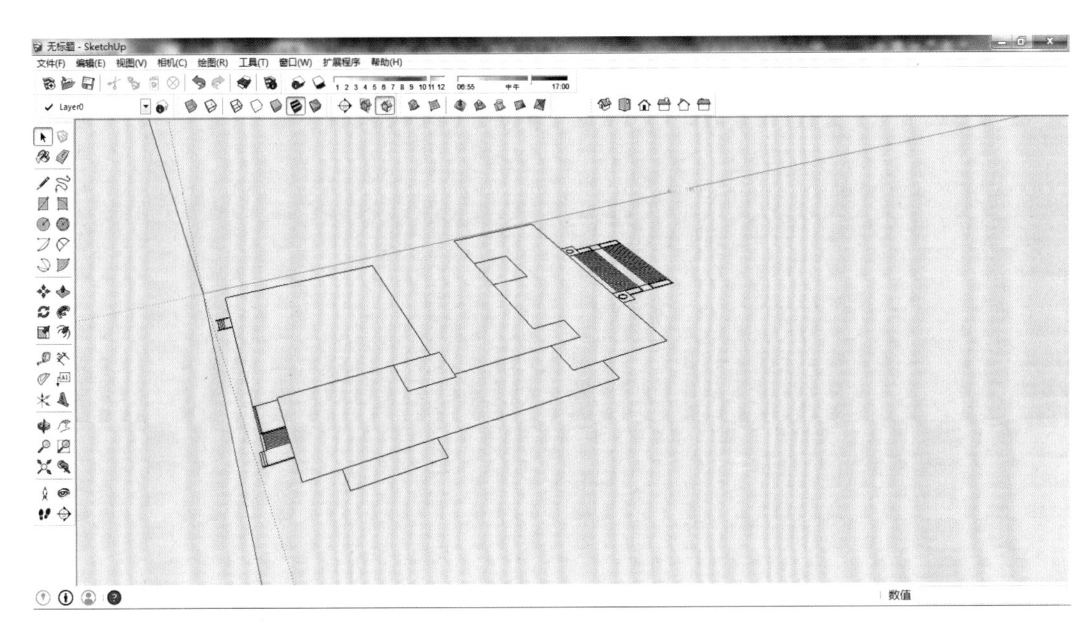

图 6-29

步骤 1：将建筑主体封面。在进行封面的时候，把台阶部分先隐藏起来。具体思路是主体建筑建设完成之后把台阶再建出来，然后群组到一起。注意：草图的思路就是“堆积木”，把不同的小群组变成最后的大群组，从而得到所要的模型，如图 6-30 所示。

技巧提示

封面的时候，可以借助 SUAPP 里面的“生成面域”命令，帮助我们迅速完成封面工作。如果还有极个别面域没有封闭，则需要手动封面。

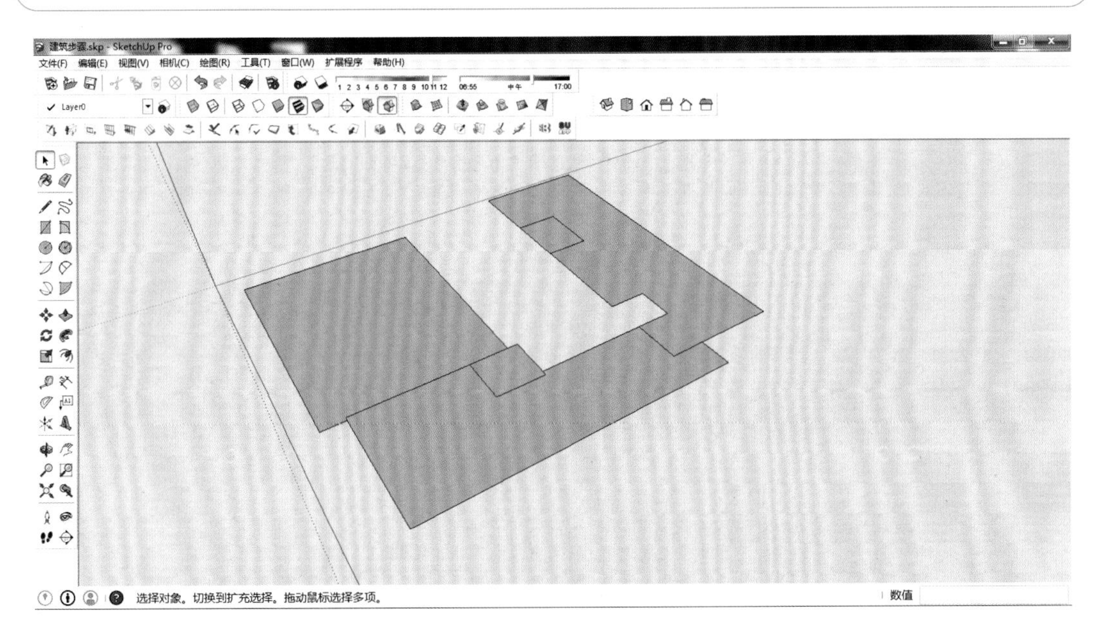

图 6-30

步骤 2：参照 CAD 图纸的立面图，拉出建筑的高度，如图 6-31 所示。

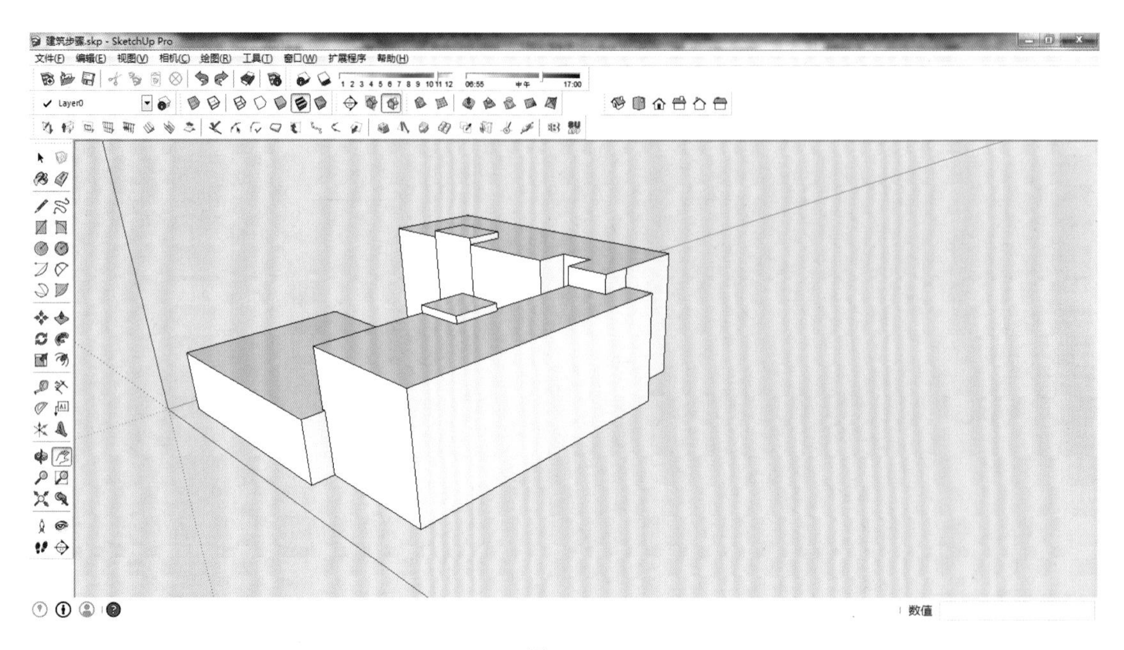

图 6-31

步骤 3：参照 CAD 图纸，在 box 上划出具体形状，如图 6-32、图 6-33 所示。注意：在画里面的时候要严格参照 CAD 施工图纸，这样建立的模型才精确。

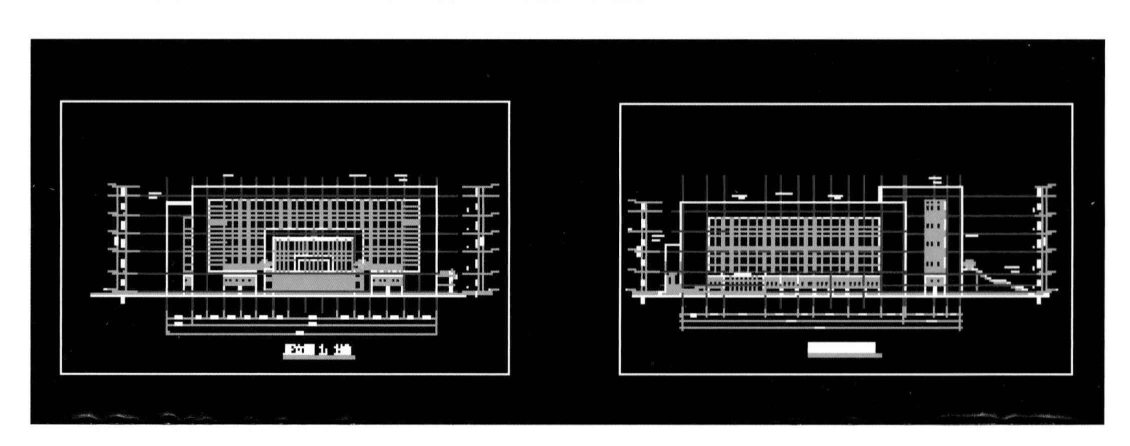

图 6-32

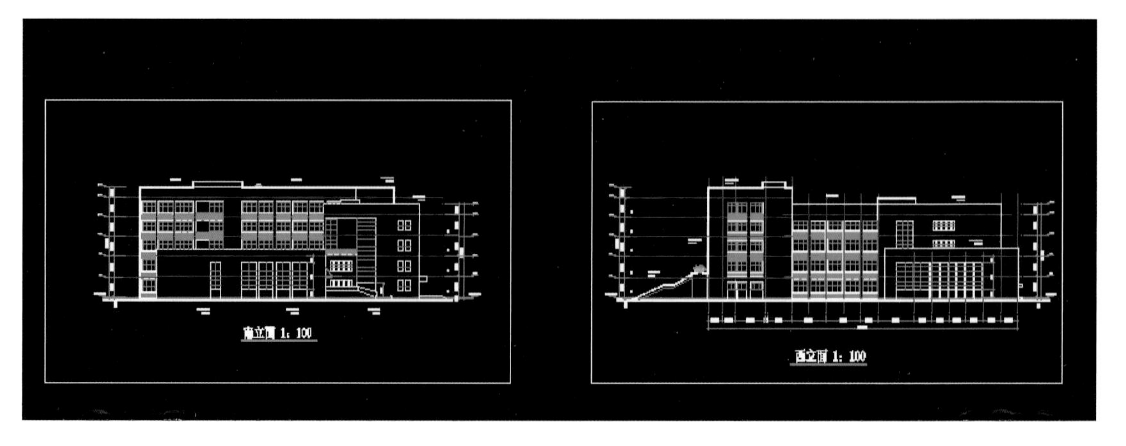

图 6-33

步骤 4：参照东立面作图。先画出玻璃幕墙的边界，然后使用“推拉”工具进行推拉，再使用“推拉”工具做出相应的组件，注意创建群组，如图 6-34 所示。

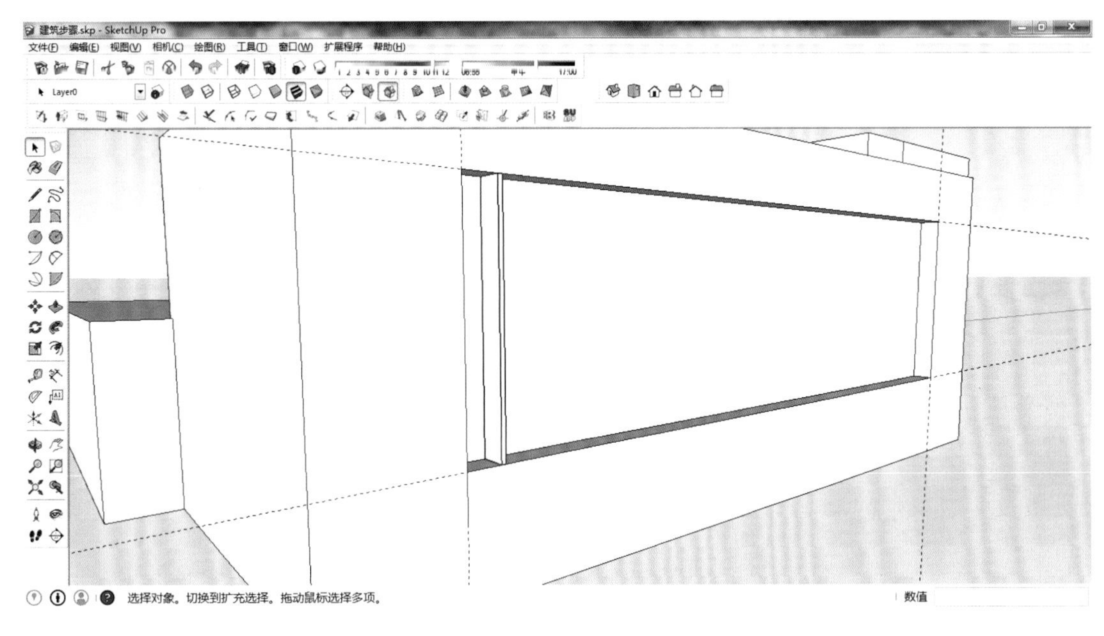

图 6-34

步骤 5：使用“移动复制”命令，做出立面大效果，并且将玻璃幕墙附上相应的材质，如图 6-35 所示。

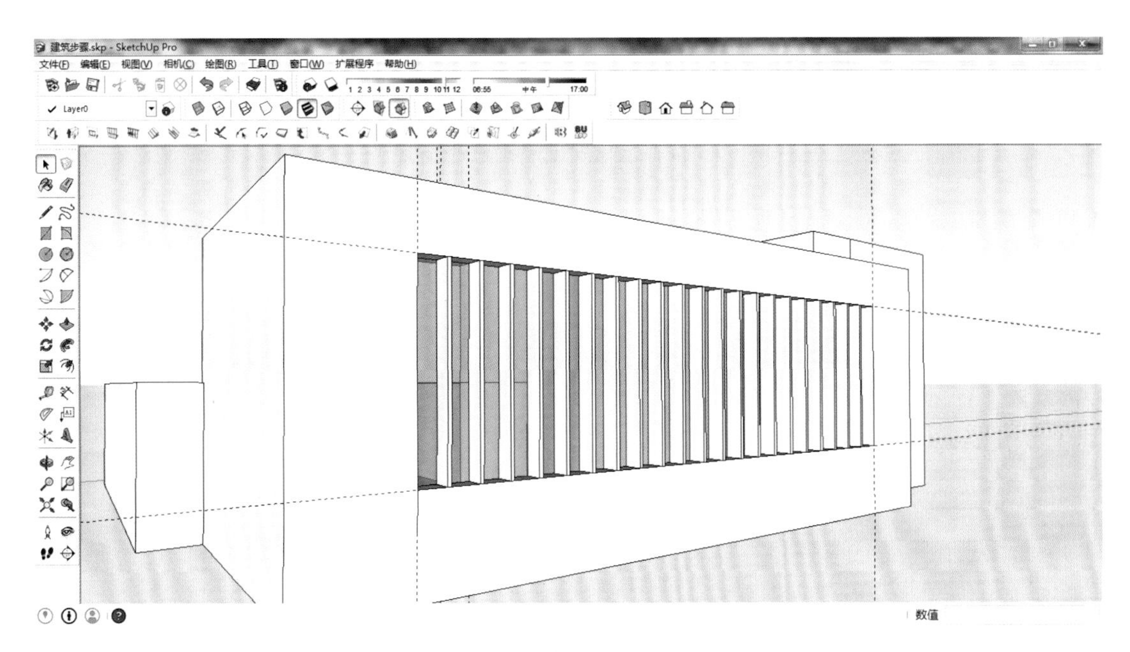

图 6-35

步骤 6：参照 CAD 图纸做出一层大厅窗户，如图 6-36 所示。

步骤 7：使用“移动复制”命令做出剩余窗户。注意：与 CAD 图纸要精确统一，采用辅助线画出标记再移动复制，如图 6-37 所示。

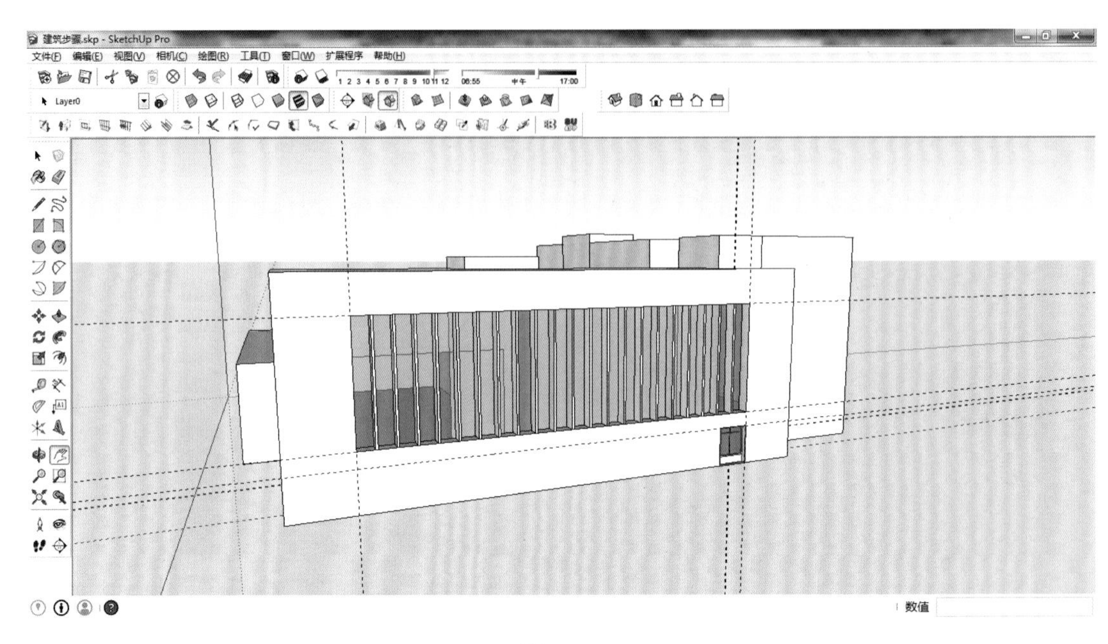

图 6-36

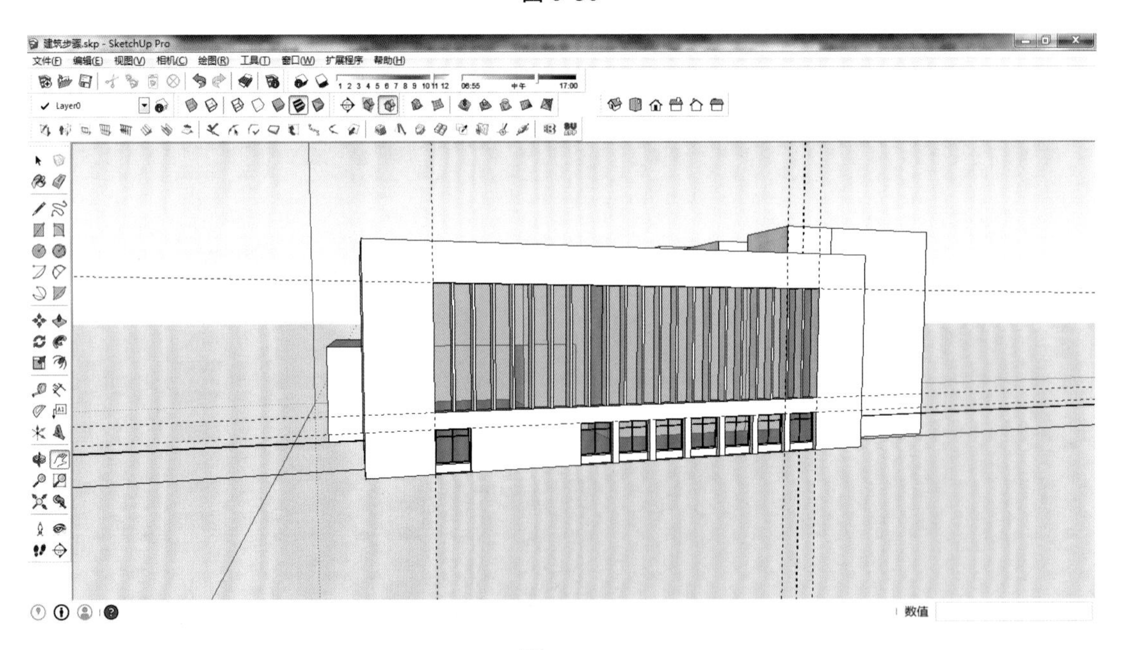

图 6-37

步骤 8：参照 CAD 图纸建立大门出口。可以采用 SUAPP 插件里面的玻璃幕墙工具来生成大门。观察 CAD 图纸得出大门由两行八列的玻璃组成。首先选中大门的平面，然后选择 SUAPP 下的“玻璃幕墙”命令。在弹出的对话框内输入 2 行 8 列，如图 6-38、图 6-39 所示。

步骤 9：由于大门玻璃位置不同，因此，使用“移动”命令选中中间横梁，然后移动至 CAD 相应位置，如图 6-40 所示。

步骤 10：使用“推 / 拉”命令将玻璃门下方门框拉平。如果入口处有具体的大样图，可以参照图纸作图。有时候要提升建模速度，在一些不重要的地方可以利用插件和简化模型的方式来处理。但是尺寸要严格按照 CAD 图纸画图，如图 6-41 所示。

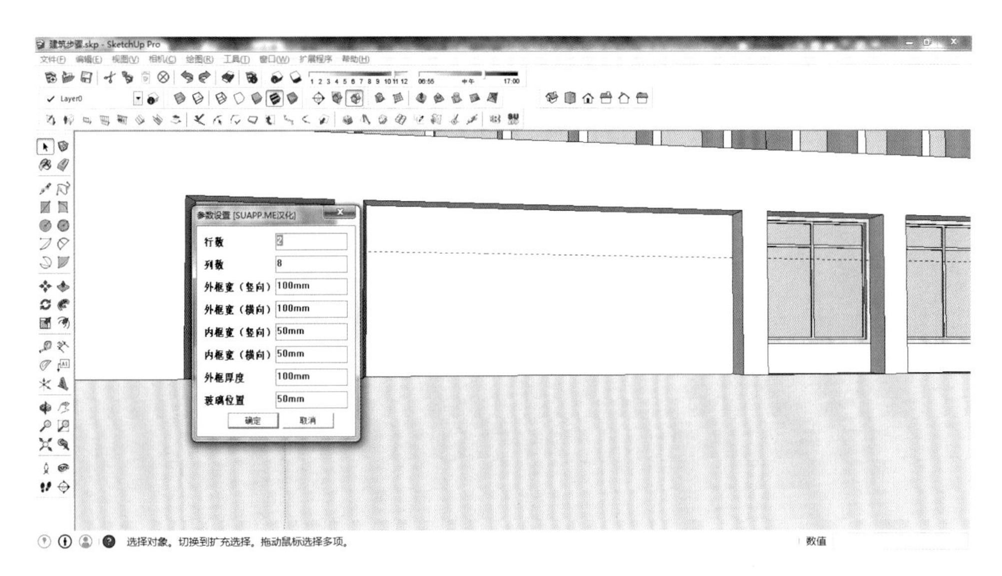

图 6-38

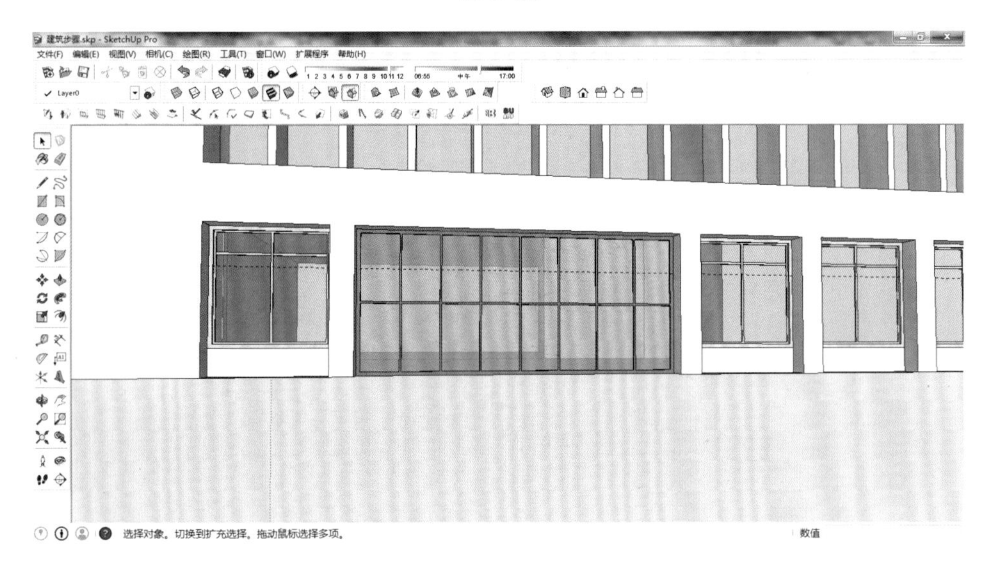

图 6-39

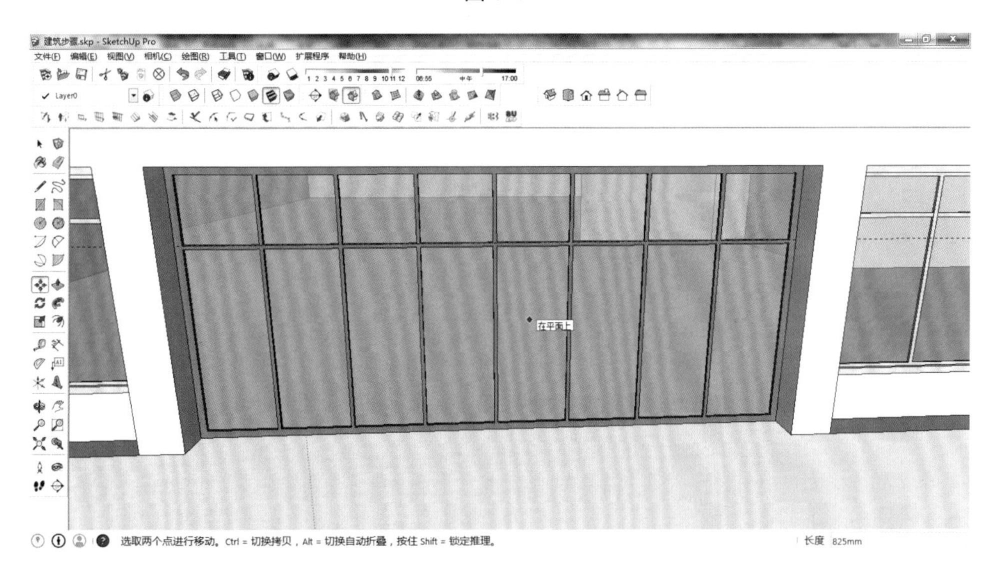

图 6-40

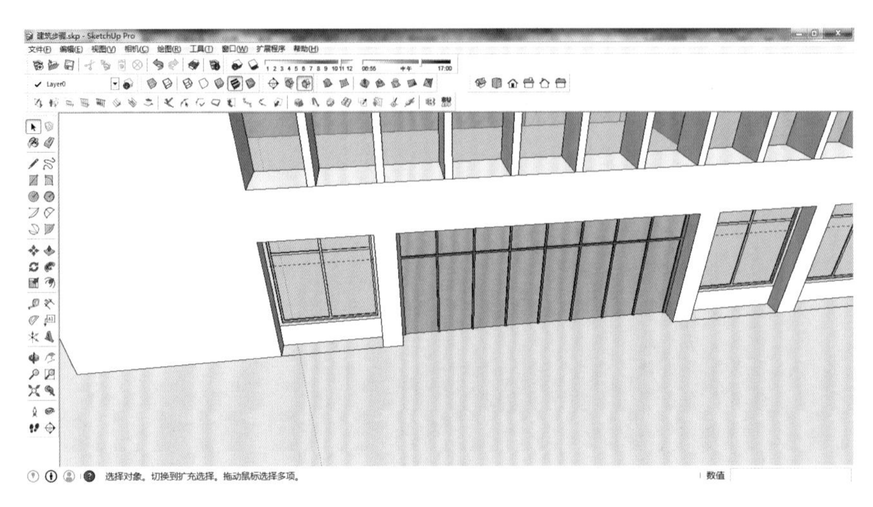

图 6-41

步骤 11：参照 CAD 图纸，台阶在 ±0.000 下 450 mm，使用“推 / 拉”命令将面向下推拉 450 mm，如图 6-42 所示。

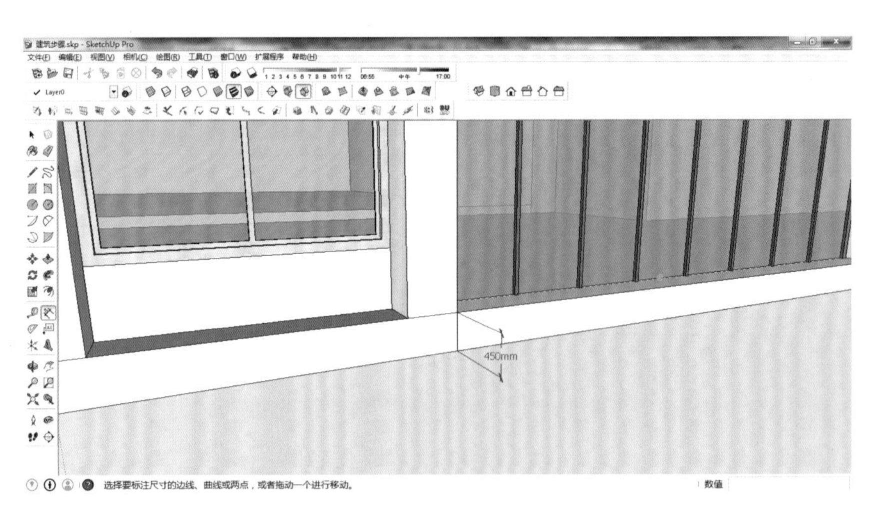

图 6-42

步骤 12：参照 CAD 图纸做出台阶出檐部分，如图 6-43 所示。

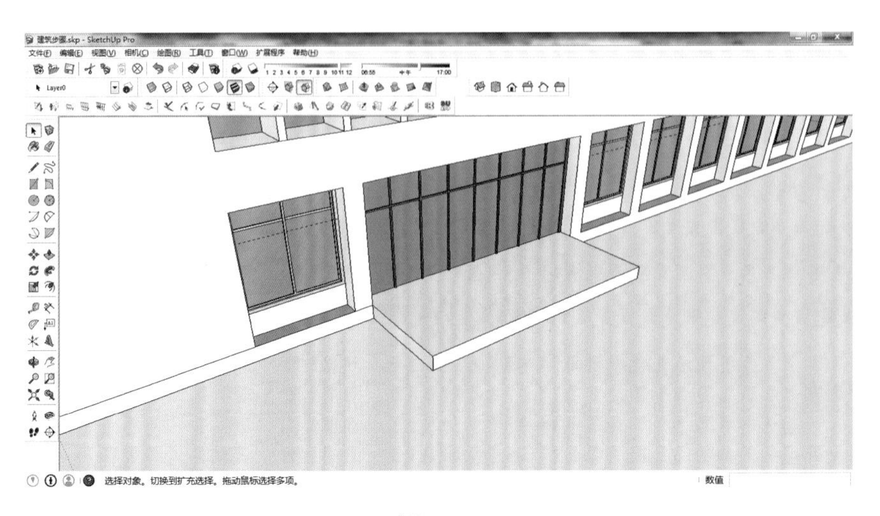

图 6-43

步骤 13：参照 CAD 做出三级台阶。使用“拆分”命令将出檐部分高度拆分为 3 段，如图 6-44 所示。

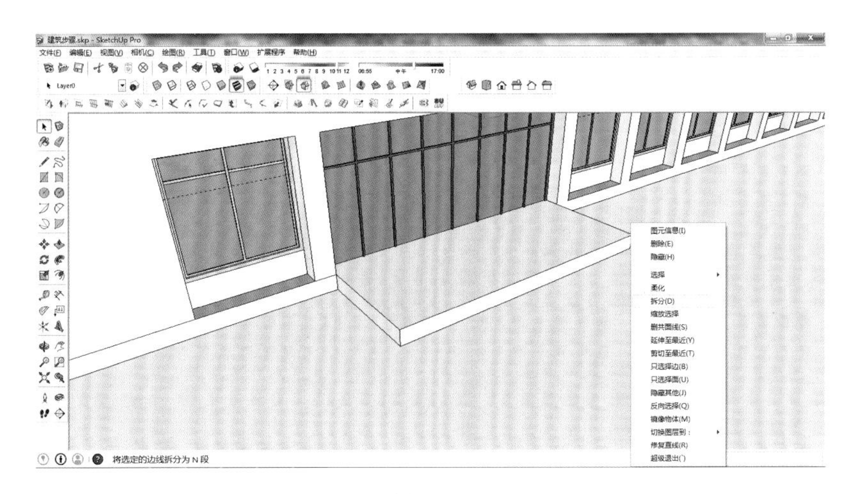

图 6-44

步骤 14：连接 3 条线段，使用“推 / 拉”工具将台阶部分做出来，如图 6-45 所示。

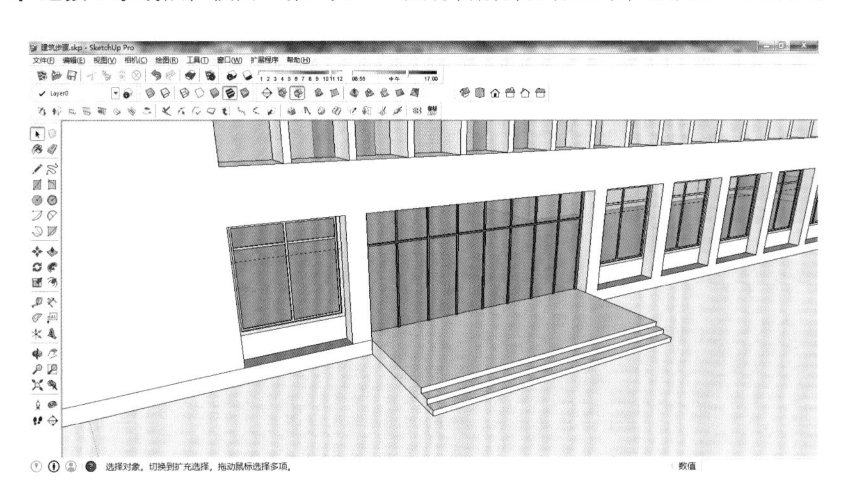

图 6-45

步骤 15：参照 CAD 图纸将残疾人通道体块做出来，如图 6-46 所示。

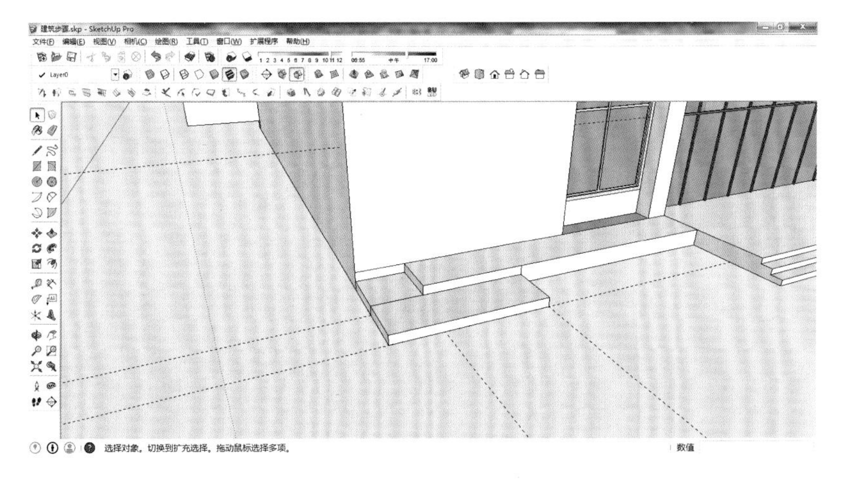

图 6-46

步骤 16：使用“铅笔”工具连线，使用“推 / 拉”工具将坡道做出来，如图 6-47 所示。

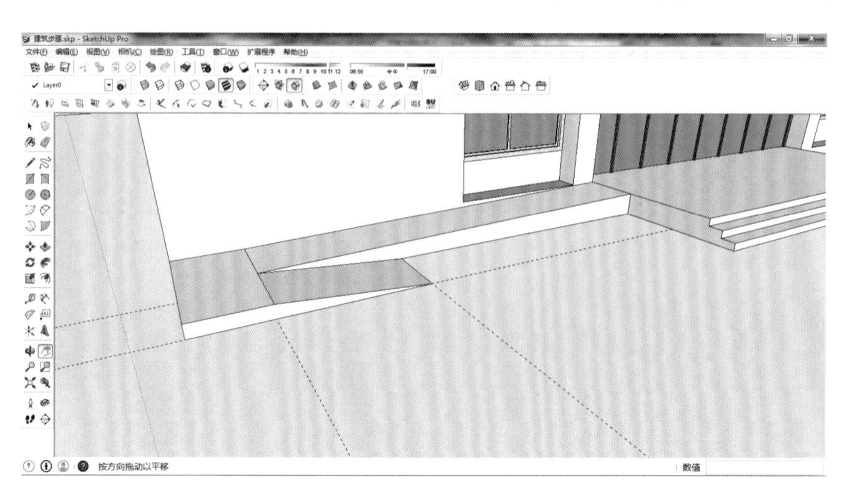

图 6-47

步骤 17：选中边线，利用 SUAPP 插件的“栏杆”命令做出栏杆。在弹出的“参数设置”对话框内输入数值，可以手动调节栏杆的高度和式样，如图 6-48 所示。

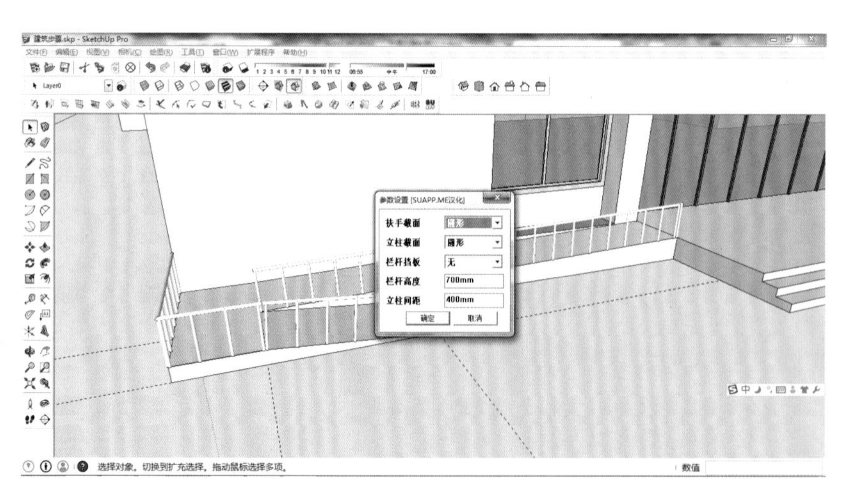

图 6-48

步骤 18：参照 CAD 画出台阶两边石台部分，如图 6-49 所示。

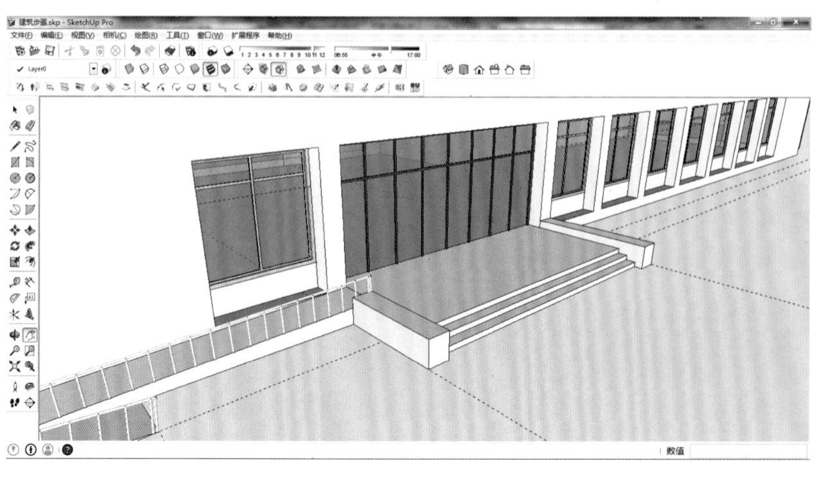

图 6-49

步骤 19：删除导向器。至此，建筑东立面绘制完成，如图 6-50 所示。

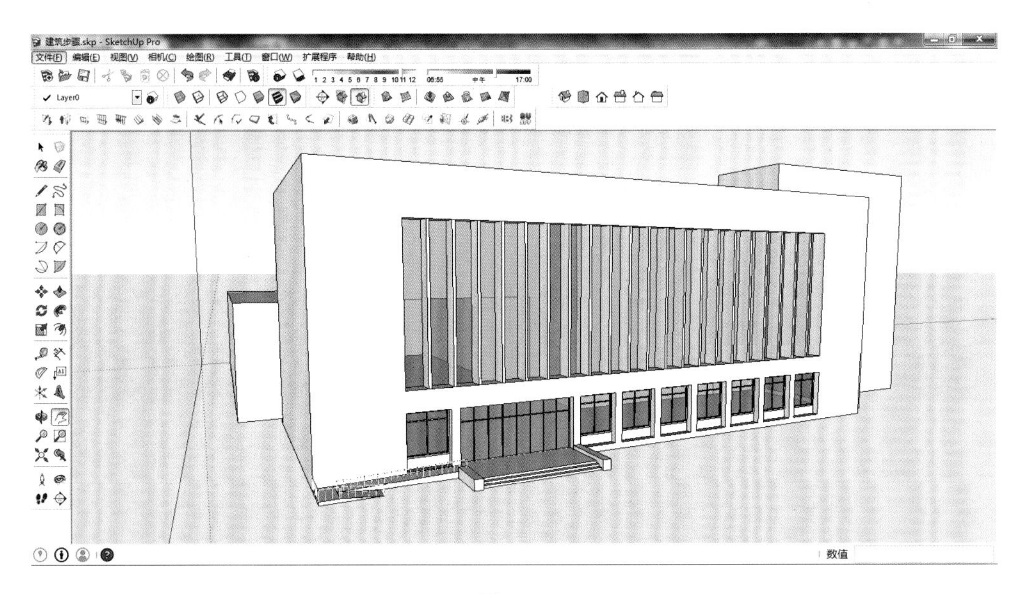

图 6-50

步骤 20：采用相同的方法绘制模型的其他立面，完成效果如图 6-51 所示。注意：将最好的建筑模型组成一个群组，里面每个部分又是单独的群组，这样能够方便修改同时使模型有条理。

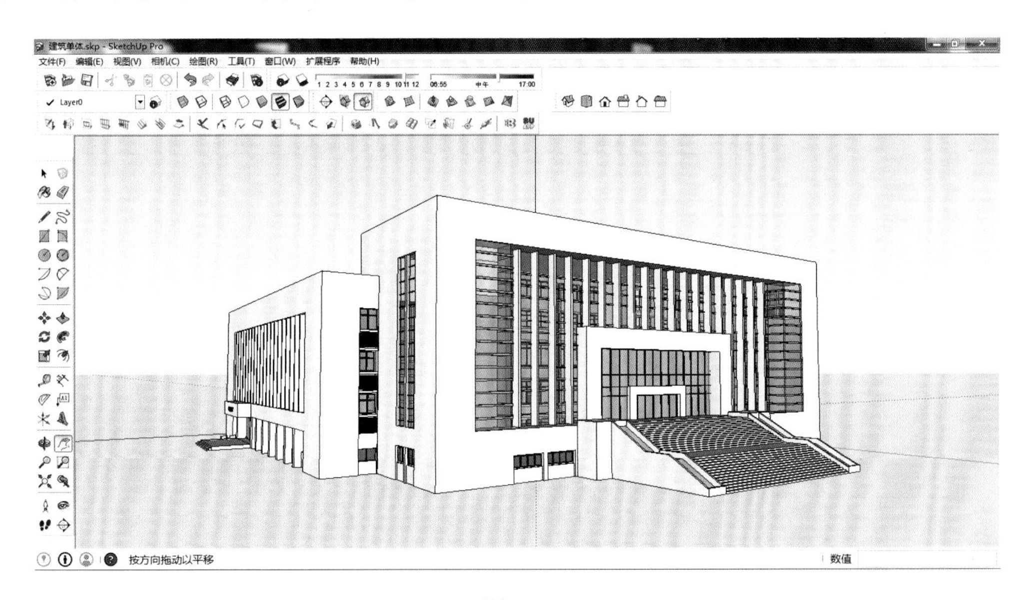

图 6-51

任务三　景观环境设置

建筑模型制作完毕之后，将 CAD 图纸导入 SketchUp 中制作周边环境，最后将模型导入即可。或者利用图层将建筑隐藏起来，这样有利于模型管理，作图时计算机反应不会太卡。

步骤 1：将 CAD 多余的线条去掉，只保留建筑底线和道路边线，如图 6-52、图 6-53 所示。

步骤 2：使用插件工具箱将 z 轴归零，避免出现导入 SketchUp 后不在一个平面上的问题。

步骤 3：将 CAD 导入 SketchUp 中，注意单位的设置，如图 6-28 所示。

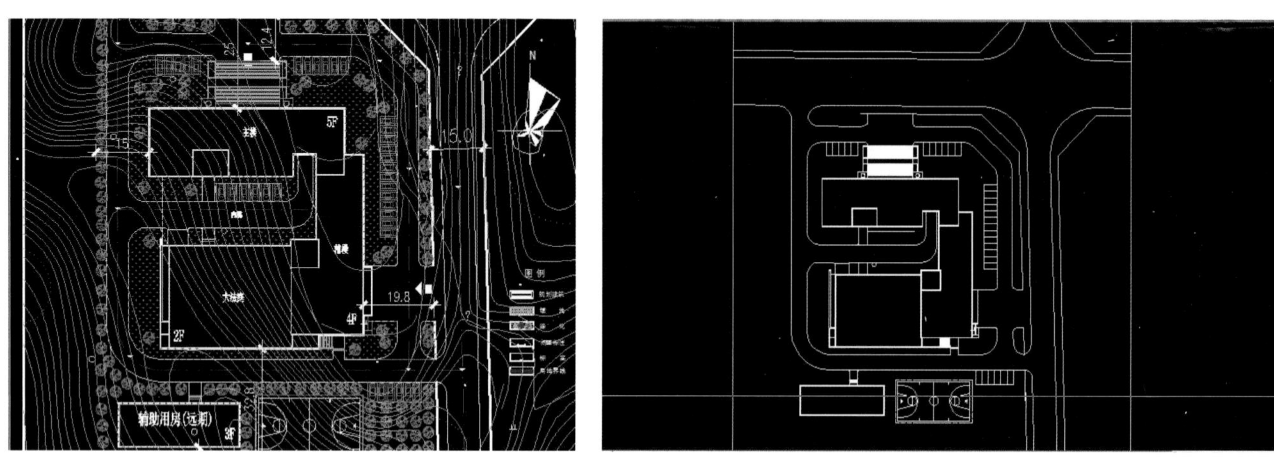

图 6-52　　　　图 6-53

步骤 4：使用 SUAPP 生成面域插件封面，对于个别不能自动封面的边线，需要手动封面，如图 6-54、图 6-55 所示。

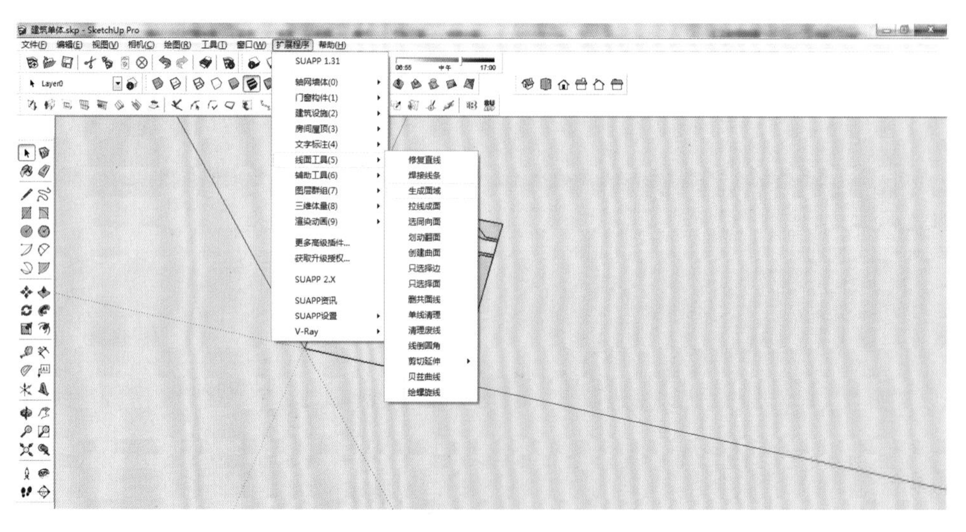

图 6-54

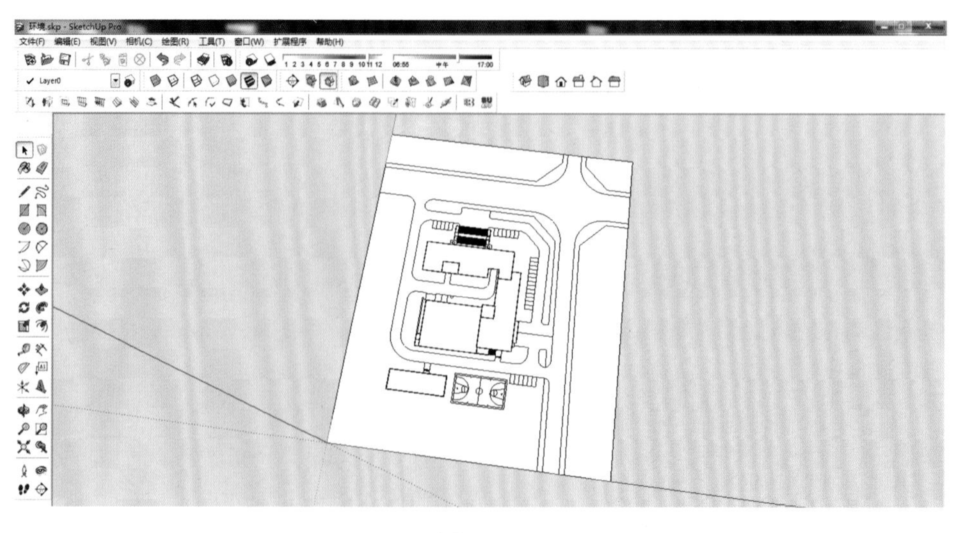

图 6-55

步骤 5：把路面压低，并且附上材质，如图 6-56 所示。

步骤 6：将草地、人行道分别附上相应的材质，如图 6-57 所示。

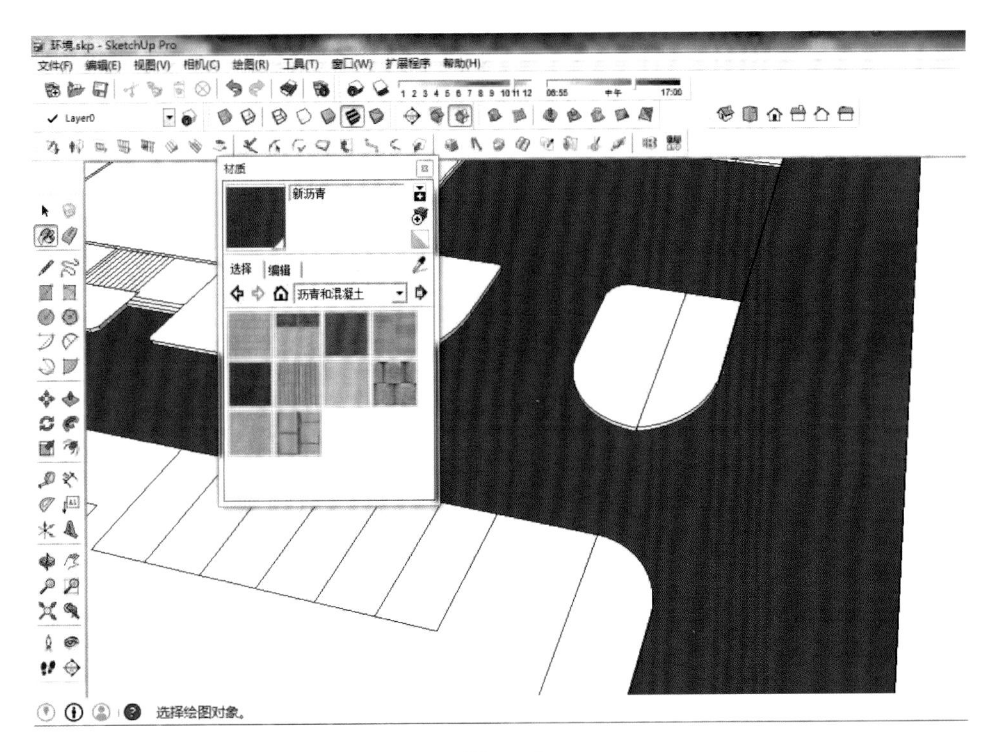

图 6-56

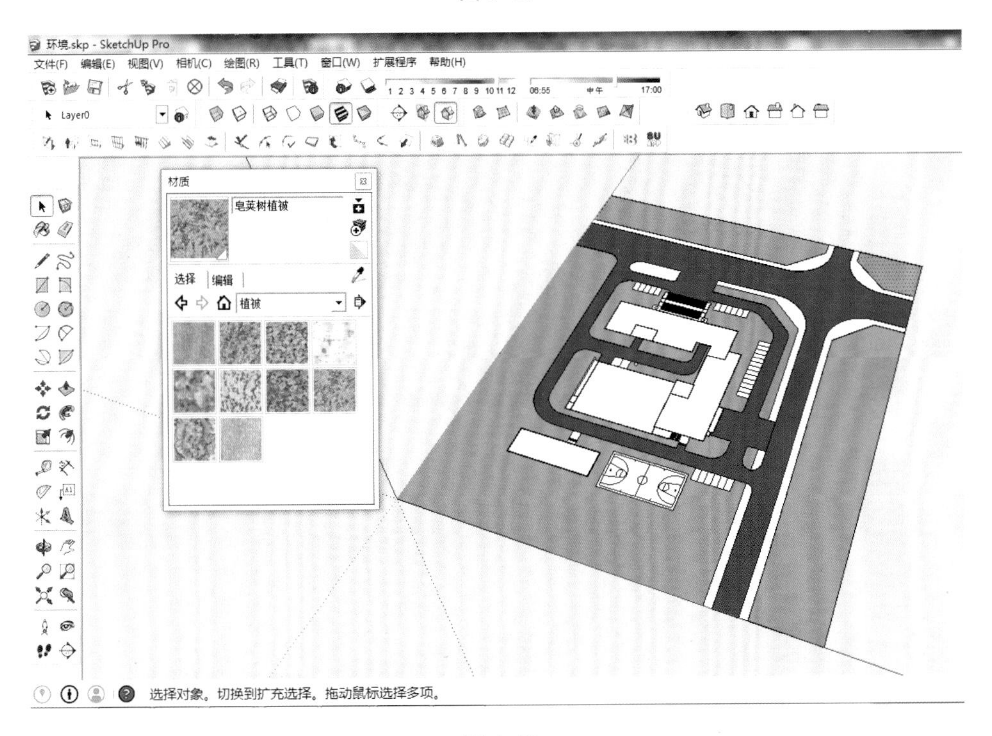

图 6-57

步骤 7：将建筑导入环境中。直接打开模型文件夹，复制、粘贴并使用“移动”工具对齐即可，如图 6-58 所示。

图 6-58

步骤 8：找到相关组件丰富模型。可以选择“窗口”→“组件”→“打开或创建本地集合”命令找到相关组件。SketchUp 支持缩略图模式，所以，可以打开组件文件夹缩略图模式，直接将其拖到模型中即可，如图 6-59、图 6-60 所示。

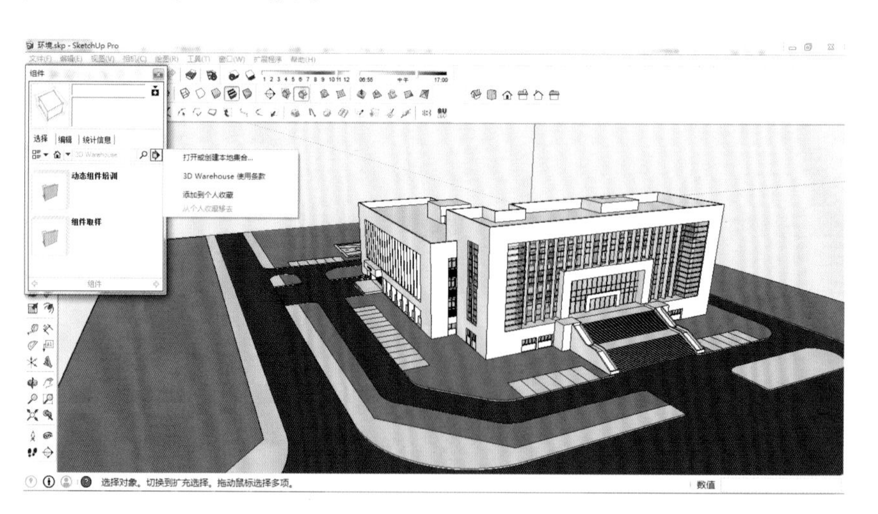

图 6-59

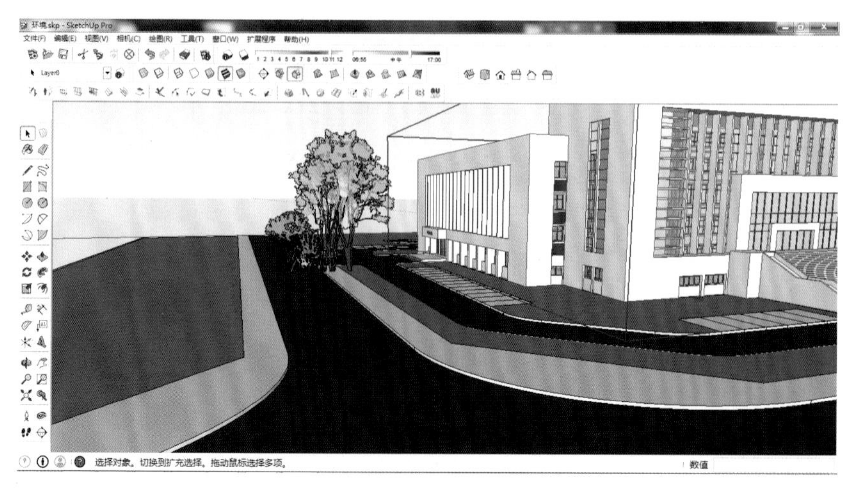

图 6-60

步骤 9：使用“移动复制”命令做出行道树效果，如图 6-61、图 6-62 所示。

图 6-61

图 6-62

任务四　动画漫游制作

（1）场景分镜头选择。

步骤 1：寻找模型所要表达的角度，然后创建场景。由大景到中景再到特写，再由多组特写到中景，最后大鸟瞰结束，如图 6-63 所示。

步骤 2：使用“漫游”工具，根据分镜头设计创建新的场景，如图 6-64 所示。

步骤 3：沿着人眼视高进行漫游动画场景创建，注意每一段距离不要相差太多。这样导出视频才会更加流畅，如图 6-65 所示。

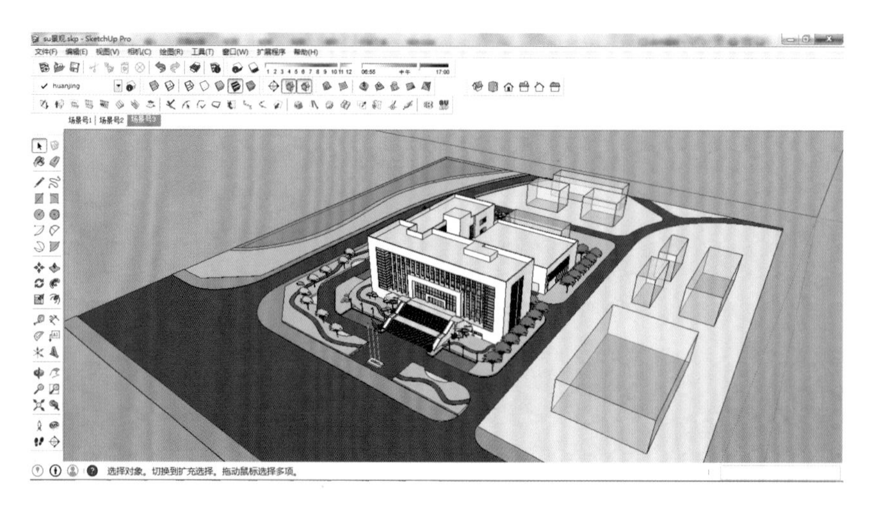

图 6-63

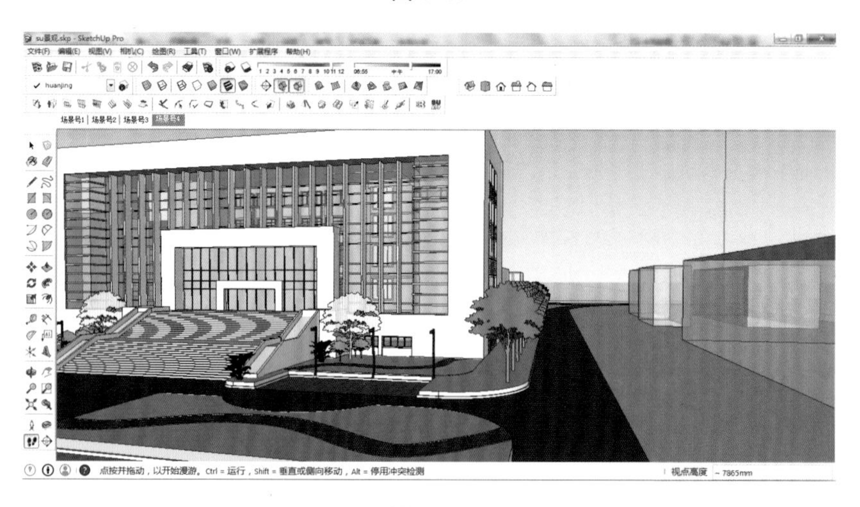

图 6-64

图 6-65

（2）漫游动画导出。

步骤 1：选择“文件”→“导出”→“动画”→“视频”命令，如图 6-66 所示。

步骤 2：注意在弹出的“动画导出选项”对话框中，选择视频的分辨率。分辨率越大导出的文件越大，视频也就越清晰，如图 6-67 所示。

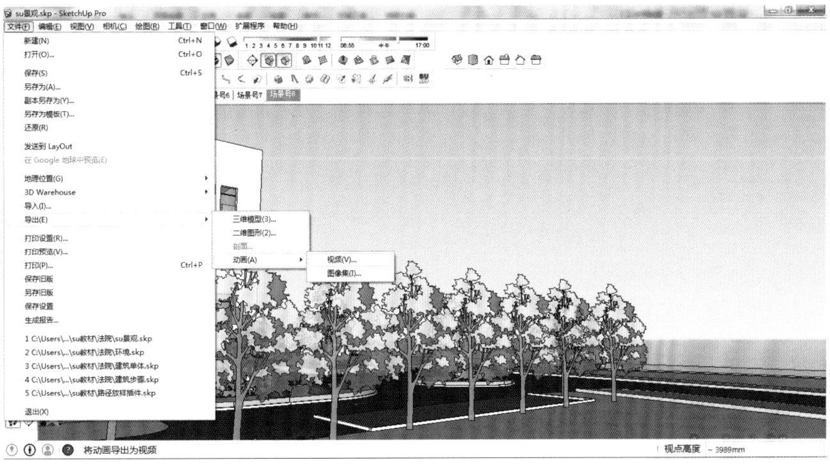

图 6-66

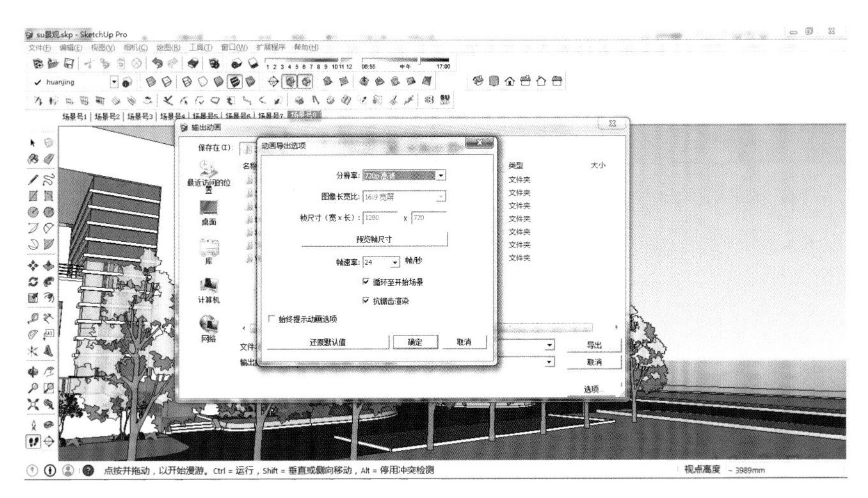

图 6-67

评分标准

评分标准见表 6-2。

表 6-2　评分标准

序号	考核项目	考核内容及要求	配分	评分标准	得分
1	模型的制作流程	制作顺序	20	顺序错乱不得分	
2		空间的概念	10	无空间感酌情扣分	
3	模型的制作方法	视图角度的使用	5	使用不熟练酌情扣分	
4		造型与工具的综合运用	25	搭配不精准酌情扣分	
5		边做边存的良好习惯	5	不知存盘酌情扣分	
6	漫游动画制作	漫游角度以及路径设置	20	表现不完整酌情扣分	
7		漫游动画输出	5	不清晰不得分	
8	作业存档与上交	作业格式完整	5	错误格式酌情扣分	
9		按时上交作业	5	不按时上交不得分	

课外强化训练

根据图 6-68～图 6-72 所示的 CAD 图纸，进行建筑景观动画漫游制作，建筑景观效果图如图 6-73～图 6-75 所示。

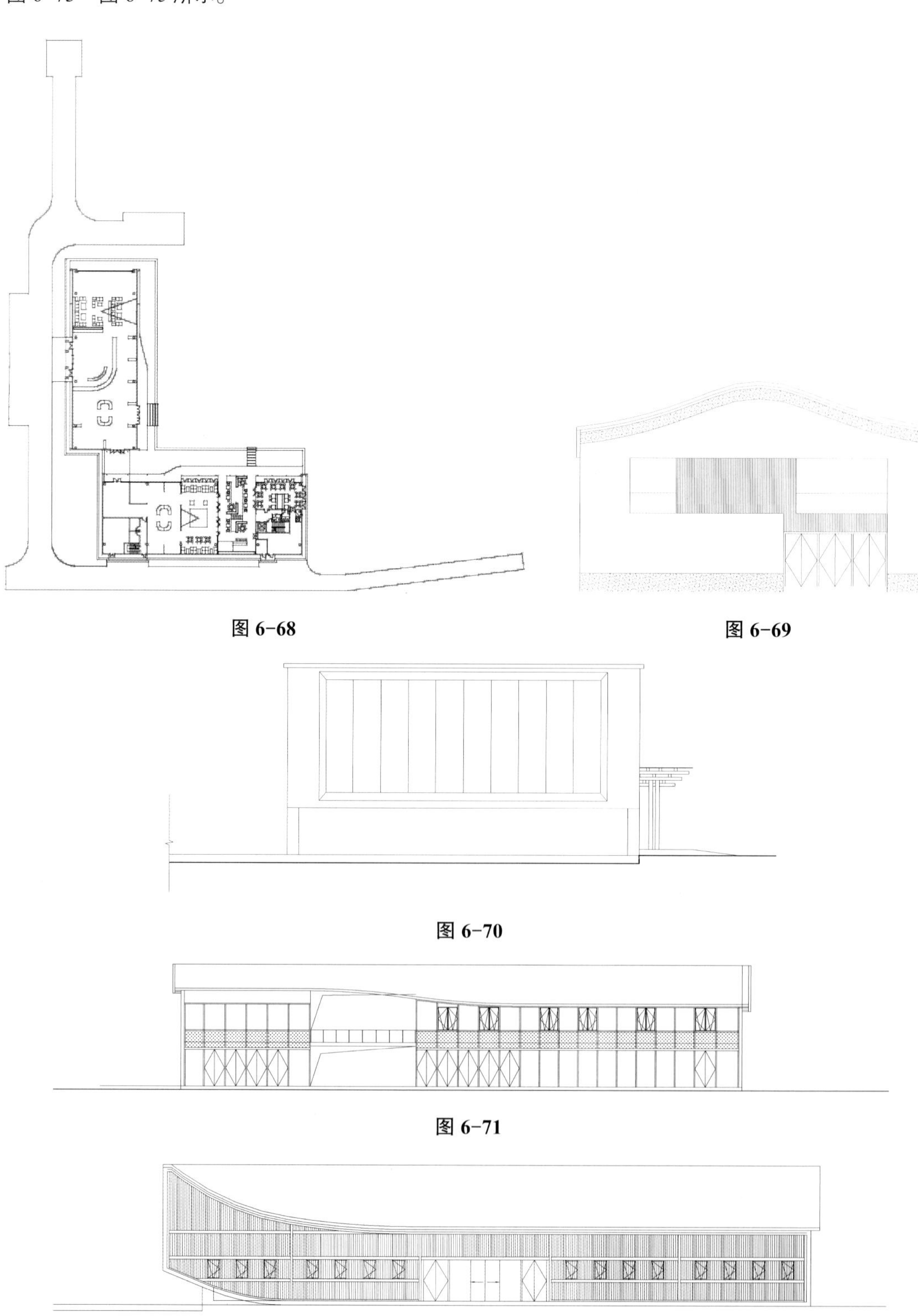

图 6-68

图 6-69

图 6-70

图 6-71

图 6-72

图 6-73

图 6-74

图 6-75

项目小结

本项目完整地介绍了建筑景观模型制作和建筑动画漫游的制作方法。在进行建筑及景观场景制作时，要注意厘清模型制作的思路，灵活运用 SketchUp 的各类建模工具。在进行建筑漫游制作时，要注意认真思考，选择好漫游的路径，全面展示出建筑景观的设计方案及整体视觉效果，同时，也能展现好的细节方案。

参考文献

[1] 易泱，赵婷，俞文斌 . SketchUp 草图大师 [M] . 石家庄：河北美术出版社，2015.
[2] 王娟 . 关于高职院校项目化教学改革的几点思考 [J] . 文教资料，2018 (32)：184.
[3] 赵志 . 关于高职项目化教学改革的若干思考 [J] . 现代经济信息，2018 (21)：383.
[4] 王浩 . 高职艺术设计软件课程项目化教学改革与实践—以《SketchUp 草图大师》课程为例 [J] . 现代装饰 (理论)，2016 (10)：239.
[5] 龙思宇 . 基于湖湘审美情趣的文创产品开发策略研究 [J] . 住宅与房地产，2021，11 (630)：240-241.
[6] 龙思宇 . 产教融合背景下艺术设计模块化课程体系研究 [J] . 艺术科技，2019，7 (33)：228.
[7] 张恒国 . 建筑草图设计 [M] . 北京：人民邮电出版社，2010.
[8] 梁成艾 . 职业教育“项目主题式”课程与教学模式研究 [D] . 重庆：西南大学，2012.
[9] 卫涛，徐亚琪，张城芳，等 . 草图大师 SketchUp 效果图设计基础与案例教程 [M] . 北京：清华大学出版社，2021.
[10] 杨明全 . 核心素养时代的项目式学习：内涵重塑与价值重建 [J] . 课程・教材・教法，2021，2 (41)：57-63.